高职高专机电类专业规划教材

维修电工技能训练

主　编　王纳林
副主编　方维奇
参　编　张顺星　张　望　刘秉安

机 械 工 业 出 版 社

本书是国家示范性高职院校建设项目成果。书中主要内容以最新的国家职业资格鉴定标准为依据，紧密结合我国工矿企业电气自动化技术发展现状，以突出培养学生实际操作技能和分析解决问题的能力为出发点，注重培养学生动手操作能力、创新能力和自动化技术应用能力。全书共分为七大项目：常用低压电器的识别、拆装及检修技能训练；电动机控制电路的设计、调试与检修技能训练；PLC 控制电动机电路的设计与调试技能训练；变频器控制电动机电路的设计与调试技能训练；触摸屏组态控制电动机电路调试技能训练；电气控制柜的设计、安装、调试与检修技能训练；维修电工实操训练及附录。

本书可作为高职高专、中职及中专院校电类专业实训教材，也可作为初、中、高级维修电工培训教材，同时还可供电气自动化维修专业技术人员参考。

为方便教学，本书配有免费电子课件、模拟试卷及解答，凡选用本书作为教材的学校，均可来电索取。咨询电话：（010）88379375；电子邮箱：wangzongf@ 163. com。

图书在版编目（CIP）数据

维修电工技能训练/王纳林主编．—北京：机械工业出版社，2011. 12（2016. 6 重印）

高职高专机电类专业规划教材

ISBN 978-7-111-36339-2

Ⅰ. ① 维… Ⅱ. ① 王… Ⅲ. ① 电工—维修—高等职业教育—教材 Ⅳ. ① TM07

中国版本图书馆 CIP 数据核字（2011）第 226763 号

机械工业出版社（北京市百万庄大街 22 号　邮政编码 100037）

策划编辑：王宗锋　　责任编辑：王宗锋

版式设计：张世琴　　责任校对：肖　琳

封面设计：陈　沛　　责任印制：李　洋

三河市国英印务有限公司印刷

2016 年 6 月第 1 版第 3 次印刷

184mm × 260mm · 14 印张 · 343 千字

5 001— 6 900 册

标准书号：ISBN 978-7-111-36339-2

定价：26. 00 元

凡购本书，如有缺页、倒页、脱页，由本社发行部调换

电话服务	网络服务
服务咨询热线：010 - 88379833	机 工 官 网：www. cmpbook. com
读者购书热线：010 - 88379649	机 工 官 博：weibo. com/cmp1952
	教育服务网：www. cmpedu. com
封面无防伪标均为盗版	金 书 网：www. golden-book. com

前　言

《维修电工技能训练》是国家示范性高职院校建设成果。书中注重实践教学，以培养学生实际动手能力、解决实际问题能力、创新能力和自动化技术应用能力为出发点，结合现代工矿企业生产一线控制设备现状和维护管理工作岗位所需技能要求，并依据国家劳动部最新维修电工技能鉴定考核标准要求编写。

全书共分为七大项目：常用低压电器的识别、拆装及检修技能训练；电动机控制电路的设计、调试与检修技能训练；PLC 控制电动机电路的设计与调试技能训练；变频器控制电动机电路的设计与调试技能训练；触摸屏组态控制电动机电路调试技能训练；电气控制柜的设计、安装调试与检修技能训练以及维修电工实操训练。其中，标有“*”的章节为选学内容，可由授课教师自行安排。七大实训项目既相互独立，又相互联系，循序渐进、由浅入深地构成了自动化以及其他各电类专业完整的实训体系。

本书由陕西工业职业技术学院王纳林老师担任主编，编写了项目三、项目五、项目六和附录 A；由陕西工业职业技术学院方维奇老师担任副主编，编写了项目一、项目二、附录 B；项目四由陕西工业职业技术学院张顺星老师编写；项目七和附录 C 由西安高压开关责任有限公司张望编写；附录 D 由陕西工业职业技术学院刘秉安老师编写。在编写过程中，张全庄教授、卢庆林教授以及院教材审核专家小组等提出了许多建设性修改意见，对此表示衷心感谢！

本书书稿虽经反复斟酌，多次修改，但由于编者水平有限，书中难免出现疏漏及错误，恳请读者批评指正。

编　者

目　录

绪　　论

一、《维修电工技能训练》的基本目标

1）各项目主要向学生提供实训学习的方法，以计算机技术和现代自动化技术为基础，利用学院提供的各种实训设施，模拟真实生产场景，在实训教师的指导下，完成从图纸到实物产品这一生产过程。

2）通过学习《维修电工技能训练》，培养学生的电气自动化专业综合能力。《维修电工技能训练》共分为七大技能训练项目：常用低压电器的识别、拆装及检修技能训练；电动机控制电路的设计、调试与检修技能训练；PLC 控制电动机电路的设计与调试技能训练；变频器控制电动机电路的设计及调试技能训练；触摸屏组态控制电动机电路调试技能训练；电气控制柜的设计、安装、调试与检修技能训练以及维修电工实操训练。七大实训项目既相互独立，又相互联系，循序渐进。

3）通过学习各训练项目，主要培养学生运用所学知识，进一步掌握一般电气控制电路的设计、安装与调试的方法；掌握电气控制设备以及自动生产线的日常维护管理与操作的基本方法；掌握电气控制柜的设计、安装工艺过程以及变频器、触摸屏和 PLC 组态的编程及调试能力；熟悉工矿企业设计部门、技术维修部门和装配车间的工作流程和内容。

二、维修电工技能训练前的准备工作

（1）学生应准备的知识点

在实训前，应提前预习教材附录的内容，同时学习与该实训项目有关的理论知识以及电气 CAD 计算机绘图知识。

（2）学生实训的参考书

《电机与电控技术》、《可编程序控制器技术》、《变频器技术》以及《触摸屏组态控制技术》等。

三、维修电工技能训练项目

图 0-1 和图 0-2 所示为维修电工培训室及同学们正在维修电工培训室参加培训的情况。本书共有七个培训项目。

1）常用低压电器的识别、拆装及检修技能训练。

2）电动机控制电路的设计、调试与检修技能训练。

3）PLC 控制电动机电路的设计与调试技能训练。

4）变频器控制电动机电路的设计与调试技能训练。

5）触摸屏组态控制电动机电路调试技能训练。

6）电气控制柜的设计、安装、调试与检修技能训练。

7）维修电工实操训练。

四、实训内容、步骤、具体参照各项目引导。

实训内容、步骤具体参照各项目引导。

图 0-1　维修电工培训室

图 0-2　学生在维修电工培训室参加培训

项目一　常用低压电器的识别、拆装及检修技能训练

低压电器是工作在交流1000V、直流1200V及以下的电器，其作用是对供、用电系统进行控制、保护和调节。低压电器经过长期使用或使用不当，均会造成损坏，必须及时进行维修，以保证电力拖动或自动控制系统良好、可靠地工作。为此，要求熟悉常用低压电器的结构、故障分析与处理方法。

本项目包括三个任务，具体进度、教学实施步骤及学时安排见表1-1。

表1-1　常用低压电器的识别、拆装及检修技能训练作业流程

实训任务	实训内容	教学实施步骤	学　时
任务一　常用开关类电器的识别与拆装技能训练	1. 分小组讨论，布置任务	1）常用开关类电器的识别与拆装技能训练介绍，分组，布置任务，发放开关类元器件 2）熟悉元器件的结构、原理及符号 3）各小组收集有关资料，讨论及确定拆装方案，并整理好记录 4）预习任务一内容	
	2. 教师点评与学生互动	1）各小组提交拆装工艺方案（草稿），教师答疑 2）教师点评各小组讨论记录，分析存在的问题与处理方法	
	3. 完成工艺拆装方案	完成任务一，并完成表1-2、表1-7和表1-8	
	4. 答辩与评定成绩	1）学生答辩 2）教师点评 3）参照任务一评分标准	
任务二　常用控制类电器的识别与拆装技能训练	1. 分小组讨论，布置任务	1）常用控制类电器的识别与拆装技能训练介绍，分组，布置任务，发放控制类元器件 2）熟悉元件的结构、原理及符号 3）各小组收集有关资料，讨论及确定拆装方案，并整理好记录 4）预习任务二内容	
	2. 教师点评与学生互动	1）各小组提交拆装工艺方案（草稿），教师答疑 2）教师点评各小组讨论记录，分析存在的问题与处理方法	
	3. 完成工艺拆装方案	完成任务二，并完成表1-10、表1-16和表1-17	
	4. 答辩与评定成绩	1）学生答辩 2）教师点评 3）参照任务二评分标准	

（续）

实训任务	实训内容	教学实施步骤	学时
任务三　常用保护类电器的识别与拆装技能训练	1. 分小组讨论，布置任务	1）常用保护类电器的识别与拆装技能训练介绍，分组，布置任务，发放保护类元器件 2）熟悉元件的结构、原理及符号 3）各小组收集有关资料，讨论及确定拆装方案，并整理好记录 4）预习任务三内容	
	2. 教师点评与学生互动	1）各小组提交拆装工艺方案（草稿），教师答疑 2）教师点评各小组讨论记录，分析存在的问题与处理方法	
	3. 完成工艺拆装方案	完成任务三，并完成表 1-18 和表 1-22	
	4. 答辩与评定成绩	1）学生答辩 2）教师点评 3）参照任务三评分标准	

任务一　常用开关类电器的识别与拆装技能训练

任务描述

认识常用开关类电器，熟悉开关类电器的名称、型号和规格，并正确叙述各电器的用途；熟悉开关类电器的拆装工艺、基本构造、工作原理及检修方法。

相关知识

一、刀开关

（一）开启式开关熔断器组[⊖]

开启式开关熔断器组又称胶盖闸刀，这种开关结构简单、价格低廉，安装、使用维护方便，广泛用作照明电路和小容量（5.5kW 以下）动力电路不频繁起动的控制开关。它的主要结构、图形符号及文字符号如图 1-1 所示，实物图如图 1-2 所示。

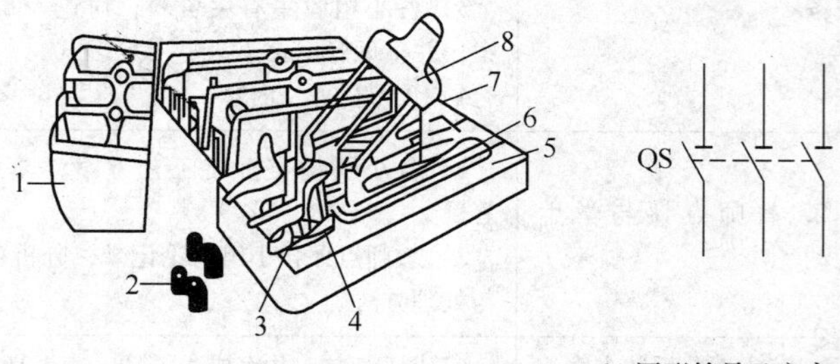

图 1-1　开启式开关熔断器组结构及符号

1—胶盖　2—胶盖紧固螺钉　3—进线座　4—静触点　5—瓷底　6—出线座　7—动触点　8—瓷柄

⊖　该开关在 JB/T 2930—2007 中称为“开启式负荷开关”。

图 1-2　开启式开关熔断器组实物

（二）封闭式开关熔断器组[⊖]

封闭式开关熔断器组又称铁壳开关。它的优点是操作方便、使用安全、通电性能好，可不频繁地起动、接通和分断负载电路，也可用作 15kW 以下的电动机不频繁起动的控制开关。它的基本结构是在铸铁壳内装有由刀片和夹座组成的触点系统、熔断器和速断弹簧，30A 以上的还装有灭弧罩。其内部结构如图 1-3 所示，实物图如图 1-4 所示。

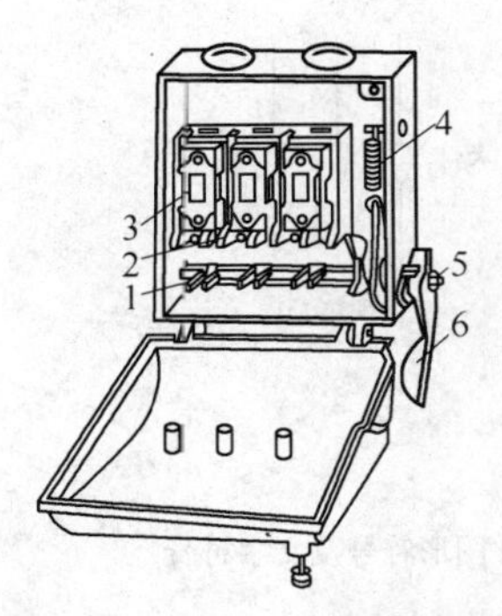

图 1-3　封闭式开关熔断器组结构

1—闸刀　2—夹座　3—熔断器

4—速断弹簧　5—转轴　6—手柄

图 1-4　封闭式开关熔断器组实物

（三）刀开关的选择与使用

1. 刀开关的选择

1）用于照明或电热负载时，刀开关的额定电流大于或等于被控制电路中各负载的额定电流之和。

2）用于控制电动机负载时，开启式开关熔断器组的额定电流一般为电动机额定电流的 3 倍；封闭式开关熔断器组的额定电流一般为电动机额定电流的 1.5 倍。

2. 刀开关的使用

1）刀开关安装时，应垂直安装在控制屏或开关板上。

2）刀开关接线时，电源进线和出线不能接反。开启式开关熔断器组的上接线端应接电源进线，负载则接在下接线端，以便于安全地更换熔体。封闭式开关熔断器组接线时，电源

⊖　该开关在 JB/T 2930—2007 中称为“负荷开关”。

进、出线都应分别穿入其外壳上的进、出线孔。

3）封闭式开关熔断器组的外壳应可靠接地，防止意外漏电导致触电事故。

4）更换熔体应在开关断开的情况下进行，且应更换与原规格相同的熔体。

二、组合开关

组合开关又叫转换开关，与前述刀开关一样，同属于手动控制电器。它可作为电源线接入开关，或用于5.5kW以下电动机的直接起动、停止、反转和调速等，其优点是体积小、寿命长、结构简单、操作方便及灭弧性能较好，多用于机床控制电路。组合开关的额定电压为380V，额定电流有6A、10A、15A、25A、60A及100A等多种。

（一）组合开关的结构

组合开关的结构、图形符号及文字符号如图1-5所示。当转动手柄时，每层的动触片随方形转轴一起转动：或使动触片插入静触片中，接通电路；或使动触片离开静触片，分断电路。各极是同时通断的。开关内装有速断弹簧，用以加速开关的分断速度。

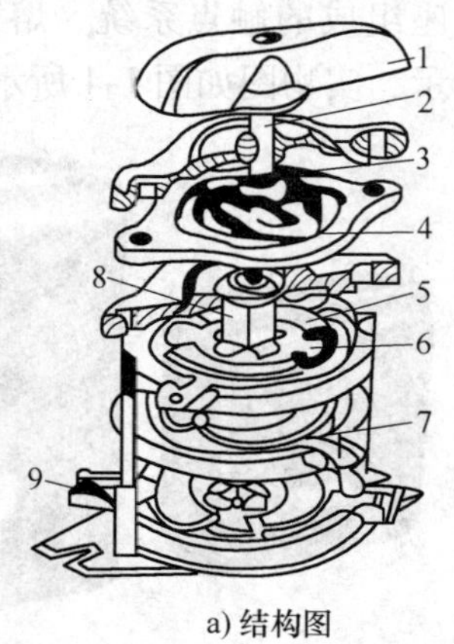

a）结构图

S

b）图形符号及文字符号

图1-5 组合开关的内部结构及符号

1—手柄 2—转轴 3—弹簧 4—凸轮 5—绝缘垫板 6—动触片 7—静触片 8—绝缘杆 9—接线柱

HZ10系列组合开关实物如图1-6所示。

图1-6 HZ10系列组合开关实物

（二）组合开关的选择与使用

1. 组合开关的选择

1）用于控制照明或电热设备时，其额定电流应不小于被控制电路中各负载电流之和。

2）用于电动机电路时，组合开关的额定电流一般取电动机额定电流的1.5～2.5倍。

2. 组合开关的使用

1）组合开关的通断能力较低，当用于控制电动机的可逆运行时，必须在电动机完全停止运行后，才能反向接通。

2）当操作频率过高或负载的功率因数较低时，组合开关应降低容量使用，否则会影响开关寿命。一般每小时的转换次数不宜超过15次。

三、低压断路器

低压断路器既是配电电器，又是保护类电器。当电路发生短路、过载、欠电压及失电压等故障时，低压断路器能自动切断电路。此外，低压断路器也可用于不频繁起动的电动机控制中。

低压断路器一般由触点系统、灭弧室、自由脱扣机构、操作机构、各种脱扣器和基础构件等构成。常用的低压断路器有万能式断路器和塑料外壳式断路器等。

（一）塑料外壳式断路器

塑料外壳式（简称塑壳式）断路器的特点是它的触点系统、灭弧室及脱扣器等元件均装在一个塑料壳体内，其结构紧凑简单，防护性能好，可独立安装。塑料外壳式断路器大多是非选择型的，宜用作配电支路负载端开关或电动机保护用。其结构如图1-7所示。

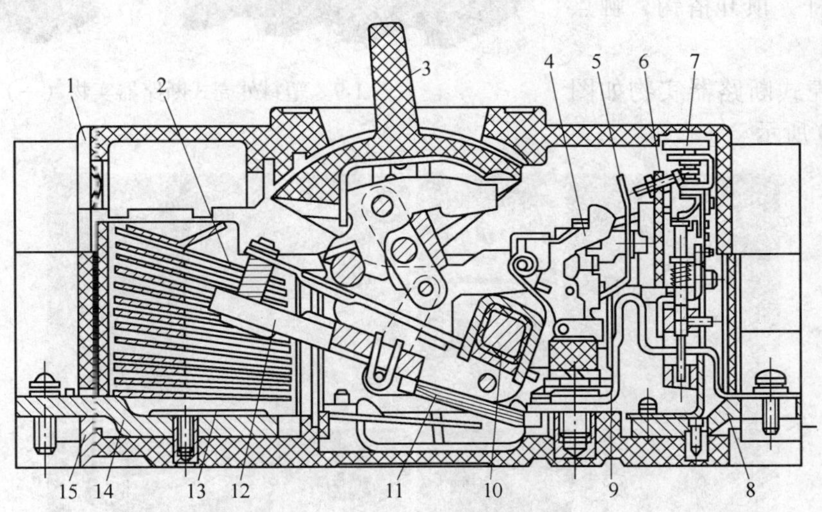

图1-7　塑料外壳式断路器

1—盖　2—灭弧室　3—手柄　4—扣板　5—双金属片　6—调节螺钉　7—瞬时调节旋钮　8—下母线　9—发热元件　10—主轴　11—软连接　12—动触点　13—静触点　14—上母线　15—机座

塑料外壳式断路器的工作原理图及符号如图1-8所示。

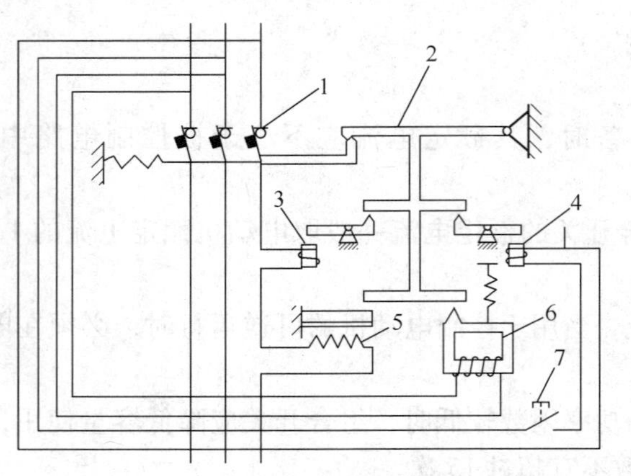

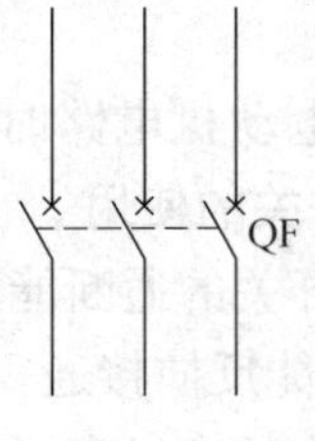

图 1-8 低压断路器的工作原理图及符号

1—主触点 2—自由脱扣器 3—过电流脱扣器 4—分励脱扣器 5—热脱扣器 6—失电压脱扣器 7—按钮

当按下“合”按钮时，三个主触点被自由脱扣器 2 的搭钩钩住，保持闭合状态。当按下“分”按钮时，搭钩松开，触点分断；或按下按钮 7 时，分励脱扣器线圈通电，动铁心被吸合，撞击自由脱扣器机构杠杆，把搭钩顶上去，触点分断。

当电路发生短路或流过较大的过电流时，过电流脱扣器动作，撞击杠杆，搭钩松开，触点分断。当电路电压下降较多或失去电压时，失电压脱扣器动作撞击杠杆，顶上搭钩，触点分断。当电路发生过载时，双金属片弯曲，撞击杠杆，顶开搭钩，触点分断。

图 1-9 塑料外壳式断路器实物（一）

塑料外壳式断路器实物如图 1-9 和图 1-10 所示。

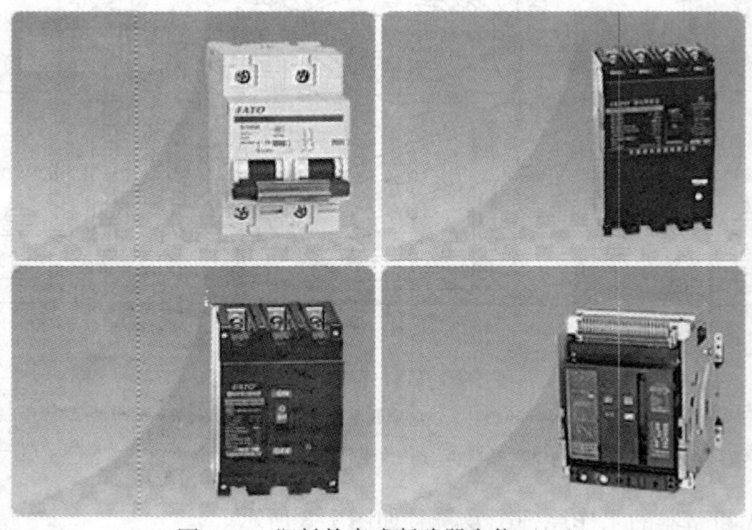

图 1-10 塑料外壳式断路器实物（二）

（二）低压断路器的选择与使用

1. 低压断路器的选择

1）低压断路器的额定工作电压不小于电路电压。

2）低压断路器的额定工作电流不小于电路的计算负载电流。

3）热脱扣器的整定电流等于所控制负载的额定电流。对于电动机来说，瞬时整定电流一般取大于 1.7 倍的电动机起动电流。

2. 低压断路器的使用

1）当低压断路器与熔断器配合使用时，熔断器应装在断路器之前，以保证安全使用。

2）热脱扣器的整定电流要与所控制负载的额定电流一致。

3）低压断路器在分断短路电流后，应在切除前级电源的情况下及时检查触点并修复。

任务实施

一、常用开关类电器的识别

（一）工作要求

选取开关类电器若干，写出它们的名称、型号和规格，并正确叙述各电器的用途。

（二）工作准备

开启式开关熔断器组、封闭式开关熔断器组、组合开关、万能转换开关和低压断路器各 1 个。

（三）识别的方法与步骤

1）写出给出的开关类电器的名称。

2）正确写出给出的开关类电器的型号、规格及含义，并完成表 1-2。

表 1-2　常用开关类电器的识别

序　号	电器名称	型　号	规　格	用　途

二、常用开关类电器的拆卸与装配

（一）工作要求

分别拆卸和装配一只型号为 HZ10—10/3 的组合开关和型号为 HK2—15/2 的开启式开关熔断器组。

（二）工作准备

三相交流电源 1 个、电工通用工具 1 套、万用表 1 块、开启式开关熔断器组 1 只、组合开关 1 只、三相异步电动机 1 台以及绝缘线 15m。

（三）拆装标准

拆装常用低压电器的基本要求要满足低压电器设备的检修质量标准。检修质量标准如下：

1）拆装常用低压电器时，其型号、规格、容量、线圈电压和技术指标均要符合图样的要求。

2）操作机构和复位机构及各种动铁心的动作应灵活可靠，闭合过程中不能有卡住或滞缓现象，打开或断开后，可动部分应完全复位。在吸合时，动触点与静触点、动铁心与静铁心的位置要正，不得歪斜。吸合后不应有杂音和抖动。

3）有灭弧装置的电器，在动作过程中，可动部分不得与灭弧罩相擦、相碰，应有适当的间隙，灭弧罩应完整，不得有破损，灭弧线圈的绕向应保证起到灭弧作用。

4）要求组合开关、刀开关及按钮的所有触点接触良好、动作灵敏、准确可靠。接触器的触点表面及静铁心、动铁心的接触面应保证平整、清洁、无油污且相互接触严密。有短路环的电器，其短路环应完整、牢固。

5）各触点初、终压力以及分断距离、超额行程均按产品的规定调整。触点上不能涂润滑油。

6）线圈的固定要牢靠，可动部分不能碰线圈，绝缘电阻应符合规定。

7）各相（或两相）带电部分之间的距离及带电部分对外壳的距离应符合规定。

8）电器的外观清洁、无油、无尘及无损坏，绝缘部分无损伤痕迹。

9）各紧固螺钉、连接螺钉及安装引线应拧紧。

（四）组合开关的拆装

1. 拆卸

1）拧松紧固手柄的螺钉，将手柄取下。

2）拧松支架上的紧固螺母，将顶盖转轴弹簧和凸轮等操作机构取下来。

3）抽出绝缘杆，将绝缘垫片从上盖取下来。

4）将动触片和静触片取下来。

2. 检查

1）检查动、静触片表面是否有污垢或烧毛现象。如有污垢可用砂布清洁；若有烧毛现象，可用细锉修平。

2）检查与静触片铆合的消弧垫是否磨损，如磨损严重，应及时更换。

3）检查操作机构是否正常，动作是否到位，如有问题应作适当调整。

3. 装配

按与拆卸相反的顺序进行装配。

4. 检测

1）从外观检查每层叠片配合是否紧密。旋转手柄，操作机构动作应灵活无阻滞，触点分合迅速、松紧一致。

2）检测各组开关的通断状态是否正确，有无接触不良情况。

5. 通电试验

进行数次通电试验，若不合格应重新装配。

（五）开启式开关熔断器组的拆装

1. 拆卸

开启式开关熔断器组的结构较简单，可先旋下胶盖的紧固螺钉，取下上、下胶盖，即可观察其内部结构。拆卸时注意各零部件不能损坏或丢失。

2. 检查

检查各接线端钮及动、静触点的接触是否良好，有无松动、不到位、表面氧化、表面有污垢的情况，如有应及时排除。

3. 装配

按与拆卸相反的顺序进行装配。

4. 通电试验

进行数次通电试验，若不合格应重新装配。

评分标准

常用开关类电器的识别与拆装技能训练的评分标准参见表 1-3。

表 1-3　常用开关类电器的识别与拆装技能训练评分标准

序号	主要内容	考核要求	考核标准	配分	扣分	得分
1	电器名称	正确写出各电器的名称	电器名称不正确，每个扣 1 分	5		
2	电器清单中各电器型号的含义	正确说出电器清单中电器型号的含义	不能正确说出电器清单中电器型号的含义，每处扣 2 分	10		
3	常用开关类电器的型号规格	正确写出常用开关类电器的型号规格	常用开关类电器的型号规格写错，每个扣 2 分	15		
4	拆卸和组装	按工艺要求正确拆卸、组装低压电器	1）拆卸、组装步骤有一步不正确，扣 5 分 2）损坏和丢失零件，每只扣 20 分	50		
5	通电试验	通电运行时，通断动作正常，吸合后无噪声	1）组装不合格，扣 5 分 2）电源接错，扣 5 分 3）通电动作不正常，扣 5 分 4）吸合后有噪声，扣 5 分	20		
备注			合　计	100		
			考核员签字　　年　月　日			

扩展提高

1. 刀开关的检修

刀开关的常见故障及修理方法见表 1-4。

表 1-4　刀开关的常见故障及修理方法

故障现象	产生原因	修理方法
合闸后，一相或两相没电	1）夹座弹性消失或开口过大 2）熔体熔断或接触不良 3）夹座、动触片氧化或有污垢 4）电源进线或出线头氧化	1）更换夹座 2）更换熔体 3）清洁夹座或动触片 4）更换进、出线头
动触片或夹座过热或烧坏	1）开关容量太小 2）分、合闸时动作太慢造成电弧过大，烧坏动触片 3）夹座表面烧毛 4）动触片与夹座压力不足 5）负载过大	1）更换较大容量的开关 2）改进操作方法 3）用细锉刀修整 4）调整夹座压力 5）减轻负载或更换较大容量开关
封闭式开关熔断器组的操作手柄带电	1）外壳接地线接触不良 2）电源进线绝缘损坏碰壳	1）检查接地线 2）更换导线

2. 组合开关的检修

组合开关的常见故障及修理方法见表 1-5。

表 1-5　组合开关的常见故障及修理方法

故障现象	产生原因	修理方法
手柄转动后，内部触点未动作	1）手柄的转动连接部件磨损 2）操作机构损坏 3）绝缘杆变形 4）轴与绝缘杆装配不紧	1）更换手柄 2）修理操作机构 3）更换绝缘杆 4）紧固轴与绝缘杆
手柄转动后，三副触点不能同时接通或断开	1）开关型号不对 2）修理开关时触点装配不正确 3）触点失去弹性或有污垢	1）更换开关 2）重新装配 3）更换触点或清除污垢
开关接线柱相间短路	因铁屑或污垢附在接线柱间造成导电，将胶木烧焦或绝缘破坏形成短路	清扫开关或更换开关

3. 低压断路器的检修

低压断路器的常见故障及修理方法见表 1-6。

表 1-6　低压断路器的常见故障及修理方法

故障现象	产生原因	修理方法
手柄操作断路器不能闭合	1）电源电压太低 2）热脱扣器的双金属片尚未冷却复原 3）欠电压脱扣器无电压或线圈损坏 4）储能弹簧变形，导致闭合力减小 5）反作用弹簧弹力过大	1）检查线路并调高电压 2）待双金属片冷却复原后再合闸 3）检查线路，施加电压或更换线圈 4）更换储能弹簧 5）重新调整反作用弹簧
电动操作断路器不能闭合	1）电源电压不符 2）电源容量不够 3）电磁铁行程不够 4）电动操作定位开关变形	1）更换电源 2）增大操作电源容量 3）调整或更换拉杆 4）调整定位开关

（续）

故障现象	产生原因	修理方法
电动机起动时断路器立即分断	1）过电流脱扣器瞬时整定值太小 2）脱扣器某零件损坏 3）脱扣器反作用弹簧断裂或落下	1）调整过电流脱扣器瞬时整定值 2）更换脱扣器或损坏的零件 3）更换弹簧或重新装好弹簧
分励脱扣器不能使断路器分断	1）线圈断路 2）电源电压太低	1）更换线圈 2）检修线路，调整电源电压
欠电压脱扣器噪声大	1）反作用弹簧弹力变小 2）铁心工作面有污垢 3）短路环断裂	1）调整反作用弹簧 2）清除铁心工作面污垢 3）更换铁心
欠电压脱扣器不能使断路器分断	1）反作用弹簧弹力变小 2）储能弹簧断裂或弹力变小 3）机构生锈卡死	1）调整反作用弹簧 2）更换或调整储能弹簧 3）清除锈污

课后任务

1）查阅开启式开关熔断器组、封闭式开关熔断器组、组合开关及低压断路器的型号及含义。

2）拆装一只开启式开关熔断器组，将其内部主要零部件名称及作用记入下表中。闭合开关，用万用表电阻挡测量各对触点之间的接触电阻，用绝缘电阻表测量每两相触点之间的绝缘电阻，将测量结果一并记入表1-7中。

表1-7　开启式开关熔断器组的基本结构与测量结果

<table>
<tr><td colspan="2">型　号</td><td>极　数</td><td colspan="2">主要零部件</td></tr>
<tr><td colspan="2"></td><td></td><td>名　称</td><td>作　用</td></tr>
<tr><td colspan="3">触点接触电阻</td><td rowspan="7"></td><td rowspan="7"></td></tr>
<tr><td>L_1 相</td><td>L_2 相</td><td>L_3 相</td></tr>
<tr><td></td><td></td><td></td></tr>
<tr><td colspan="3">相间绝缘电阻</td></tr>
<tr><td>L_1-L_2</td><td>L_2-L_3</td><td>L_3-L_1</td></tr>
<tr><td></td><td></td><td></td></tr>
</table>

3）拆卸和组装一只低压断路器，并将拆卸步骤，主要零部件名称、作用、各相触点间的接触电阻及相间绝缘电阻记入表1-8中。

表1-8　低压断路器的拆卸、装配和测量记录

<table>
<tr><td colspan="2">型　号</td><td>极　数</td><td rowspan="8">拆 卸 步 骤</td><td colspan="2">主要零部件</td></tr>
<tr><td colspan="2"></td><td></td><td>名　称</td><td>作　用</td></tr>
<tr><td colspan="3">触点接触电阻</td><td rowspan="6"></td><td rowspan="6"></td></tr>
<tr><td>L_1 相</td><td>L_2 相</td><td>L_3 相</td></tr>
<tr><td></td><td></td><td></td></tr>
<tr><td colspan="3">相间绝缘电阻</td></tr>
<tr><td>L_1-L_2</td><td>L_2-L_3</td><td>L_3-L_1</td></tr>
<tr><td></td><td></td><td></td></tr>
</table>

任务二　常用控制类电器的识别与拆装技能训练

任务描述

认识常用控制类电器，熟悉控制类电器的名称、型号和规格，并正确叙述各电器的用途。熟悉控制类电器的拆装工艺、基本构造、工作原理及检修方法。

相关知识

一、接触器

接触器是通过电磁机构动作，频繁地接通和分断主电路的远距离操作电器。其优点是动作迅速、操作方便和可远距离控制，广泛应用于电动机、电热设备型发电机、电焊机和机床电路中。其缺点是噪声大、寿命短。由于它只能接通和分断负载电流，不具备短路保护的作用，故必须与熔断器、热继电器等保护电器配合使用。

接触器按主触点通过电流的种类不同，分为交流接触器和直流接触器两大类。下面以交流接触器为例介绍接触器的相关知识。

（一）交流接触器的基本结构

交流接触器的主要组成部分是电磁系统、触点系统和灭弧装置。其结构如图 1-11 所示。实物如图 1-12 所示。

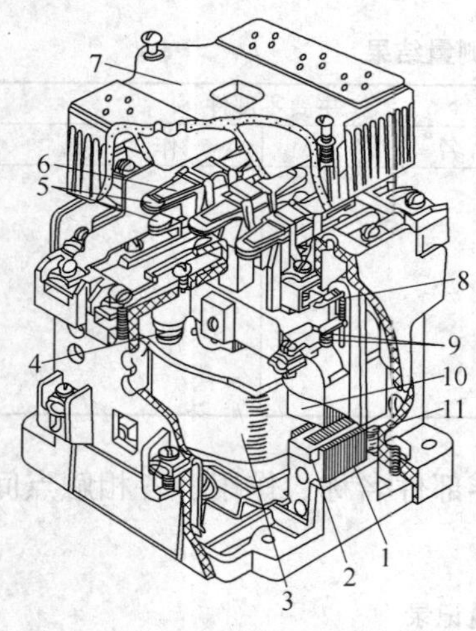

图 1-11　交流接触器的结构

1—静铁心　2—短路环　3—线圈
4—恢复弹簧　5—主触点
6—触点压力弹簧片　7—灭弧罩
8—辅助常闭触点　9—辅助常开触点
10—动铁心　11—缓冲弹簧

图 1-12　交流接触器实物

1. 电磁系统

电磁系统由电磁线圈、静铁心及动铁心等组成。铁心用硅钢片叠压而成以减小铁心中的铁损耗，另外，在铁心端部极面上装有短路环，其作用是消除交流电磁铁在吸合时产生的振动和噪声。

2. 触点系统

触点系统按功能不同分为主触点和辅助触点两类。主触点用于接通和分断主电路；辅助触点用于接通和分断二次电路，还能起到自锁等作用。小型触点一般用银合金制成，大型触点用铜材制成。因为银合金和铜不易氧化，制成的触点接触电阻小、导电性能好、使用寿命长。

3. 灭弧装置

交流接触器在分断较大电流电路时，在动、静触点之间将产生较强的电弧，它不仅会灼伤触点，延长电路分断时间，严重时还会造成相间短路。因此在容量稍大的电气装置中，均加装了一定的灭弧装置，用以熄灭电弧。

4. 交流接触器的附件

交流接触器除上述三个主要部分外，还有外壳、传动机构、接线柱、反作用力弹簧、缓冲弹簧、触点压力弹簧及复位弹簧等附件。

（二）交流接触器的工作原理

交流接触器的工作原理如图 1-13 所示。交流接触器的线圈通电后，在静铁心中产生磁通，使动铁心被吸合，主触点（动触点）在动铁心的带动下闭合，于是接通主电路；同时辅助触点也动作，其常闭触点断开，常开触点闭合。当线圈断电或电压显著降低时电磁吸力消失或减弱，动铁心在复位弹簧的作用下复位，主、辅触点又恢复到原来的状态。这就是接触器的工作原理。其图形符号及文字符号如图 1-14 所示。

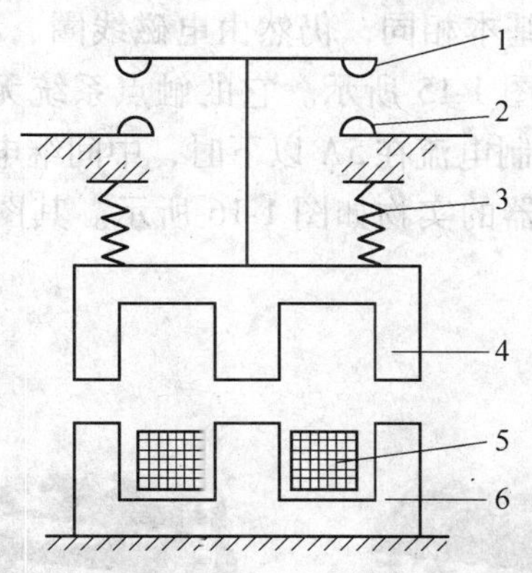

图 1-13　交流接触器的工作原理

1—动触点　2—静触点　3—复位弹簧

4—动铁心　5—线圈　6—静铁心

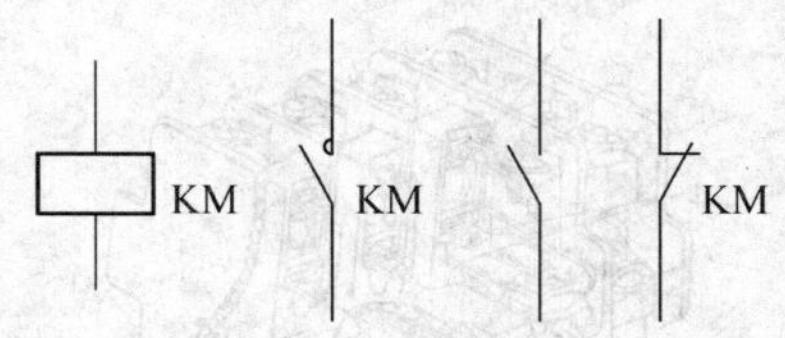

图 1-14　交流接触器的图形符号及文字符号

（三）接触器的选择与安装使用

1. 接触器的选择

1）接触器的类型选择：根据负载的性质，交流负载采用交流接触器，直流负载采用直流接触器。

2）主触点额定电压和额定电流的选择：接触器主触点的额定电压应大于或等于负载电路的额定电压；接触器主触点的额定电流应大于负载电路的额定电流，一般按照技术数据中的最大电流选择主触点的额定电流。

3）吸引线圈额定电压的选择：吸引线圈的额定电压，应根据控制回路的电压来选择。交流线圈额定电压一般有36V、110V、127V、220V、380V等；直流线圈额定电压一般有24V、48V、110V、220V、440V等。当线路简单、使用电器元件较少时，可用380V或220V电压的线圈；当线路较复杂、使用电器元件超过5个时应选用110V及以下等级的线圈。

4）接触器触点数量及触点类型的选择：接触器触点数量及触点类型的选择，应能满足控制回路数的功能要求。

5）接触器操作频率的选择：当通断电流较大及通断频率较高时，会使触点过热甚至熔焊。若操作频率超过规定值，应选用额定电流大一级的接触器。

2. 接触器的安装使用

1）安装前应先检查接触器线圈的额定电压是否与实际需要相符。

2）接触器的安装多为垂直安装，其倾斜度不得超过3°，否则会影响接触的动作特性；安装有散热孔的接触器时，应将散热孔放在上下位置，以降低线圈温升。

3）接触器安装与接线时应将螺钉拧紧，以防止振动脱落。

4）定期清理接触器的触点，发现接触器触点表面有电弧灼伤时，应及时修复。

二、中间继电器

中间继电器属于电磁继电器的一种。它通常用于控制各种电磁线圈，使有关信号放大，也可将信号同时传送给几个元件，使它们互相配合起自动控制作用。

（一）中间继电器的基本结构

中间继电器的基本结构和工作原理与交流接触器基本相同，仍然由电磁线圈、动铁心、静铁心、触点系统、反作用弹簧和缓冲弹簧组成，如图1-15所示。它的触点系统无主、辅之分，各对触点载流量基本相等，多为5A。如果被控制电流在5A以下时，中间继电器可作接触器使用，相当于一个小的交流接触器。中间继电器的实物如图1-16所示。其图形符号及文字符号如图1-17所示。

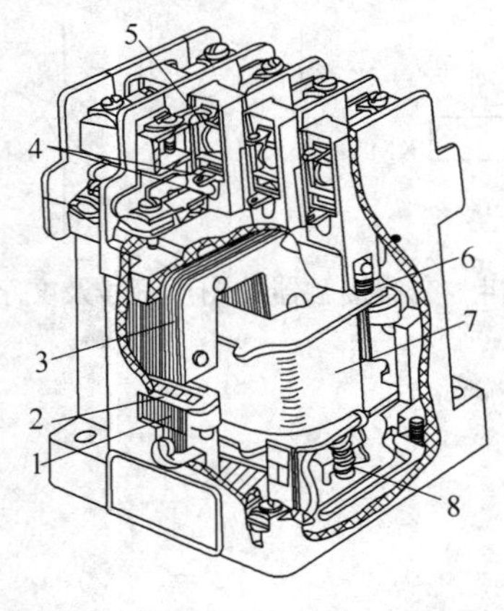

图1-15　中间继电器的结构

1—静铁心　2—短路环　3—动铁心　4—常开触点
5—常闭触点　6—反作用弹簧　7—线圈　8—缓冲弹簧

图1-16　中间继电器实物

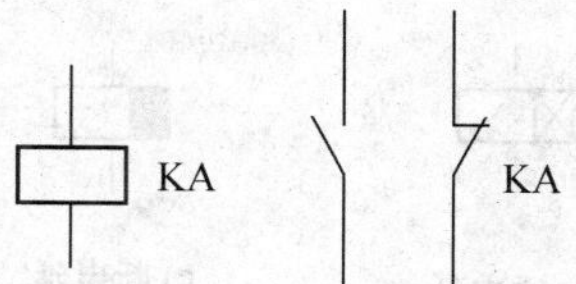

图 1-17　中间继电器的图形符号及文字符号

（二）中间继电器的选择与使用

选用中间继电器时，应根据被控制电路的电压等级，所需触点对数、种类和容量综合考虑。

三、时间继电器

时间继电器是利用电磁原理或机械动作原理实现触点延时闭合或延时断开的自动控制电器。其种类较多，有空气阻尼式、电动式及晶体管式等几种。在这里，只介绍应用广泛、结构简单、价格低廉及延时范围大的空气阻尼式时间继电器。

（一）空气阻尼式时间继电器

1. 空气阻尼式时间继电器的结构

空气阻尼式时间继电器又叫气囊式时间继电器，它主要由电磁系统、工作触点、气室和传动机构等四部分组成，其结构和实物如图 1-18 和图 1-19 所示。

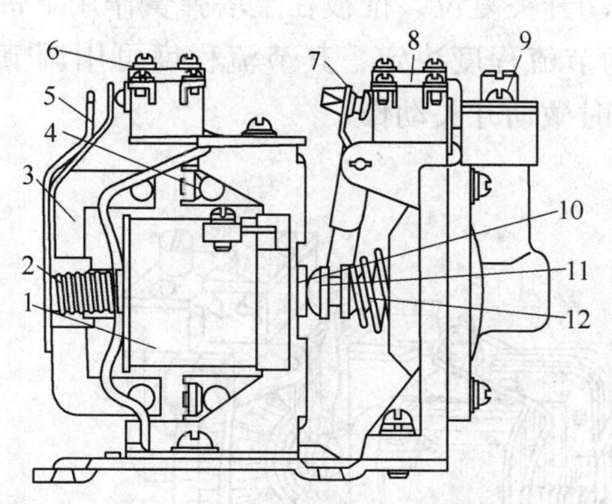

图 1-18　空气阻尼式时间继电器的结构

1—线圈　2—反作用弹簧　3—动铁心　4—静铁心　5—弹簧片　6、8—微动开关　7—杠杆　9—调节螺钉　10—推杆　11—活塞杆　12—宝塔弹簧

图 1-19　JS7—A 空气阻尼式时间继电器实物

电磁系统由线圈、静铁心、动铁心、反作用弹簧和弹簧片组成。

工作触点由两对瞬时触点和两副延时触点组成。两对瞬时触点中一对瞬时闭合，另一对瞬时分断。

气室主要由橡皮膜、活塞组成。橡皮膜和活塞可随气室进气量移动。气室上面有一颗调节螺钉，可通过它调节气室进气速度的大小来调节延时长短。

传动机构由杠杆、推杆、推板和宝塔弹簧组成。

空气阻尼式时间继电器的图形符号及文字符号如图 1-20 所示。

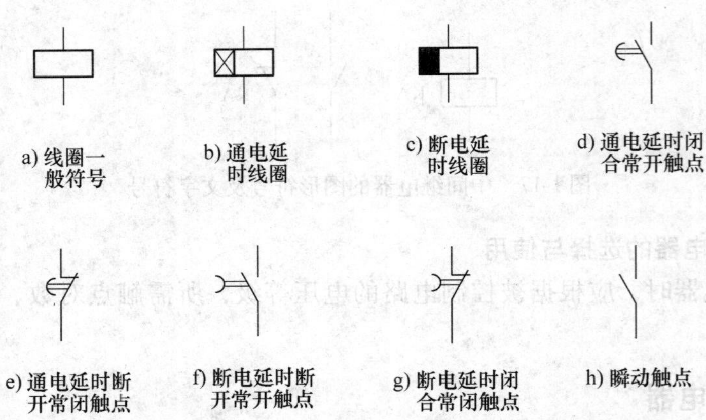

图 1-20　时间继电器的图形符号及文字符号

2. 空气阻尼式时间继电器的工作原理

空气阻尼式时间继电器的工作原理有断电延时原理和通电延时原理两种。

（1）断电延时时间继电器的工作原理　断电延时时间继电器结构及实物如图 1-21 所示。当电路通电后，电磁线圈的静铁心产生磁场力，使动铁心克服反作用弹簧的弹力被吸合，与动铁心相连的推板向下移动，推动活塞杆，压缩宝塔弹簧，使气室内橡皮膜和活塞向下移动，通过推板使微动开关动作，同时也通过杠杆使延时微动开关作好动作准备。线圈断电后，动铁心在反作用弹簧的作用下被释放，微动开关复位，推板在宝塔弹簧作用下带动橡皮膜和活塞向上移动，移动速度由气室进气孔的节流程度决定，其节流程度可用调节螺钉调节。这样经过一段时间间隔后，推板才能使延时微动开关动作。

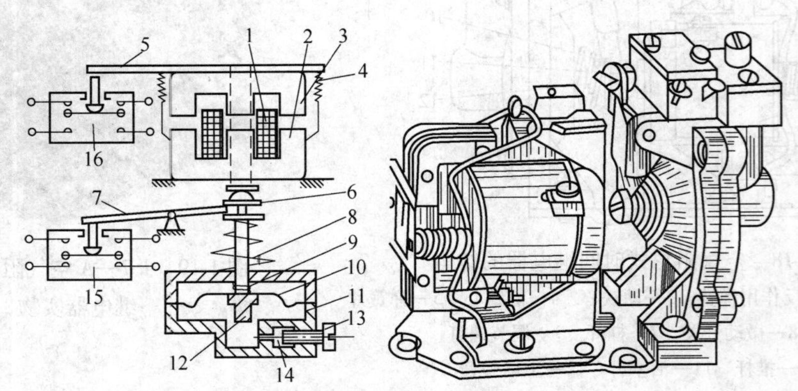

图 1-21　断电延时时间继电器结构及实物

1—线圈　2—静铁心　3—动铁心　4—复位弹簧　5—推板　6—活塞杆　7—杠杆　8—宝塔弹簧　9—弹簧　10—橡皮膜　11—气室　12—活塞　13—调节螺钉　14—进气孔　15—延时微动开关　16—微动开关

（2）通电延时时间继电器的工作原理　将断电延时时间继电器的电磁系统，反转 180° 安装，即可将断电延时时间继电器改装成通电延时时间继电器。其工作原理与断电延时原理基本相似。

（二）时间继电器的选择与使用

1. 时间继电器的选择

1）类型的选择：凡是对延时要求不高的场合，一般采用价格较低的 JS7—A 系列时间继电器，对于延时要求较高的场合，可采用 JS11、JS20 或 7PR 系列的时间继电器。

2）延时方式的选择：时间继电器有通电延时和断电延时两种，应根据控制电路的要求来选择。

3）线圈电压的选择：根据控制电路的电压来选择时间继电器吸引线圈的电压。

2. 时间继电器的使用

1）JS7—A 系列时间继电器，只要将电磁系统转动180°，即可将通电延时时间继电器改为断电延时时间继电器。

2）JS7—A 系列时间继电器由于无刻度，故不能准确地调整延时时间。

3）JS11—1 系列通电延时时间继电器，必须在分断离合器电磁铁线圈电源时才能调节延时值；而 JS11—2 系列断电延时时间继电器必须在接通离合器电磁铁线圈电源时才能调节延时值。

四、按钮

按钮又叫控制按钮，是一种手动控制电器。它只能短时接通或分断 5A 以下的小电流电路，向其他电器发出指令性的电信号，控制其他电器动作。由于按钮载流量小，不能直接用于控制主电路的通断。

（一）按钮的结构与原理

按钮主要由按钮帽、复位弹簧、触点、接线柱及外壳等组成。其种类很多，常用的有 LA18、LA19 及 LA20 等系列。其中 LA19 系列按钮的外形、原理图和电路符号如图 1-22 所示。根据按钮触点结构和用途不同，它又分为停止按钮（常闭按钮），起动按钮（常开按钮）和复合按钮（既有常开触点，又有常闭触点）。

复合按钮的结构如图 1-22 所示。在按下按钮帽，令其动作时，首先断开常闭触点，再通过一定行程后才能接通常开触点；松开按钮帽时，复位弹簧先将常开触点分断，通过一定行程后常闭触点才闭合。

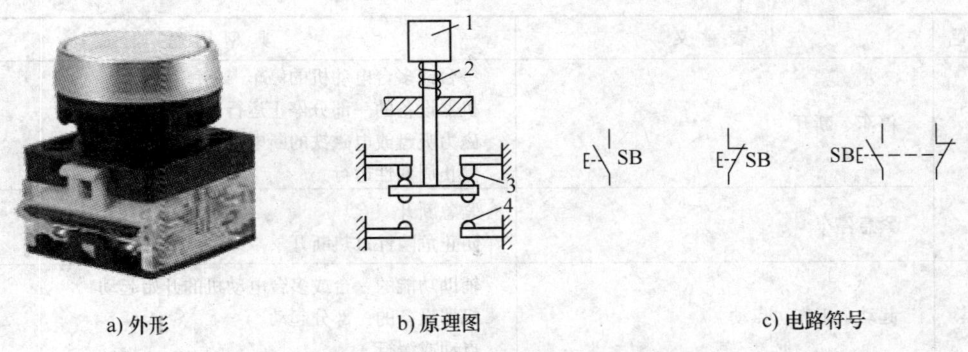

a) 外形　b) 原理图　c) 电路符号

图 1-22　LA19 系列按钮的外形、原理图和电路符号

1—按钮帽　2—复位弹簧　3—常闭触点　4—常开触点

按钮实物如图 1-23 所示。

图 1-23 按钮实物

（二）按钮的选用

1）根据使用场合，选择按钮的型号。一般是按照工作状态指示和工作情况的要求，选择按钮和指示灯的颜色。

2）按控制回路的需要，确定按钮的触点形式和触点组数。

3）按钮用于高温场合时，塑料按钮帽易变形老化而导致接线端螺钉松动，引起接线端螺钉间相碰而短路，可在接线螺钉处加套绝缘塑料管来防止短路。

4）带指示灯的按钮因灯泡发热，长期使用易使塑料按钮帽变形，可适当降低灯泡电压，延长按钮的使用寿命。

（三）按钮颜色代表的意义

按钮颜色代表的意义见表 1-9。

表 1-9 按钮颜色代表的意义

颜色	代表意义	典型用途
红	停车、断开	一台或多台电动机的停车 机器设备的一部分停止运行 磁力吸盘或电磁铁的断电 停止周期性运行
	紧急停车	紧急断开 防止危险性过热断开
绿或黑	起动、工作、点动	辅助功能的一台或多台电动机的开始起动 机器设备的一部分起动 点动或缓行
黄	应急，干预。常用于应急操作，抑制不正常情况或中断不正常的工作周期	在机械已完成一个循环的始点，机械元件返回；按黄色按钮可取消预置的功能
白或蓝	以上颜色未包括的特殊功能	与工作循环无直接关系的辅助功能控制；保护继电器的复位

五、行程开关

行程开关又叫限位开关或位置开关，它属于主令电器的另一种类型，其作用与按钮相同，都是向继电器、接触器发出信号指令，实现对生产机械的控制。不同的是按钮靠手动操作，行程开关则是靠生产机械的某些运动部件与它的传动部位发生碰撞令其内部触点动作，分断或切换电路，从而限制生产机械的行程，位置或改变其运动状态，指示生产机械停车、反转或变速等。行程开关分为按钮式和滚轮式（旋转式）两种，其中滚轮式又有单滚轮式和双滚轮式两种，如图 1-24 所示。

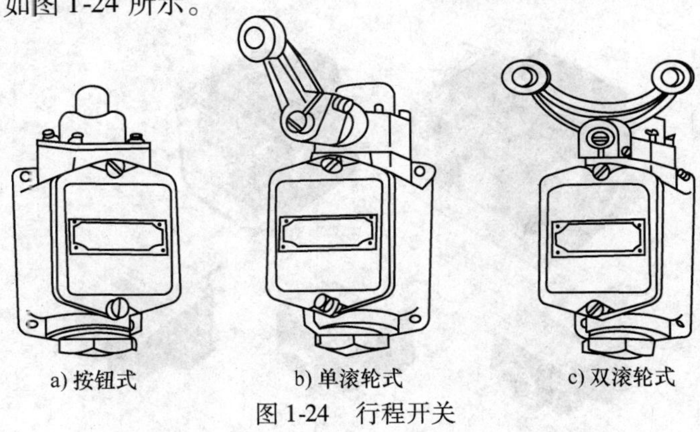

图 1-24　行程开关

（一）行程开关的结构和工作原理

行程开关的结构如图 1-25 所示。当生产机械撞块碰撞行程开关滚轮时，传动杠杆和转轴一起传动，转轴上的凸轮推杆使微动开关动作，断开常闭触点，接通常开触点，指示生产机械停车、反转或变速。对于单滚轮式自动复位的行程开关，只要生产机械撞块离开滚轮后，复位弹簧就能将已动作的部分恢复到动作前的位置，为下一次动作做好准备。双滚轮式行程开关在生产机械撞块碰撞第一只滚轮时，内部微动开关动作，以发出信号指令，但生产机械撞块离开滚轮后不能自动复位，必须要生产机械撞块碰撞第二个滚轮时，已动作的部位方能复位。行程开关的电路符号如图 1-26 所示。

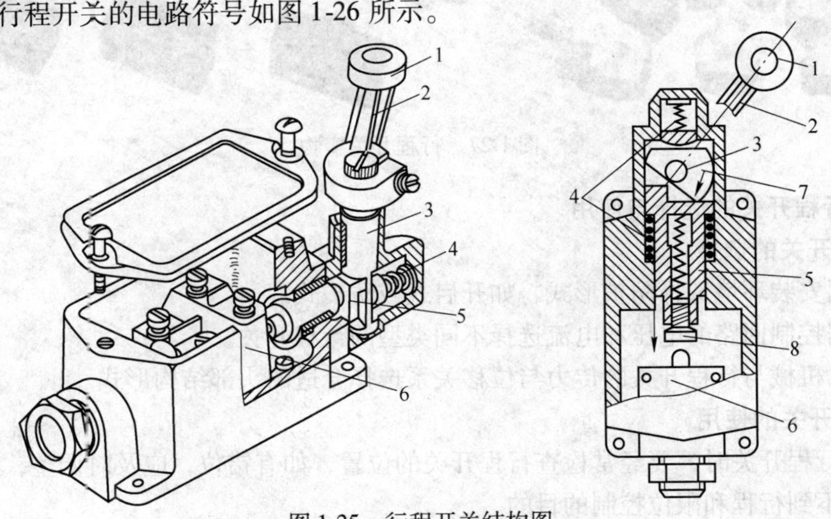

图 1-25　行程开关结构图

1—滚轮　2—杠杆　3—转轴　4—复位弹簧　5—撞块　6—微动开关　7—凸轮　8—调节螺钉

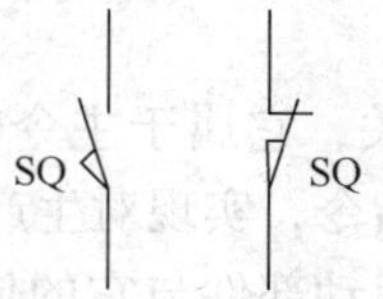

图 1-26　行程开关的电路符号

行程开关实物如图 1-27 所示。

图 1-27　行程开关实物

（二）行程开关的选择与使用

1. 行程开关的选择

1）根据安装环境选择防护形式，如开启式或防护式。

2）根据控制回路的电压和电流选择不同类型的行程开关。

3）根据机械与行程开关的传力与位移关系选择合适的头部结构形式。

2. 行程开关的使用

在使用行程开关时，要经常检查行程开关的位置，如有错位，应及时调整，以免触点接触不良而达不到行程和限位控制的目的。

任务实施

一、常用控制类电器的识别

（一）工作要求

选择控制类电器若干，写出它们的名称、型号和规格，并正确叙述各电器的用途。

（二）工作准备

交流接触器、中间继电器、按钮、行程开关及时间继电器各 1 个。

（三）识别的方法与步骤

1）写出给出的控制类电器的名称。

2）正确写出给出的控制类电器的型号、规格及含义，并完成表 1-10。

表 1-10　常用控制类电器的识别

序　号	电器名称	型　号	规　格	用　途

二、交流接触器的拆卸与装配

（一）工作要求

拆卸和装配一只型号为 CJ10—20 的接触器。

（二）工作准备

三相交流电源 1 个，电工通用工具 1 套，万用表 1 块，交流接触器 1 只，绝缘线 15m。

（三）拆装步骤

1. 拆卸

1）旋下灭弧罩紧固螺钉，取下灭弧罩。

2）先拆下三组桥形主触点：一手拎起主弹簧夹，另一手推出压力弹簧片，再将主触点横向旋转45°，取下主触点。然后再取出辅助触点。

3）旋下接触器底部的盖板螺钉，取下盖板。

4）取下缓冲绝缘纸及静铁心。

5）将线包的两个引线端接线卡从两侧卡槽中取出，取下线圈。

6）取下动铁心、反作用弹簧支架。

7）取下与动铁心相连的动触点结构支架中各触点的压力弹簧及垫片。

8）旋下外壳上各静触点的紧固螺钉，取下各静触点。

2. 检查

对接触器进行检查，发现问题及时处理。

3. 装配

装配顺序与拆卸顺序相反。

4. 检测

1）检查接触器线圈及触点的接触性能是否良好。

2）检查触点动作是否灵活。

3）检查动、静铁心是否完全吻合。

5. 通电校验

通电校验时，必须在不超过1min内，进行10次分合试验，如10次试验全部成功，方为合格。

三、JS7—A型时间继电器的拆卸与装配

（一）工作准备

三相交流电源1个，电工通用工具1套，万用表1块，时间继电器（或JS7—4A）1只，绝缘线15m。

（二）拆装步骤

1. 拆卸

1）旋下底座上的紧固螺钉。

2）拆下杠杆与支架连接轴的端头卡圈，抽出连接轴，拆下杠杆。

3）旋下时间调节螺钉旁边的紧固螺钉，取下端盖，取出调节螺钉及金属进气口。

4）旋下气室上的紧固延时触点的螺钉，取下延时开关，打开开关端盖，取走其中的动触点、端钮和弹簧。

5）取下线圈上方紧固瞬时触点的螺钉，取下瞬时开关，然后旋下开关上的紧固螺钉，打开端盖，方法与拆卸延时开关相同。

6）取下线圈与动铁心之间的复位弹簧，拆下端头的弹簧片、推板、动铁心三者连接起来的连接轴端头的卡圈，抽出连接轴，取下弹簧片、推板和动铁心。

7）从静铁心支架上取下固定静铁心的卡簧，取下静铁心。

2. 检查

对时间继电器进行检查，发现问题及时处理。

3. 装配

装配顺序与拆卸顺序相反。

4. 检测

1）检查时间继电器线圈及触点是否接触良好。

2）检查触点动作是否灵活。

3）检查动、静铁心是否完全吻合。

5. 通电校验

通电校验时，必须在1min内通电频率不少于10次。时间继电器各触点工作良好，吸合无噪声，铁心释放无延缓，每次动作时间一致，方为合格。

评分标准

常用控制类电器的识别与拆装技能训练的评分标准见表1-11。

表1-11 常用控制类电器的识别与拆装技能训练的评分标准

序号	主要内容	考核要求	考核标准	配分	扣分	得分
1	电器名称	正确写出各电器的名称	电器名称不正确，每个扣1分	5		
2	电器清单中各电器元件型号的含义	正确说出元件清单中电器元件型号的含义	不能正确说出电器清单中电器型号的含义，每处扣2分	10		
3	常用控制类电器的型号规格	正确写出常用控制类电器的型号规格	常用控制类电器的型号规格写错，每个扣2分	15		
4	拆卸和组装	按工艺要求正确拆卸、组装低压电器	1）拆卸、组装步骤有一步不正确，扣5分 2）损坏和丢失零件，每只扣20分	50		
5	通电试验	通电运行时，通断动作正常，吸合后无噪声	1）组装不合格，扣5分 2）电源接错，扣5分 3）通电动作不正常，扣5分 4）吸合后有噪声，扣5分	20		
备注			合 计	100		
			考核员签字			
					年 月 日	

扩展提高

1. 交流接触器的检修

交流接触器的常见故障及修理方法见表1-12。

表1-12 交流接触器的常见故障及修理方法

故障现象	产生原因	修理方法
铁心吸不上或吸力不足（触点已闭合而铁心尚未完全闭合）	1）电源电压过低 2）控制回路电源容量不足或断线、配线错误及控制触点接触不良 3）线圈参数及使用技术条件不符 4）接触器受损，如线圈断线或被烧坏，机械可动部分被卡住，转轴生锈或歪斜等 5）触点弹簧压力与超程过大	1）调整电源电压至额定值 2）增加电源容量，更换线路，修理控制触点 3）更换线圈 4）更换线圈，排除卡住故障，修理受损零件 5）按要求调整触点参数
不释放或释放缓慢	1）触点弹簧压力过小 2）触点熔焊 3）机械可动部分被卡住，转轴生锈或歪斜 4）反作用弹簧被损坏，铁心极面上沾有油污或尘埃 5）E形铁心，当寿命终了时，因去磁气隙消失，剩磁增大，使铁心不释放	1）调整触点弹簧压力 2）排除熔焊故障，修理或更换触点 3）排除卡住现象，修理受损零件 4）更换反作用弹簧，清理铁心极面 5）更换铁心

（续）

故障现象	产生原因	修理方法
电磁噪声大	1）电源电压过低 2）触点弹簧压力过大 3）电磁系统歪斜或机械上卡住，使铁心不能吸合 4）铁心极面生锈或有油垢、尘埃等异物侵入铁心极面 5）短路环断裂 6）铁心极面磨损过度而不平	1）调整电源电压至额定值 2）调整触点弹簧压力 3）排除歪斜或卡住现象 4）清理铁心极面 5）更换短路环 6）更换铁心
线圈过热或被烧毁	1）电源电压过高或过低 2）线圈参数与实际使用条件不符 3）交流操作频率过高 4）线圈绕制问题或机械损伤、绝缘损坏 5）运动部分卡住 6）交流铁心极面不平或中间气隙过大	1）调整电源电压 2）调换线圈或接触器 3）调换合适的接触器 4）更换线圈，排除引起机械损伤、绝缘损坏的故障 5）排除卡住现象 6）清理铁心极面或更换铁心
触点熔焊	1）操作频率过高或过载使用 2）负载侧短路 3）触点弹簧压力过小 4）触点表面有金属颗粒凸起或异物 5）控制回路电压过低或机械上卡住，致使吸合过程中有停滞现象，触点停顿在刚接触的位置上	1）调换合适的接触器 2）排除短路故障，更换触点 3）调整触点弹簧压力 4）清理触点表面 5）调整控制回路电压至额定值，排除机械卡住故障，使接触器可靠吸合
触点过热或被灼伤	1）触点弹簧压力过小 2）触点的超程太小 3）触点上有油污，或表面高低不平、有金属颗粒凸起 4）操作频率过高或工作电流过大，触点的断开容量不够 5）铜触点用于长期工作制	1）调整触点弹簧压力 2）调整触点超程或更换触点 3）清理触点表面 4）调换容量较大的接触器 5）接触器降容使用
触点过度磨损	1）接触器选择不当，在以下场合时容量不足：反接制动；操作频率过高 2）三相触点动作不同步 3）负载侧短路	1）接触器降容使用或改用适于繁重任务的接触器 2）调整至同步 3）排除短路故障，更换触点
相间短路	1）尘埃堆积或粘有水气、油垢，使绝缘降低 2）接触器零部件损坏（如灭弧室碎裂） 3）可逆转换的接触器联锁不可靠，由于误操作，致使两台接触器同时投入运行而造成相间短路；或因接触器动作过快，转换时间短，在转换过程中发生电弧短路	1）经常清理，保持清洁 2）更换损坏零部件 3）检查电气联锁与机械联锁；在控制电路中加中间环节或转换动作时间长的接触器，延长可逆转换时间

2. 时间继电器的检修

时间继电器的常见故障及修理方法见表1-13。

表 1-13　时间继电器的常见故障及修理方法

故障现象	产生原因	修理方法
延时触点不动作	1）电磁铁线圈断线 2）电源电压低于线圈电压过多 3）电动式时间继电器的同步电动机线圈断线 4）电动式时间继电器的棘爪无弹性，不能刹住棘齿 5）电动式时间继电器的游丝断裂	1）更换线圈 2）更换线圈或调高电源电压 3）调换同步电动机 4）调换棘爪 5）调换游丝
延时时间缩短	1）空气阻尼式时间继电器的气室装配不严，漏气 2）空气阻尼式时间继电器的气室内橡皮膜损坏	1）修理或调换气室 2）调换橡皮膜
延时时间变长	1）空气阻尼式时间继电器的气室内有灰尘，使气道阻塞 2）电动式时间继电器的传动机构缺润滑油	1）清除气室内灰尘，使气道畅通 2）加入适量的润滑油
延时时间有时长，有时短	环境温度变化，影响延时时间的长短	调整时间继电器的延时整定值

3. 行程开关的检修

行程开关的常见故障及修理方法见表 1-14。

表 1-14　行程开关的常见故障及修理方法

故障现象	产生原因	修理方法
挡铁碰撞开关，触点不动作	1）开关位置安装不当 2）触点接触不良 3）触点连接线脱落	1）调整开关位置 2）清洗触点 3）紧固连接线
行程开关复位后，常闭触点不能闭合	1）触杆被杂物卡住 2）动触点脱落 3）弹簧弹力减退或被卡住 4）触点偏斜	1）清扫开关 2）重新调整动触点 3）调换弹簧 4）调换触点
杠杆偏转后触点未动作	1）行程开关位置太低 2）机械卡阻	1）将开关向上调到合适位置 2）打开后盖清扫开关

4. 按钮的检修

按钮的常见故障及修理方法见表 1-15。

表 1-15　按钮的常见故障及修理方法

故障现象	产生原因	修理方法
按下起动按钮时有触电感觉	1）按钮的防护金属外壳与连接导线接触 2）按钮帽的缝隙间充满铁屑，使其与导电部分形成通路	1）检查按钮内连接导线 2）清理按钮及触点
按下起动按钮，不能起动，控制失灵	1）接线头脱落 2）触点磨损松动，接触不良 3）动触点弹簧失效，使触点接触不良	1）检查按钮连接导线 2）检修触点或调换按钮 3）重绕弹簧或调换按钮
按下停止按钮，不能断开电路	1）接线错误 2）尘埃或机油、乳化液等进入按钮，造成短路 3）绝缘被击穿	1）更改接线 2）清扫按钮并采取密封措施 3）更换按钮

课后任务

1. 查阅接触器、时间继电器、行程开关和中间继电器的型号及含义。

2. 拆装一只交流接触器，将拆卸步骤、主要零部件名称及作用、各对触点动作前后的电阻值及各类触点数量、线圈数据记入表 1-16 中。

表 1-16　交流接触器的拆卸与测量记录

<table>
<tr><td colspan="2">型　号</td><td colspan="2">容　量</td><td rowspan="12">拆 卸 步 骤</td><td colspan="2">主要零部件</td></tr>
<tr><td colspan="2"></td><td colspan="2"></td><td>名　称</td><td>作　用</td></tr>
<tr><td colspan="4">触点数</td><td rowspan="10"></td><td rowspan="10"></td></tr>
<tr><td>主触点</td><td>辅助触点</td><td>常开触点</td><td>常闭触点</td></tr>
<tr><td></td><td></td><td></td><td></td></tr>
<tr><td colspan="4">触点电阻</td></tr>
<tr><td colspan="2">常开</td><td colspan="2">常闭</td></tr>
<tr><td>动作前</td><td>动作后</td><td>动作前</td><td>动作后</td></tr>
<tr><td></td><td></td><td></td><td></td></tr>
<tr><td colspan="4">电磁线圈</td></tr>
<tr><td>线径</td><td>匝数</td><td>电压</td><td>电阻</td></tr>
<tr><td></td><td></td><td></td><td></td></tr>
</table>

3. 观察空气阻尼式时间继电器的结构，将主要零件名称、作用、触点数量及种类记入表 1-17 中。

表 1-17　空气阻尼式时间继电器的结构

<table>
<tr><td>型　号</td><td>线 圈 电 阻</td><td colspan="2">重要零部件</td></tr>
<tr><td></td><td></td><td>名　称</td><td>作　用</td></tr>
<tr><td>常开触点数</td><td>常闭触点数</td><td rowspan="6"></td><td rowspan="6"></td></tr>
<tr><td></td><td></td></tr>
<tr><td>延时触点数</td><td>瞬时触点数</td></tr>
<tr><td></td><td></td></tr>
<tr><td>延时分断触点数</td><td>延时闭合触点数</td></tr>
<tr><td></td><td></td></tr>
</table>

任务三　常用保护类电器的识别与拆装技能训练

任务描述

认识常用保护类电器，熟悉保护类电器的名称、型号和规格，并正确叙述各保护电器的用途。熟悉保护类电器的拆装工艺、基本构造、工作原理及检修方法。

相关知识

一、熔断器

（一）熔断器的作用、结构和工作原理

熔断器是低压电路和电动机控制电路中最简单最常用的过载和短路保护电器。它的主要工作部分是熔体，串联在被保护电器或电路的前端，当电路或设备过载或短路时，大电流将熔体熔化，从而分断电路，起到保护作用。

常用的低压熔断器有瓷插式、螺旋式、无填料封闭管式和有填料封闭式等几种。熔断器的电路符号如图 1-28 所示。熔断器的实物图如图 1-29 所示。

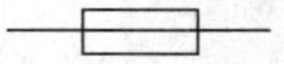

FU

图 1-28　熔断器的电路符号

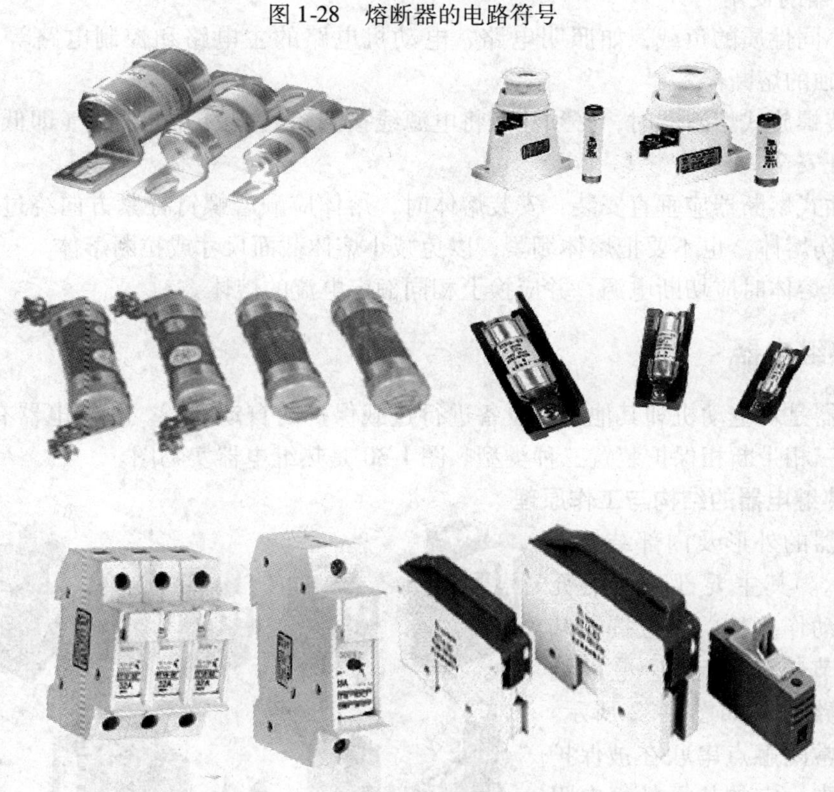

图 1-29　熔断器实物图

熔体的材料有两类，在小容量电路中，多用分断力不高的低熔点材料，如铅-锡合金、铅等；在大容量电路中，用分断力高的高熔点材料，如铜、银等。

（二）熔断器的选择与使用

1. 熔断器的选择

选择熔断器，主要是正确选择熔断器的类型和熔体的额定电流。

1）根据使用环境和负载的性质选择合适类型的熔断器：配电一般用管式熔断器；电动机

保护一般用螺旋式熔断器；照明电路一般用瓷插式熔断器；保护晶闸管则应选择快速熔断器。

2）熔体的选择：对于不同的负载，熔体额定电流按以下原则选用。

① 对于变压器、电炉和照明等负载，应使熔体的额定电流略大于或等于负载电流。

② 配电电路中，应使熔体的额定电流略大于或等于线路的安全电流。

③ 单台电动机电路中，应使熔体电流不小于电动机额定电流的1.5～2.5倍。即熔体的额定电流 $I_{RN} \geqslant (1.5 \sim 2.5) I_N$，若起动系数仍不能满足，则可以放大到不超过3倍。

④ 多台电动机电路中，应使熔体的额定电流 $I_{RN} \geqslant (1.5 \sim 2.5) I_{Nmax} + \sum I_N$，式中 I_{Nmax} 为功率最大的一台电动机的额定电流，$\sum I_N$ 为其他所有电动机的额定电流之和。

3）熔断器额定参数的选择：熔断器的额定电压必须大于或等于电路的额定电压；熔断器的额定电流必须大于或等于所装熔体的额定电流，熔断器的分断能力应大于电路中可能出现的最大短路电流。

2. 熔断器的使用

1）对不同性质的负载，如照明电路、电动机电路的主电路和控制电路等，应分别保护，并装单独的熔断器。

2）安装螺旋式熔断器时，必须注意将电源线接到瓷底座的下接线端（即低进高出的原则），以保证安全。

3）瓷插式熔断器应垂直安装，安装熔体时，熔体应顺着螺钉拧紧方向绕过去，同时应注意不要划伤熔体，也不要把熔体绷紧，以免减小熔体截面尺寸或拉断熔体。

4）更换熔体时应切断电源，并应换上相同额定电流的熔体。

二、热继电器

热继电器是对电动机和其他用电设备进行过载保护的自动电器。热继电器有两相结构、三相结构和三相带断相保护装置三种类型。图1-30是热继电器实物图。

（一）热继电器的结构与工作原理

热继电器的外形及内部结构如图1-31所示。其主要部分由热元件、触点、动作机构、复位按钮和整定电流调节装置等组成。它的结构原理与电路符号如图1-32所示。热继电器的常闭触点串联在被保护的二次电路中，它的热元件由电阻片绕成，靠近热元件的双金属片是用两种热膨胀系数差异较大的金属薄片叠压在一起。热元件串联在电动机和其他用电设备的主电路中。

图1-30 热继电器实物图

当电动机和其他用电设备过载时，热元件中通过较大电流，使双金属片逐渐发生弯曲，经一定的时间后，推动动作机构，使常闭触点断开，切断接触器线圈电路，使电动机或其他用电设备失电压。故障排除后，按下“复位”按钮，使热继电器触点复位。

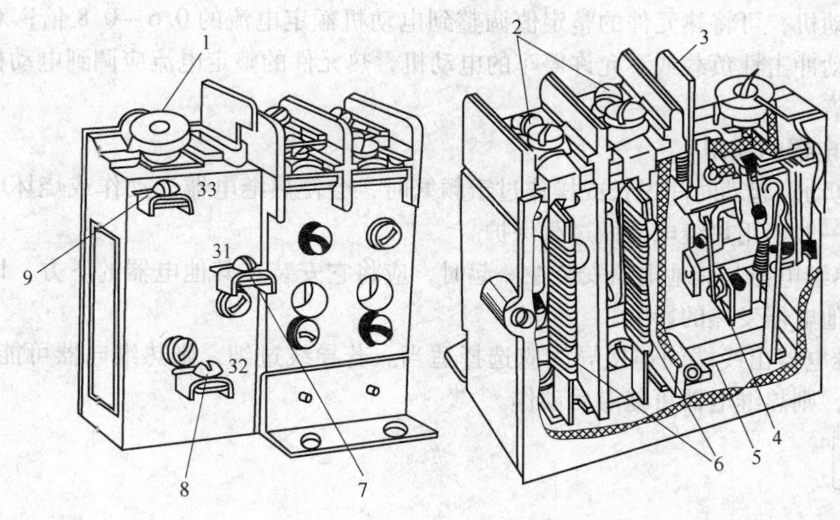

a) 外形图　　b) 结构图

图 1-31 热继电器外形及内部结构

1—整定电流调节装置 2—主电路接线柱 3—复位按钮 4—常闭触点 5—动作机构 6—热元件 7—常闭触点接线柱 8—公共动触点线柱 9—常开触点接线柱

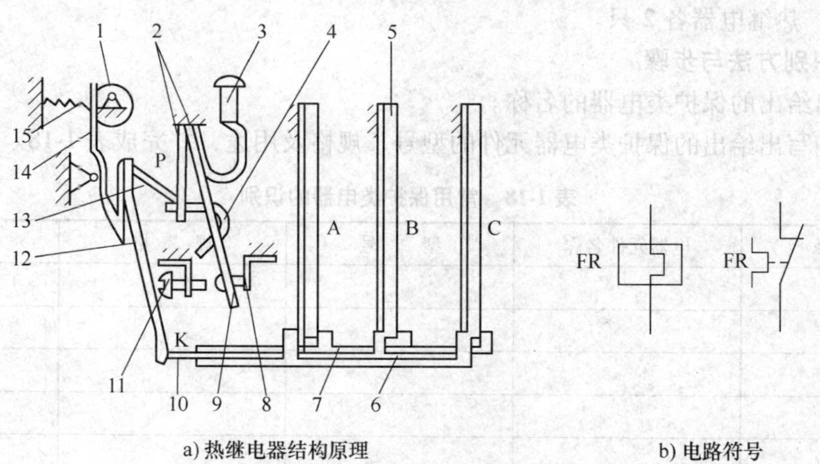

a) 热继电器结构原理　　b) 电路符号

图 1-32 热继电器结构原理及电路符号

1—电流调节偏心轮 2—簧片 3—复位弹簧 4—弓簧 5—主双金属片 6—外导板 7—内导板 8—常闭触点 9—动触点 10—杠杆 11—复位调节螺钉 12—温度补偿双金属片 13—连杆 14—推杆 15—拉簧

(二) 热继电器的选择与使用

1. 热继电器的选择

选用热继电器作电动机的过载保护时，应考虑电动机在短时过载和起动瞬间不受影响。

1）热继电器类型的选择：一般轻载起动或短时工作时，可选择两相结构的热继电器；当电源电压的均衡性和工作环境较差或多台电动机的功率差别较显著时，可选择三相结构的热继电器；对于三角形联结的电动机，应选用带断相保护装置的热继电器。

2）热继电器额定电流及型号的选择：热继电器的额定电流应大于电动机的额定电流。

3）热元件整定电流的选择：一般将整定电流调整到等于电动机的额定电流；对于过载

能力差的电动机，可将热元件的整定值调整到电动机额定电流的0.6～0.8倍；对于起动时间较长、拖动冲击性负载或不允许停车的电动机，热元件的整定电流应调到电动机额定电流的1.1～1.5倍。

2. 热继电器的使用

1）当电动机起动时间过长或操作过于频繁时，会使热继电器误动作或烧坏电器，故在这种情况下一般不用热继电器做过载保护。

2）当热继电器与其他电器安装在一起时，应将它安装在其他电器的下方，以免其动作特性受到其他电器发热的影响。

3）热继电器出线端的连接导线应选择适当。若导线过细，则热继电器可能提前动作；若导线太粗，则热继电器可能滞后动作。

任务实施

一、常用保护类电器的识别

（一）工作要求

选择保护类电器若干，写出它们的名称、型号和规格，并正确叙述各电器的用途。

（二）工作准备

熔断器、热继电器各2只。

（三）识别方法与步骤

1）写出给出的保护类电器的名称。

2）正确写出给出的保护类电器元件的型号、规格及用途，并完成表1-18。

表1-18 常用保护类电器的识别

序号	电器元件名称	型号	规格	用途

二、熔断器、热继电器的拆卸与装配

（一）工作要求

分别拆卸和装配一只型号为RL5的熔断器和型号为JR16—20/3的热继电器。

（二）工作准备

三相交流电源1个，电工通用工具1套，万用表1块，熔断器1只，热继电器1只，三相异步电动机1台，绝缘线15m。

（三）拆装步骤

拆装步骤略。

评分标准

常用保护类电器的识别和拆装技能训练评分标准见表1-19。

表1-19　常用保护类电器的识别和拆装技能训练评分标准

序号	主要内容	考核要求	考核标准	配分	扣分	得分
1	电器名称	正确写出各电器的名称	电器名称不正确，每个扣1分	5		
2	电器清单中各电器元件型号的含义	正确说出电器清单中电器元件型号的含义	不能正确说出电器清单中电器型号的含义，每处扣2分	10		
3	常用保护类电器的型号规格	正确写出常用保护类电器的型号规格	常用保护类电器的型号规格写错，每个扣2分	15		
4	拆卸和组装	按工艺要求正确拆卸、组装保护类电器	1）拆卸、组装步骤有一步不正确，扣5分 2）损坏和丢失零件，每只扣20分	50		
5	通电试验	通电运行时，通断动作正常，吸合后无噪声	1）组装不合格，扣5分 2）电源接错，扣5分 3）通电动作不正常，扣5分 4）吸合后有噪声，扣5分	20		
备注			合　计	100		
			考核员签字 年　月　日			

扩展提高

1. 热继电器的检修

热继电器的常见故障及修理方法见表1-20。

表1-20　热继电器的常见故障及修理方法

故障现象	产生原因	修理方法
热继电器误动作或动作太快	1）整定电流偏小 2）操作频率过高 3）连接导线过细	1）调大整定电流 2）调换热继电器或限制操作频率 3）选用标准导线
热继电器不动作	1）整定电流偏大 2）热元件烧断或脱焊 3）导板脱出	1）调小整定电流 2）更换热元件或热继电器 3）重新放置导板并试验动作灵活性
热元件烧断	1）负载电流过大 2）反复短时工作，操作频率过高	1）排除故障，调换热继电器 2）限定操作频率或调换合适的热继电器
主电路不通电	1）热元件烧毁 2）接线螺钉未压紧	1）更换热元件或热继电器 2）旋紧接线螺钉
控制电路不通电	1）热继电器常闭触点接触不良或弹性消失 2）手动复位的热继电器动作后，未手动复位	1）检修常闭触点 2）手动复位

（续）

故障现象	产生原因	修理方法
动作不稳定	1）热继电器内部机构的某些部件松动 2）在检修时弯折了双金属片 3）通电校验时，电流波动太大，或者接线螺钉未拧紧，或者电流表不准确	1）将松动部分固定 2）用大电流预试几次，或者将双金属片拆下进行处理，以去除内应力 3）在校验电源上加稳压器，把螺钉拧紧，校对电流表是否准确

2. 熔断器的检修

熔断器的常见故障及修理方法见表1-21。

表1-21　熔断器的常见故障及修理方法

故障现象	产生原因	修理方法
电动机起动瞬间熔体即熔断	1）熔体规格选择太小 2）负载侧短路或接地 3）熔体安装时有损伤	1）调换适当的熔体 2）检查短路或接地故障 3）调换熔体
熔体未断但电路不通电	1）熔体两端或接线端接触不良 2）熔断器的螺帽盖未拧紧	1）清扫并旋紧接线端 2）旋紧螺帽盖
熔断器过热和冒火	1）过载 2）触点接触不良	1）检查电源和负载，使负载降低 2）排除触点生锈、弹簧松弛现象，使触点接触良好

课后任务

1. 查阅熔断器、热继电器的型号及含义。

2. 打开热继电器外盖，观察热继电器的内部结构，检测各热元件的电阻值，将各零件名称、作用及有关电阻值记入表1-22中。

表1-22　热继电器基本结构及热元件电阻检测记录

<table>
<tr><td colspan="2">型　号</td><td>类　别</td><td colspan="2">主要零部件</td></tr>
<tr><td colspan="2" rowspan="2"></td><td rowspan="2"></td><td>名　称</td><td>作　用</td></tr>
<tr><td></td><td></td></tr>
<tr><td colspan="3">热元件电阻值</td><td rowspan="6"></td><td rowspan="6"></td></tr>
<tr><td>L_1 相</td><td>L_2 相</td><td>L_3 相</td></tr>
<tr><td></td><td></td><td></td></tr>
<tr><td></td><td></td><td></td></tr>
<tr><td colspan="3">整定电流值</td></tr>
<tr><td colspan="3"></td></tr>
</table>

项目二　电动机控制电路的设计、调试与检修技能训练

在现代化生产中，大多数生产机械都采用电力拖动，如各种风机、水泵与油泵、各种机床、起重机、轧钢机、运输机、化工机械及纺织机械等，其电气控制电路，不论简单还是复杂，总是由一些基本控制电路有机组合起来的。电动机常见的基本控制电路有：点动控制电路、正向控制电路、正反转控制电路、位置控制电路、减压控制电路、多速控制电路和制动电路等。本项目将讲述一些基本控制电路的安装、设计与配电盘布线。

本项目包括六个任务。具体进度、教学实施步骤及学时安排见表2-1。

表2-1　电动机控制电路的设计、调试与检修技能训练作业流程

实训任务	实训内容	教学实施步骤	学时
任务一　电动机点动与连续运行控制电路的设计、调试与检修技能训练	1. 分小组讨论，布置任务	1）熟悉原理图、设计接线图 2）各小组收集有关资料，讨论及确定安装方案，并整理好记录 3）预习任务一内容	
	2. 教师点评与学生互动	1）各小组提交安装图、工艺方案（草稿），教师答疑 2）教师点评各小组讨论记录，分析存在的问题与处理方法	
	3. 完成工艺安装方案及调试	完成任务一内容	
	4. 答辩与评定成绩	1）学生答辩 2）教师点评 3）参考任务一评分标准	
任务二　电动机正、反转控制电路的设计、调试与检修技能训练	1. 分小组讨论，布置任务	1）熟悉原理图、设计接线图 2）各小组收集有关资料、讨论及确定安装方案，并整理好记录 3）预习任务二内容	
	2. 教师点评与学生互动	1）各小组提交安装图、工艺方案（草稿），教师答疑 2）教师点评各小组讨论记录，分析存在的问题与处理方法	
	3. 完成工艺安装方案及调试	完成任务二内容	
	4. 答辩与评定成绩	1）学生答辩 2）教师点评 3）参考任务二评分标准	

（续）

实训任务	实训内容	教学实施步骤	学时
任务三　自动往返循环控制电路的设计、调试与检修技能训练	1. 分小组讨论，布置任务	1）熟悉原理图、设计接线图 2）各小组收集有关资料，讨论及确定安装方案，并整理好记录 3）预习任务三内容	
	2. 教师点评与学生互动	1）各小组提交安装图、工艺方案（草稿），教师答疑 2）教师点评各小组讨论记录，分析存在的问题与处理方法	
	3. 完成工艺安装方案及调试	完成任务三内容	
	4. 答辩与评定成绩	1）学生答辩 2）教师点评 3）参考任务三评分标准	
任务四　电动机Y-△减压起动控制电路的设计、调试与检修技能训练	1. 分小组讨论，布置任务	1）熟悉原理图、设计接线图 2）各小组收集有关资料，讨论及确定安装方案，并整理好记录 3）预习任务四内容	
	2. 教师点评与学生互动	1）各小组提交安装图、工艺方案（草稿），教师答疑 2）教师点评各小组讨论记录，分析存在的问题与处理方法	
	3. 完成工艺安装方案及调试	完成任务四内容	
	4. 答辩与评定成绩	1）学生答辩 2）教师点评 3）参考任务四评分标准	
任务五　电动机单向起动反接制动控制电路的设计、调试与检修技能训练	1. 分小组讨论，布置任务	1）熟悉原理图、设计接线图 2）各小组收集有关资料，讨论及确定安装方案，并整理好记录 3）预习任务五内容	
	2. 教师点评与学生互动	1）各小组提交安装图、工艺方案（草稿），教师答疑 2）教师点评各小组讨论记录，分析存在的问题和处理方法	
	3. 完成工艺安装方案及调试	完成任务五内容	
	4. 答辩与评定成绩	1）学生答辩 2）教师点评 3）参考任务五评分标准	

（续）

实训任务	实训内容	教学实施步骤	学时
任务六　双速电动机自动变速控制电路的设计、调试与检修技能训练	1. 分小组讨论，布置任务	1）熟悉原理图、设计接线图 2）各小组收集有关资料、讨论及确定安装方案，并整理好记录 3）预习任务六内容	
	2. 教师点评与学生互动	1）各小组提交安装图、工艺方案（草稿），教师答疑 2）教师点评各小组讨论记录，分析存在的问题和处理方法	
	3. 完成工艺安装方案及调试	完成任务六内容	
	4. 答辩与评定成绩	1）学生答辩 2）教师点评 3）参考任务六评分标准	

任务一　电动机点动与连续运行控制电路的设计、调试与检修技能训练

任务描述

电动机在正常工作时，一般处于连续运行状态，但在试车或对刀时则需要电动机能实现点动运行。所谓点动，就是指按下按钮时电动机运行；松开按钮时电动机停转。本任务要求掌握电动机点动与连续运行控制的原理，学会电动机点动与连续运行控制的接线和操作方法与检修技能。

相关知识

一、电气识图基础

电气图是一种二程图，它是用来描述电气控制设备的结构、工作原理和技术要求的图样。电气图需要用统一的工程语言形式来表达，这个统一的工程语言应根据国家电气制图标准，用标准的图形符号、文字符号及规定的画法绘制，电气图样图如图 2-1 所示。

（一）电气图的组成

电气图一般由三部分组成：电路、技术说明和标题栏。

1. 电路

电路是电气图的主体。电力工程的电路可分为两部分：主电路和辅助电路。

（1）主电路　主电路是电源向负载输送电能的电路，包括电源设备、控制电路和负载等。

（2）辅助电路　辅助电路是对主电路进行控制、保护、监测和指示的电路，通常包括继电器、仪表、指示灯和控制开关等。

（3）电路的结构　电路是电气图的主要构成部分。由于电器的外形和结构比较复杂，故在绘制电气图时，要采用国家标准规定的图形符号和文字符号来表示电器元件的不同种类、规格及安装方式。对于较简单的电路，有的只画电气原理图，有的只画电气安装接线

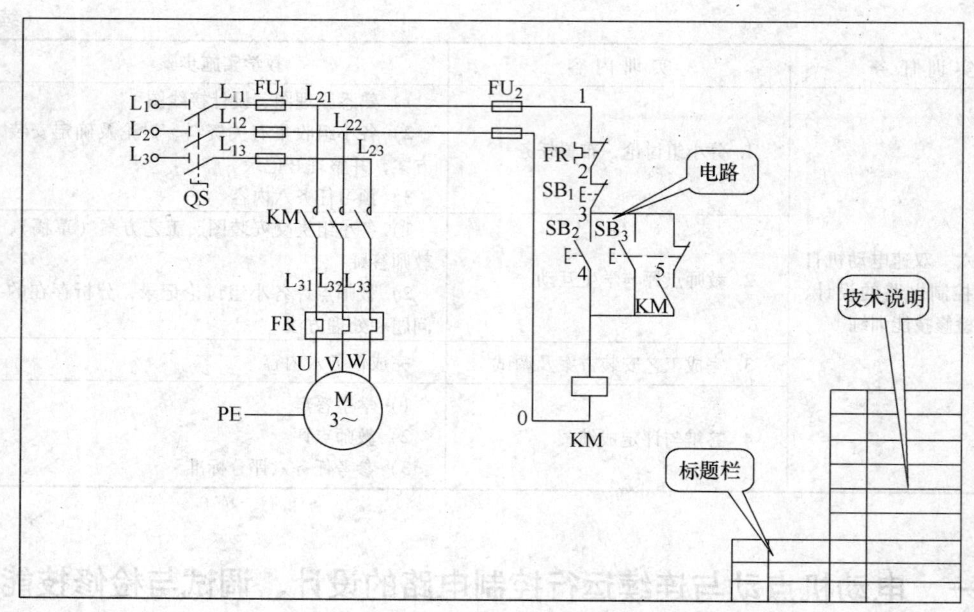

图 2-1　电气图样图

图；对于较复杂的辅助电路，有时还要画其展开接线图。在电气施工图中，有时还要绘制电器元件布置图等，以供各方面人员使用。

2. 技术说明

电气图中的文字说明和元件明细表等总称为技术说明。

（1）文字说明　用于注明电路的某些要点和安装要求等，通常写在电气图的右上方。若说明较多，则通常采用附页来说明。

（2）元件明细表　用来列出电路中元件的名称、符号、规格和数量。元件明细表一般位于标题栏的上方。

3. 标题栏

标题栏画在图样的右下方，紧靠图框线。其中标注有设计单位名称、工程名称、图样名称、图号、还有设计人员、制图人员、审核人员、批准人员的签名和日期等。

（二）识读电气图的基本步骤

1. 先阅读设备说明书

阅读设备说明书是为了了解设备的机械结构、电气传动方式、对电气控制的要求、电动机和电器元件的分布情况、设备的使用操作方法以及各种按钮、开关、指示器等的作用等，以便对系统有一个较全面的认识。

2. 认真读懂图样说明

电气图样说明通常包括图样目录、技术说明、元器件明细表和施工说明书等。识读电气图时，可先读懂图样说明中的相关内容，了解设计的内容及施工中的要求，从而了解图样的大体情况和抓住识图重点。

3. 读懂标题栏

标题栏是电气图的重要组成部分，在读懂图样说明的基础上，进一步读懂标题栏，可使我们了解该电气图的名称和图号等有关信息，从而对电气图的类型、性质、作用等有明确的认识，同时，还可以大致了解电气图的内容。

4. 读懂概略图（框图）

在读懂图样说明和标题栏后，就要识读概略图，了解整个系统或分系统的概况，即它们的基本组成、相互关系及主要特征。因此，读懂了概略图，就可为进一步理解主系统或分系统的工作方式、原理打下基础。

5. 识读电路图

电路图是电气图的核心。对于一些大型设备，电路比较复杂，看图难度较大，可先看相关的逻辑图和功能图，以便迅速识读电路图。

识读电动机控制电路图时，先要分清主电路和辅助电路、交流电路和直流电路，按照先看主电路再看辅助电路的顺序识图。

看主电路时，通常是从下往上看，即从设备开始，经控制元件、保护元件顺次往上看。

看辅助电路时，则应自下而上、自左至右看，即先看电源，再顺次看各条回路，分析各条回路元器件的工作情况及其对主电路的控制关系。

通过看主电路，要弄清用电设备是怎样获取电源的，电源通过哪些元件到达负载的，各电器元件的作用是什么；通过看辅助电路，要弄清电路的构成，各元件间的联系（如顺序、联锁等）及控制关系，在什么条件下电路构成通路或断路，从而理解辅助电路对主电路是如何实现控制的，进而弄清整个系统的工作原理。

（三）电气接线图的识图方法

接线图是以电路图为依据绘制的，因此，要对照电路图来看接线图。识读接线图时，一般也是先看主电路，再看辅助电路。

1）看接线图时，根据端子标志和回路标号，从电源端顺次看下去，主要是搞清楚线路的走向和电路的连接方法，即搞清楚每个元器件是如何通过导线构成闭合回路的。

2）看主电路时，从电源输入端开始，顺次经过控制元器件和线路到用电设备，与看电路图时有所不同。

3）看辅助电路，可从电源的一端到电源的另一端，按元器件的顺序对每个回路进行分析。

4）看连接导线时，线号是元件间导线连接的标号，线号相同的导线原则上接在一起，接线图多采用单线表示，因此对导线走向应加以辨别。此外，还要搞清端子板内外电路的连接，内外电路相同标号的导线要接在端子板的同标号触点上。

二、配电板的安装

（一）在配电板上布局元器件的基本方法

1）体积大和重量较重的元器件宜安装在配电板的下部，以降低配电板的重心。

2）发热元件宜安装在配电板的下部以避免对其他元件的热影响。

3）需要经常维护、调节的元器件安装在便于操作的位置上。

4）外形和结构类似的元器件宜布置在一起，以便安装、配线及使外观整齐。

5）元器件布置不宜过于紧密，要留有一定的间距。若采用板前配线方法，应适当加大各排电器元件的间距，以便于布线和维护。

（二）板前明线布线安装步骤和工艺要求

1）按电路要求配齐所用电器元件，检验电器元件的质量，电器元件应完好无损，各项技术指标必须符合规定要求，否则应予以更换。

2）在电气控制板上按电器元件布置图安装所有电器元件，并贴上醒目的文字符号。元件排列要整齐、匀称、间距合理，且便于元件更换。紧固电器元件时用力要均匀，紧固程度要适当，做到既要使元件安装牢固，又不会使元件受到损坏。

3）按接线图进行板前明线布线和套编码管，做到布线横平竖直、整齐、分布均匀、紧贴安装面、走线合理，变换走向要垂直。套编码管要正确，严禁损伤线芯和导线绝缘。接点牢靠，不得松动，不得压绝缘层，不反圈，不漏铜过长。

4）根据原理图检查电气控制板布线的正确性。

5）安装电动机，做到牢固平稳，以防止在换向时产生滚动而引起事故。

6）可靠连接电动机设备和各电器元件的金属外壳的保护接地线。

7）连接电气控制板外部导线。

8）自检。安装完毕，必须按要求进行认真检查，确保无误后才允许通电试车。

9）自检合格后，通电试车。

（三）板前或电气控制柜行线槽的布线安装步骤和工艺要求

1）按电路要求配齐所用的电器元件，检验电器元件的质量，电器元件应完好无损，各项技术指标必须符合规定要求，否则应予以更换。

2）按电器元件布置图在电气控制板上或电气控制柜内安装行线槽和所有电器元件，并贴上醒目的文字符号。安装行线槽时，应做到横平竖直、排列整齐匀称、安装牢固和便于走线等。

3）按电气原理图进行板前（电气控制板前或电气控制柜内电路板前）行线槽配线，并在导线端部套编码管和冷压接线头。板前走线的具体工艺要求如下：

① 所有导线截面积在大于或等于$0.5mm^2$时，必须采用软线。考虑机械强度的原因，要求导线的最小面积在电气控制柜外为$1mm^2$，在电气控制柜内为$0.75mm^2$。但对于电气控制柜内很小电流的线路连线，如电子逻辑电路可用$0.2mm^2$，并且可以采用硬线，但只能用于不移动又无振动的场合。

② 布线时，严禁损伤线芯和导线绝缘。

③ 各电器元件接线端子引出导线的走向，以元件的水平中心线为界线，在水平中心线以上接线端子引出的导线必须进入元件上面的行线槽；在水平中心线以下接线端子引出的导线必须进入元件下面的行线槽；任何导线不允许从元件的水平方向进入行线槽内。

④ 各电器元件接线端子上引出或引入的导线，除间距很小和元件机械强度很差时允许直接敷设外，其他导线必须经过行线槽进行连接。

⑤ 进入行线槽内的导线要完全置于行线槽内，并尽可能避免交叉，装线不要超过其容量的70%，以便能盖上槽盖，方便以后的装配及维修。

⑥ 各电器元件与行线槽之间的外露导线应走线合理，并尽可能做到横平竖直，变换走向要垂直。同一个元件上位置一致的端子和同型号电器元件中位置一致的端子上引出或引入的导线，要敷设在同一平面上，并应做到高低一致或前后一致，不得交叉。

⑦ 所有接线端子、导线头上都应套有与电气图上相应接点线号一致的编码管，并按线

号进行连接，连接必须牢固不得松动。

⑧ 在任何情况下，接线端子必须与导线截面积和材料性质相匹配。当接线端子不适合连接软线或连接较小截面积的软线时，可以在导线端头穿上针形或叉形轧头并压紧。

⑨ 一般一个接线端子只能连接一根导线，如采用专门设计的端子，可以连接两根或多根导线，但导线的连接方式必须是公认的、在工艺上成熟的方式，如夹紧、压接、焊接、绕接等，并严格按照连接工艺的工序要求进行。

4）根据电路图检验电气控制板上或电气控制柜内布线的正确性。

5）安装电动机，做到牢固平稳，以防止在换向时产生滚动而引起事故。

6）可靠连接电动机设备和各电器元件的金属外壳的保护接地线。

7）连接电气控制板外部导线。

8）自检。安装完毕，必须按要求进行认真检查，确保无误后才允许通电试车。

9）校验合格后，通电试车。

三、电动机的点动与连续运行控制电路分析

（一）电路的组成

电动机的点动与连续运行控制电气原理图如图 2-2 所示。由 FR、KM、FU_1、QS 组成主电路，由 FU_2、SB_1、SB_2、SB_3、KM 组成控制电路。其中 SB_1 为停止按钮，SB_2 为连续运行控制的起动按钮，复合按钮 SB_3 为点动控制按钮。

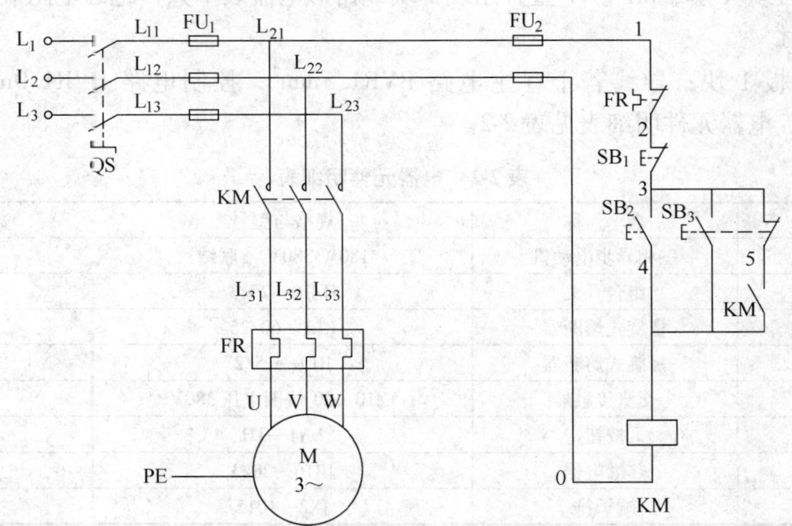

图 2-2 电动机点动与连续运行控制电气原理图

（二）工作原理

连续运行控制工作原理：合上 QS，按下起动按钮 SB_2，接触器 KM 线圈得电，接触器 KM 主触点闭合，电动机 M 运行，同时 KM 辅助触点闭合实现自锁。若要停车，只需按下停止按钮 SB_1，接触器 KM 线圈失电，电动机 M 停止运行。

点动控制工作原理：合上 QS，按下点动按钮 SB_3，接触器 KM 线圈得电，接触器 KM 主触点闭合，电动机 M 运行，同时 KM 辅助触点闭合，但 SB_3 的常闭触点断开，故不能实现

自锁。当松开按钮 SB_3 时，接触器 KM 线圈失电，电动机 M 停转，从而实现点动控制。

（三）保护环节

要确保生产安全必须在电动机的主电路和控制电路中设置保护装置。一般中小型电动机常用的保护装置有短路保护、过载保护、欠电压保护和失电压保护。

1. 短路保护

由熔断器来实现短路保护。它应能确保在电路发生短路故障时，可靠切断电源，使被保护设备免受短路电流的影响，例如图 2-2 中的 FU_1 和 FU_2。

2. 过载保护

由热继电器来实现过载保护。它应能保护电动机绕组不因超过额定电流而被烧坏，例如图 2-2 中的 FR。

3. 欠电压保护和失电压保护

利用接触器实现欠电压和失电压保护，可避免意外的人身和设备事故，例如图 2-2 中的 KM。

任务实施

一、工作前准备

（一）工具与仪表

电工通用工具 1 套，MF—47 型万用表 1 块　钳形电流表 1 只　绝缘电阻表 1 块。

（二）器材

电气控制板 1 块；导线若干（主电路 BVR1.5mm^2，控制电路 BVR1.0mm^2，接地线 BVR1.5mm^2）。电器元件明细表见表 2-2。

表 2-2　电器元件明细表

序　号	名　称	规格与型号	数　量
1	三相异步电动机	180W 380V △联结	1
2	组合开关	HZ10—25/3	1
3	螺旋式熔断器	RL1—60/25	3
4	螺旋式熔断器	RL1—15/2	2
5	交流接触器	CJ10—20 线圈电压 380V	1
6	按钮	LA4—3H	1
7	热继电器	JR16—20/3	1
8	端子排	JX2—1015	1

二、安装接线

1）检查电器元件质量。

2）在电气控制板上按电器元件布置图安装元件，参考图 2-3。

3）按电气安装接线图布线和接线。

按布线安装工艺和步骤进行，参考图 2-4 和图 2-5。

4）连接电气控制板外部导线。

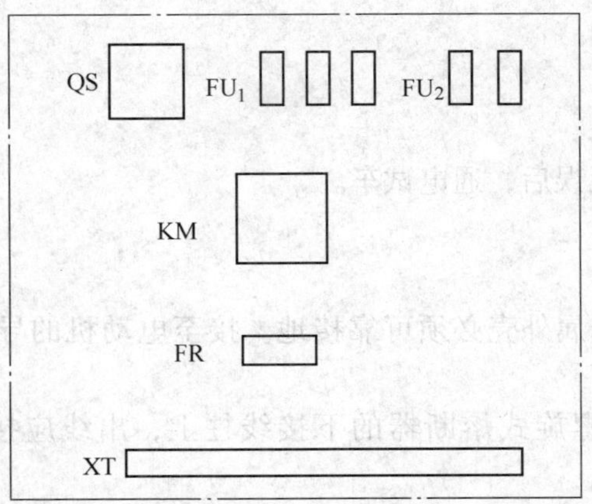

图 2-3　电动机点动与连续运行控制电器元件布置图

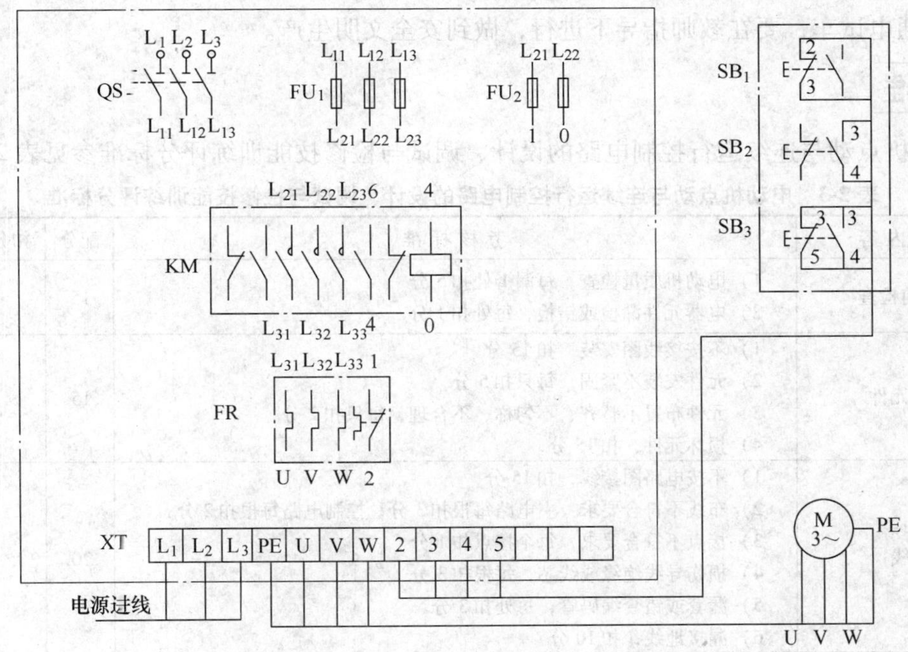

图 2-4　电动机点动与连续运行控制接线图

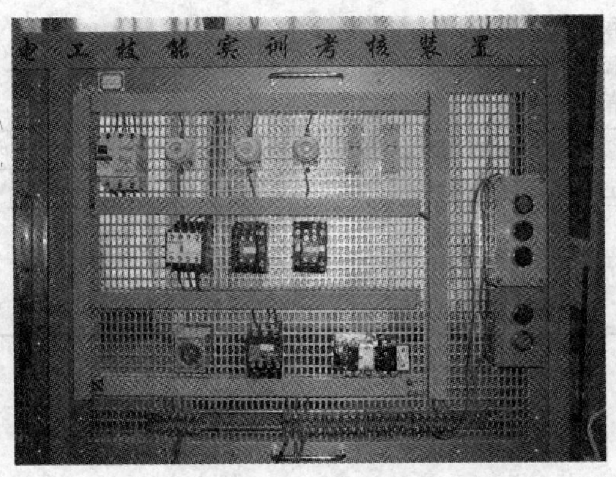

图 2-5　电动机点动与连续运行控制接线效果图

三、通电试车

1）自检。

2）经指导教师检查无误后，通电试车。

四、注意事项

1）电动机和按钮的金属外壳必须可靠接地。接至电动机的导线必须穿线管加以保护，或采用四芯电缆线连接。

2）电源进线应接在螺旋式熔断器的下接线柱上，出线应接在上接线柱上，以确保安全。

3）接线时不要用力过猛，防止螺钉打滑。

4）接线时一定要认真仔细，不可接错。

5）通电试车，要在教师指导下进行，做到安全文明生产。

评分标准

电动机点动与连续运行控制电路的设计、调试与检修技能训练评分标准参见表 2-3。

表 2-3 电动机点动与连续运行控制电路的设计、调试与检修技能训练评分标准

考核内容	考核标准	配分	扣分	得分
安装前检查	1）电动机质量检查，每漏 1 处扣 5 分 2）电器元件漏检或错检，每处扣 1 分	15		
安装元件	1）不按接线图安装，扣 15 分 2）元件安装不紧固，每只扣 5 分 3）元件布置不整齐、不匀称、不合理，每只扣 2 分 4）损坏元件，扣 15 分	15		
布线	1）不按电路图接线，扣 15 分 2）布线不符合要求：主电路每根扣 3 分；控制电路每根扣 2 分 3）接点不符合要求，每个接点扣 1 分 4）损伤导线绝缘或线芯，每根扣 3 分 5）漏套或错套编码管，每处扣 3 分 6）漏接地线，扣 10 分	20		
通电试车	1）热继电器未整定或整定错误，扣 2 分 2）配错熔体，每个扣 1 分 3）第一次试车不成功，扣 20 分 第二次试车不成功，扣 30 分 第三次试车不成功，扣 40 分	40		
安全文明生产	违反安全文明生产规程，扣 1～10 分	10		
定额时间	每超过 5min，扣 5 分			
	合　计	100		
	考核员签字 年　月　日			

课后任务

在已安装完并经检查合格的电路上，人为设置故障，通电运行，观察故障现象，并将故障现象记入表 2-4 中。

表 2-4　电动机点动与连续运行控制电路故障情况统计表

故障设置元件	故　障　点	故 障 现 象
常开按钮	触点不能接触	
接触器	线圈接头开路	
接触器	自锁触点开路	
接触器	一相触点不能接触	
接触器	两相触点不能接触	
热继电器	整定值调得太小	
热继电器	常闭触点不能接触	

任务二　电动机正、反转控制电路的设计、调试与检修技能训练

任务描述

很多生产机械都要有正反两方向的运动，如起重机的升降、机床工作台的进退以及主轴的正反转等，这些可由电动机的正、反转来控制。电动机正、反转是利用电源的换相原理来实现的。常见的正、反转控制电路有转换开关正、反转控制电路、接触器联锁正、反转控制电路、按钮联锁正、反转控制电路及接触器按钮双重联锁的正、反转控制电路等。本任务要求熟悉接触器按钮双重联锁正、反转控制电路的原理，学会接触器按钮双重联锁正、反转控制电路的接线和操作方法与检修技能。

相关知识

一、电路的组成

接触器按钮双重联锁正、反转控制电路如图 2-6 所示。电路中采用了两个接触器，即正

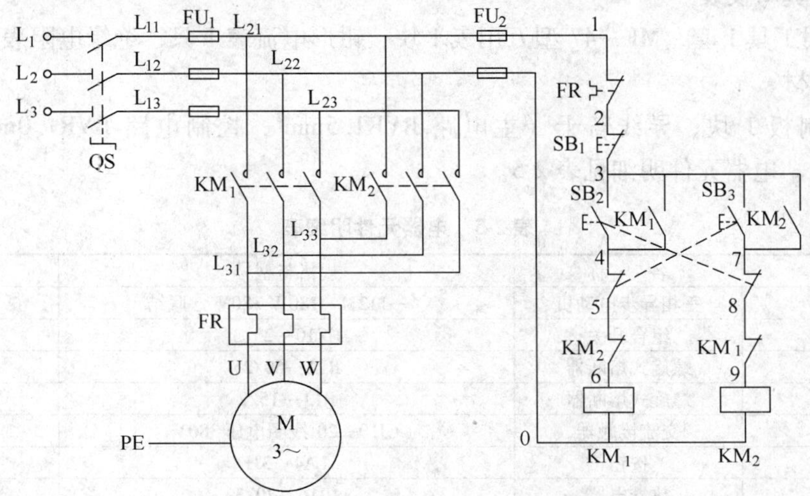

图 2-6　接触器按钮双重联锁的正、反转控制电路

转用的接触器 KM_1 和反转用的接触器 KM_2，它们分别由 SB_2 和 SB_3 控制。通过这两个接触器向电动机提供的电源相序相反，从而实现电动的正、反向运行。SB_1 是停止按钮。

二、工作原理

当需要电动机正转时，合上电源开关 QS。按下正转起动按钮 SB_2，按钮 SB_2 串联在接触器 KM_2 线圈回路中的常闭触点立即断开。电源通过 FU_2、FR 的常闭触点、SB_1 的常闭触点、SB_2 的常开触点、SB_3 的常闭触点、接触器 KM_2 的常闭触点使接触器 KM_1 线圈得电，其主触点闭合，电动机正向运行，接触器 KM_1 的辅助常开触点自锁。

反转起动过程与上述过程相似，只是接触器 KM_2 动作后，调换了电源的 U 相和 W 相（即改变电源相序），从而达到反向的目的。

当需要停车时，按下 SB_1，可使接触器 KM_1 或 KM_2 线圈断电，其常开触点复位，解除自锁电动机停转。

三、互锁原理

接触器 KM_1 和 KM_2 的主触点决不允许同时闭合，否则会造成两相电源短路的事故。为了保证一个接触器得电动作而另一个接触不能得电动作，以避免电源相间短路，在正转控制电路中串接了反转接触器 KM_2 的辅助常闭触点及 SB_3 的常闭触点，而在反转控制电路中串接了正转接触器 KM_1 的辅助常闭触点及 SB_2 的常闭触点。当电动机正转或起动时，KM_1 辅助常闭触点及 SB_2 的常闭触点切断了反转的控制电路，保证在 KM_1 主触点闭合时，KM_2 主触点不能闭合。同样，当电动机反转或起动时，KM_2 辅助常闭触点及 SB_3 的常闭触点切断了正转的控制电路，保证在 KM_2 主触点闭合时，KM_1 主触点不能闭合。

任务实施

一、工作前准备

（一）工具与仪表

电工通用工具 1 套，MF—47 型万用表 1 块，钳形电流表 1 只，绝缘电阻表 1 块。

（二）器材

电气控制板 1 块；导线若干（主电路 BVR1.5mm^2，控制电路 BVR1.0mm^2，接地线 BVR1.5mm^2）。电器元件明细见表 2-5。

表 2-5　电器元件明细表

序　号	名　称	规格与型号	数　量
1	三相异步电动机	Y—112M—180W 380V △联结	1
2	组合开关	HZ10—25/3	1
3	螺旋式熔断器	RL1—60/25	3
4	螺旋式熔断器	RL1—15/2	2
5	交流接触器	CJ10—20 线圈电压 380V	2
6	按钮	LA4—3H	3
7	热继电器	JR16—20/3	1
8	端子排	JX2—1015	1

二、安装接线

1）检查电器元件质量。
2）绘制电器元件布置图、接线图，参考图 2-7 和图 2-8。
3）在电气控制板上按电器元件布置图安装元件。
4）布线：按布线安装工艺和步骤进行。参考图 2-8 和图 2-9。
5）连接电气控制板外部导线。

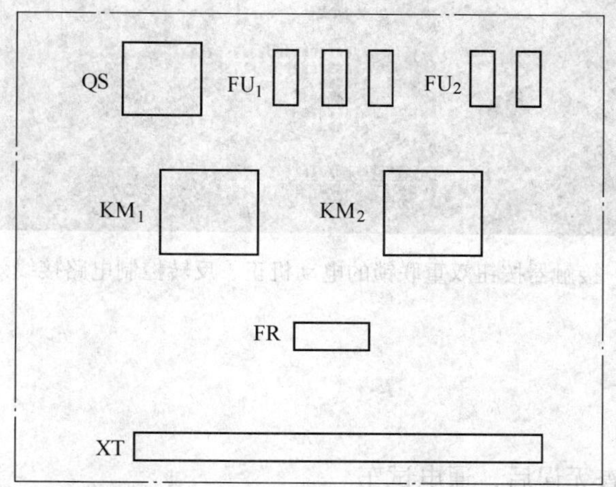

图 2-7　接触器按钮双重联锁的电动机正、反转控制的电器元件布置图

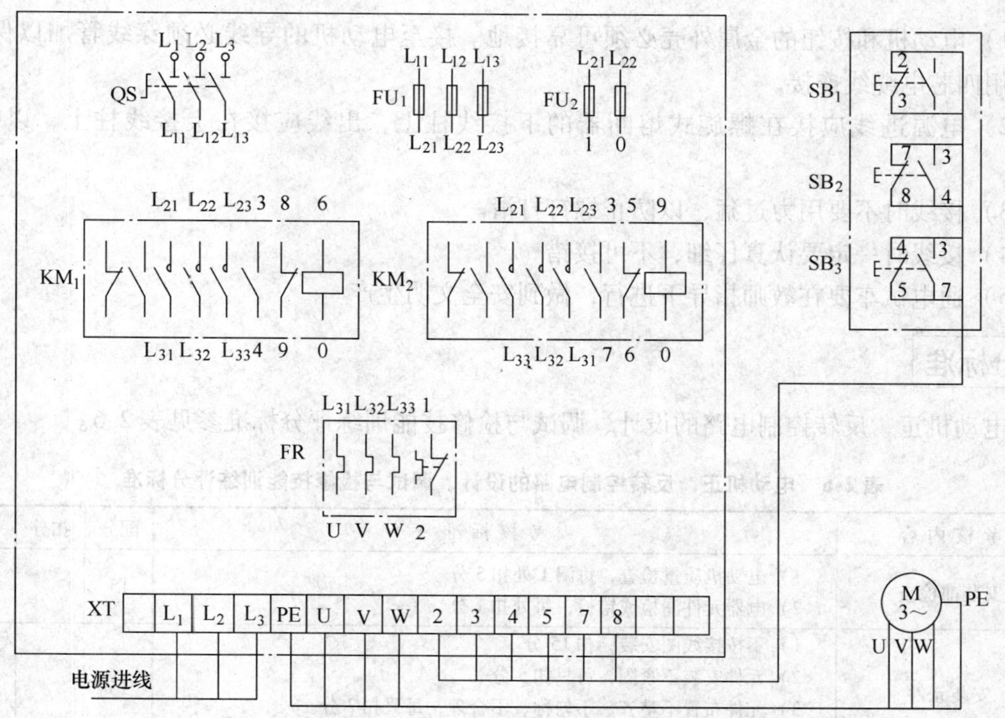

图 2-8　接触器按钮双重联锁的电动机正、反转控制接线图

图 2-9　接触器按钮双重联锁的电动机正、反转控制电路接线效果图

三、通电试车

1）自检。

2）经指导教师检查无误后，通电试车。

四、注意事项

1）电动机和按钮的金属外壳必须可靠接地。接至电动机的导线必须穿线管加以保护，或采用四芯电缆线连接。

2）电源进线应接在螺旋式熔断器的下接线柱上，出线应接在上接线柱上，以确保安全。

3）接线时不要用力过猛，以防止螺钉打滑。

4）接线时一定要认真仔细，不可接错。

5）通电试车要在教师指导下进行，做到安全文明生产。

评分标准

电动机正、反转控制电路的设计、调试与检修技能训练评分标准参见表 2-6。

表 2-6　电动机正、反转控制电路的设计、调试与检修技能训练评分标准

考核内容	考核标准	配分	扣分	得分
安装前检查	1）电动机质量检查，每漏 1 处扣 5 分 2）电器元件漏检或错检，每处扣 1 分	15		
安装元件	1）不按接线图安装，扣 15 分 2）元件安装不紧固，每只扣 5 分 3）元件布置不整齐、不匀称、不合理，每只扣 2 分 4）损坏元件，扣 15 分	15		

（续）

考核内容	考核标准	配分	扣分	得分
布线	1）不按电路图接线，扣15分 2）布线不符合要求：主电路每根扣3分 控制电路每根扣2分 3）接点不符合要求，每个接点扣1分 4）损伤导线绝缘或线芯，每根扣3分 5）漏套或错套编码管，每处扣3分 6）漏接地线，扣10分	20		
通电试车	1）热继电器未整定或整定错误，扣2分 2）配错熔体，每个扣1分 3）第一次试车不成功，扣20分 第二次试车不成功，扣30分 第三次试车不成功，扣40分	40		
安全文明生产	违反安全文明生产规程，扣1～10分	10		
定额时间	每超过5min，扣5分			
	合　计	100		
	考核员签字 年　月　日			

课后任务

在已安装完并经检查合格的电路上，人为设置故障，通电运行，观察故障现象并将故障现象记入表2-7中。

表2-7　电动机正、反转电路故障设置情况统计表

故障设置元件	故障点	故障现象
反转常开按钮	触点不能接触	
正转接触器	联锁触点不能接触	
反转接触器	自锁触点不能接触	
反转接触器	一相主触点不能接触	
控制电路熔断器	熔体断	
热继电器	动作后没复位	

任务三　自动往返循环控制电路的设计、调试与检修技能训练

任务描述

在生产过程中，一些生产机械运动部件的行程或位置要受到限制，或运动方向要自动改变，即自动往复，以实现对工件的连续加工。本任务要求熟悉自动往返循环控制电路的原理，学会自动往返循环控制电路的接线和操作方法与检修技能。

相关知识

一、电路的组成

自动往返循环控制电气原理图如图 2-10 所示。线路中采用了两个接触器，即正转用的接触器 KM_1 和反转用的接触器 KM_2，它们分别由 SB_2 和 SB_3 控制。通过这两个接触器向电动机提供的电源相序相反，从而实现电动机的正、反转运行。SB_1 为停止按钮。SQ_1 为工作台由左向右换向的限位开关，SQ_2 为工作台由右向左换向的限位开关。

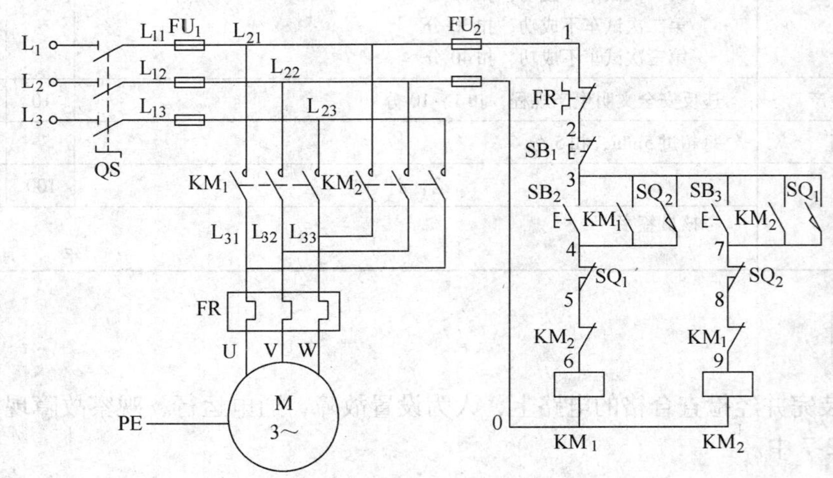

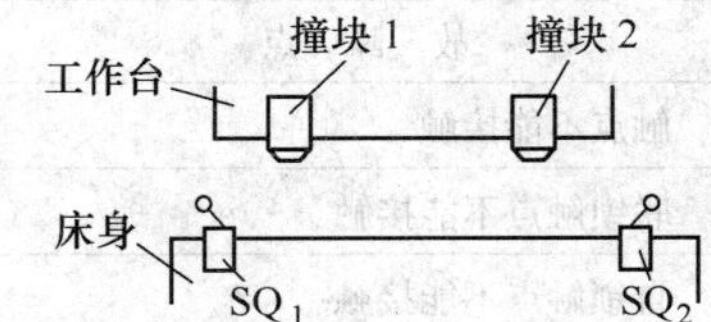

图 2-10　自动往返循环控制电气原理图

二、工作原理

合上 QS，按下正转起动按钮 SB_2，接触器 KM_1 线圈得电自锁，电动机正转，工作台向左运动。当工作台运动到预定位置时，撞块 1 碰撞限位开关 SQ_1，使其动作，接触器 KM_1 线圈失电，切断电动机正转电源，并使接触器 KM_2 线圈得电自锁，电动机接通反转电源。电动机反接制动后转入反转。于是电动机带动工作台向右运动，撞块 1 离开 SQ_1，使其复位，为接触器 KM_1 再次得电做好准备。当工作台向右运动至预定位置时，撞块 2 碰撞限位开关 SQ_2，使其动作，接触器 KM_2 线圈失电，切断电动机反转电源，并使接触器 KM_1 线圈得电自锁，电动机接通正转电源。电动机反接制动后转入正转。

如此往返，便实现了工作台自动往返循环运动，直至按下停止按钮 SB_1，工作台才能停止运行。

任务实施

一、工作前准备

（一）工具与仪表

电工通用工具1套，MF—47型万用表1块，钳形电流表1只，绝缘电阻表1块。

（二）器材

电气控制板1块；导线若干（主电路BVR1.5mm^2，控制电路BVR1.0mm^2，接地线BVR1.5mm^2）。电器元件明细见表2-8。

表2-8　电器元件明细表

序　号	名　称	规格与型号	数　量
1	三相异步电动机	Y—112M—180W 380V △联结	1
2	组合开关	HZ10—25/3	1
3	螺旋式熔断器	RL1—60/25	3
4	螺旋式熔断器	RL1—15/2	2
5	交流接触器	CJ10—20 线圈电压 380V	2
6	按钮	LA4—3H	3
7	热继电器	JR16—20/3 整定电流 8.2A	1
8	端子排	JX2—1015	1
9	限位开关	LX19	2

二、安装接线

1）检查电器元件质量。

2）绘制电器元件布置图，接线图，参考图2-11和图2-12。

3）在电气控制板上按电器元件布置图安装元件。

4）布线：按布线安装工艺和步骤进行。参考图2-12和图2-13。

5）连接电气控制板外部导线。

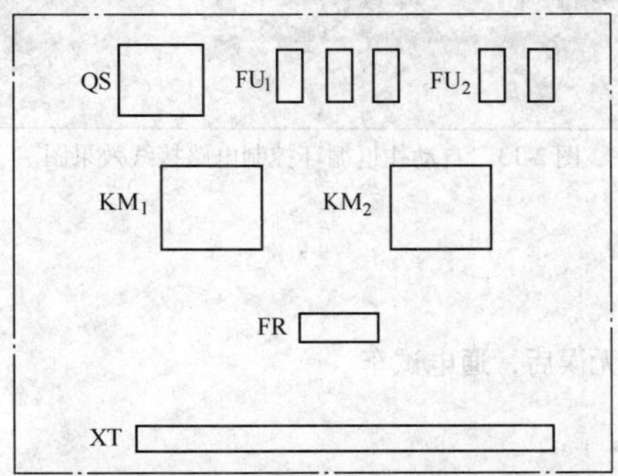

图2-11　自动往返循环控制电路电器元件布置图

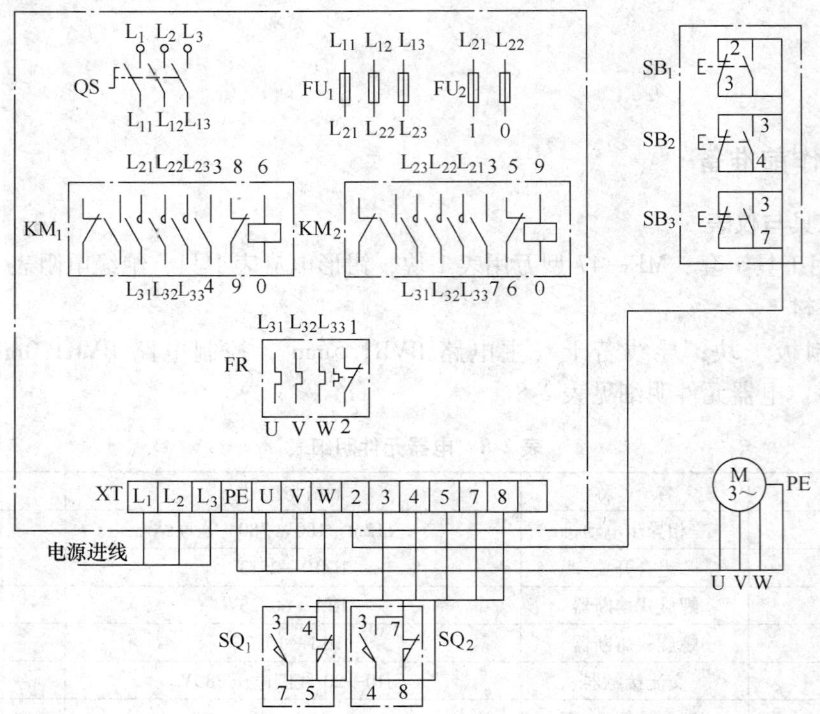

图 2-12　自动往返循环控制电路接线图

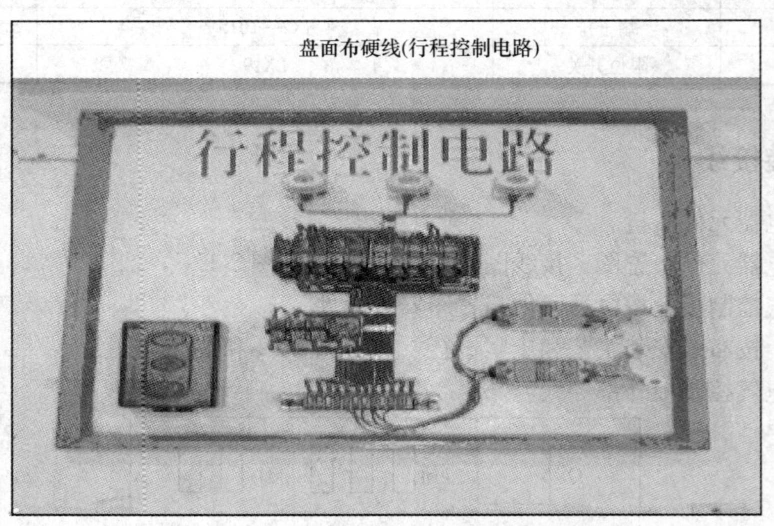

图 2-13　自动往返循环控制电路接线效果图

三、通电试车

1）自检。

2）经指导教师检查无误后，通电试车。

四、注意事项

1）电动机和按钮的金属外壳必须可靠接地。接至电动机的导线必须穿线管加以保护，或采用四芯电缆线连接。

2）电源进线应接在螺旋式熔断器的下接线柱上，出线应接在上接线柱上，以确保安全。

3）接线时不要用力过猛，以防止螺钉打滑。

4）安装限位开关前，要弄清其结构，辨明常开触点、常闭触点的接线端。

5）接线时一定要认真仔细，不可接错。

6）通电试车要在教师指导下进行，做到安全文明生产。

评分标准

自动往返循环控制电路的设计、调试与检修技能训练评分标准参见表2-9。

表2-9　自动往返循环控制电路的设计、调试与检修技能训练评分标准

考核内容	考核标准	配分	扣分	得分
安装前检查	1）电动机质量检查，每漏1处扣5分 2）电器元件漏检或错检，每处扣1分	15		
安装元件	1）不按接线图安装，扣15分 2）元件安装不紧固，每只扣5分 3）元件布置不整齐、不匀称、不合理，每只扣2分 4）损坏元件，扣15分	15		
布线	1）不按电路图接线，扣15分 2）布线不符合要求：主电路每根扣3分 控制电路每根扣2分 3）接点不符合要求，每个接点扣1分 4）损伤导线绝缘或线芯，每根扣3分 5）漏套或错套编码管，每处扣3分 6）漏接地线，扣10分	20		
通电试车	1）热继电器未整定或整定错误，扣2分 2）配错熔体，每个扣1分 3）第一次试车不成功，扣20分 第二次试车不成功，扣30分 第三次试车不成功，扣40分	40		
安全文明生产	违反安全文明生产规程，扣1～10分	10		
定额时间	每超过5min，扣5分			
	合　计	100		
	考核员签字 年　月　日			

扩展提高

1. 检查线路

1）按照原理图、接线图逐线检查，核对线号，防止接线错误和漏接。

2）检查按钮盒内的接线和接触器的自锁、互锁接线。

3）检查导线与各端子的连接是否牢固。

4）用万用表检查线路的通断情况。

5）先检查主电路，再检查控制电路。

2. 试车

检查三相电源，将热继电器按动作电流整定好，在一人操作一人监护下进行。

1）空载试车。

2）带负载试车。

3. 注意事项

1）检修前先要掌握自动往复循环控制电路中各个环节的作用与原理，并熟悉电动机的接线方法。

2）在排除故障的过程中，故障分析、故障排除的思路和方法要正确。

3）当使用验电笔检测故障时，必须检查验电笔是否符合使用要求。

4）不能随意更改线路和带电触摸电器元件。

5）仪表使用要正确，以防止引起错误判断。

6）在检修故障过程中严禁扩大和产生新的故障。

7）带电检修故障时，必须有指导教师在现场监护，并要确保用电安全。

课后任务

1. 在安装完并检验合格的电路上，通电试运行，当按下一只限位开关时，电动机将反转，再按下另一只限位开关时，电动机又恢复正转。试想，如该电动机拖动生产机械作往复运动，生产机械撞块碰触限位开关时，电动机该怎样运行呢？设计出电路图并接线。

2. 在通电运行无误的电路上，人为设置故障，观察故障现象，并将故障现象记入表2-10中。

表 2-10　自动往返循环控制电路故障设置情况统计表

故障设置元件	故 障 点	故 障 现 象
限位开关	常闭触点不能接触	
限位开关	常开触点不能接触	
正转接触器	自锁触点不能接触	
反转接触器	联锁触点不能接触	

任务四　电动机Y-△减压起动控制电路的设计、调试与检修技能训练

任务描述

对于较大容量的电动机，不能采用直接起动，需要采用间接起动的方法。Y-△减压起动就是其中最常见的方法之一。

Y-△减压起动用于电动机额定电压为380V，绕组接法相应为Y-△的较大容量电动机的起动。起动时，绕组为Y联结，当电动机转速上升到一定数值时再改成△联结运行。本任务要求熟悉Y-△减压起动控制电路的原理，学会Y-△减压起动控制电路的接线、操作方法与检修技能。

相关知识

一、控制电路的组成

电动机Y-△减压起动控制的电气原理图如图 2-14 所示。电路中采用了三个接触器 KM_1、KM_2 和 KM_3，接触器 KM_1 用来接通电源，接触器 KM_3 将电动机接成Y联结，接触器 KM_2 将电动机接成△联结。时间继电器用来实现电动机自动从Y联结转换成△联结。

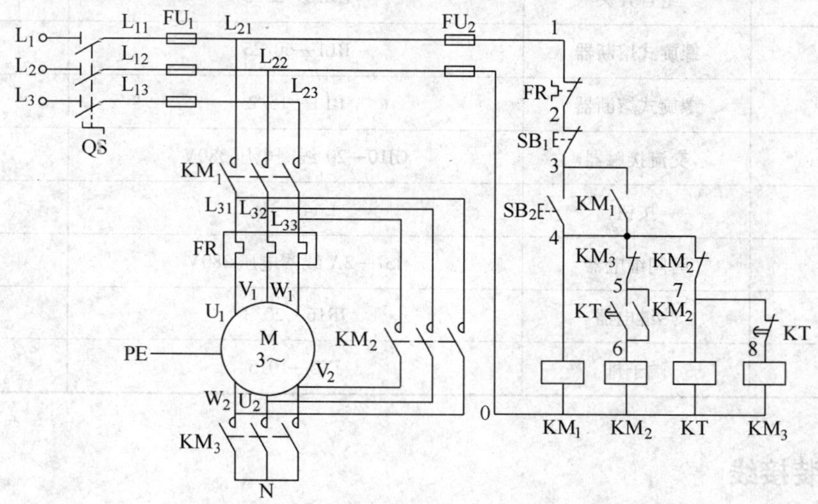

图 2-14　电动机Y-△减压起动控制电气原理图

二、电路的工作原理

合上 QS，按下起动按钮 SB_2 后，接触器 KM_1、时间继电器 KT 和接触器 KM_3 的线圈通电吸合。并通过 KM 常开触点自锁，接触器 KM_1、KM_3 主触点将电动机接成Y联结减压起动。同时接触器 KM_3 的常闭触点断开，切断接触器 KM_2 线圈回路的电源，使得在接触器 KM_3 吸合时，接触器 KM_2 不能吸合。经一定时间后电动机转速上升到一定数值后，电动机电流下降，时间继电器 KT 延时到达整定值，其延时断开触点切断接触器 KM_3 线圈回路的电源，接触器 KM_3 失电释放，同时时间继电器 KT 的延时闭合触点接通接触器 KM_2 线圈回路，从而实现电动机从Y联结转换成△联结。同时接触器 KM_2 的常闭触点切断接触器 KM_3、时间继电器 KT 线圈回路的电源，使得在接触器 KM_2 吸合时，接触器 KM_3、时间继电器 KT 都不能吸合。利用接触器 KM_2 的常闭触点切断时间继电器 KT 线圈回路的电源，使 KT 退出运行，可延长时间继电器的寿命并节约电能。停车时，按下 SB_1，接触器 KM_1、KM_2 的线圈断电释放，电动机停转。

任务实施

一、工作前准备

（一）工具与仪表

电工通用工具 1 套，MF—47 型万用表 1 块，钳形电流表 1 只，绝缘电阻表 1 块。

（二）器材

电气控制板 1 块；导线若干（主电路 BVR1.5mm^2；控制电路 BVR1.0mm^2；接地线 BVR1.5mm^2）。电器元件明细见表 2-11。

表 2-11 电器元件明细表

序号	名称	规格与型号	数量
1	三相异步电动机	JB/1009—1991 180W 380V △联结	1
2	组合开关	HZ10—25/3	1
3	螺旋式熔断器	RL1—60/25	3
4	螺旋式熔断器	RL1—15/2	2
5	交流接触器	CJ10—20 线圈电压 380V	3
6	按钮	LA4—3H	2
7	时间继电器	JS7—2A 线圈电压 380V	1
8	热继电器	JR16—20/3	1
9	端子排	JX2—1015	1

二、安装接线

1）检查电器元件质量。
2）绘制电器元件布置图，接线图，参考图 2-15 和图 2-16。
3）在电气控制板上按电器元件布置图安装元件。
4）布线：按布线安装工艺和步骤进行。参考图 2-16 和图 2-17。
5）连接电气控制板外部导线。

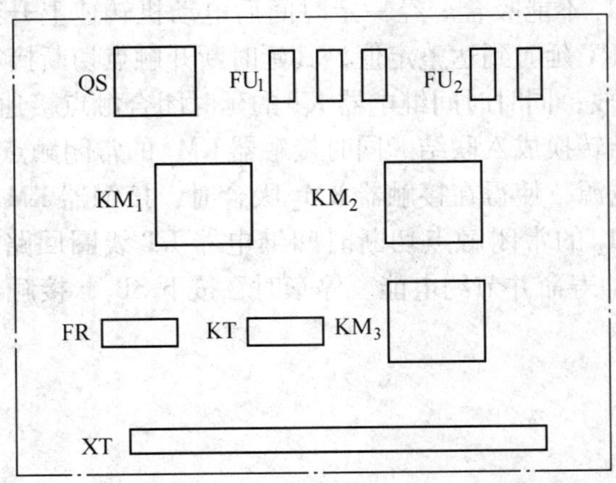

图 2-15 电动机Y-△减压起动控制电路电器元件布置图

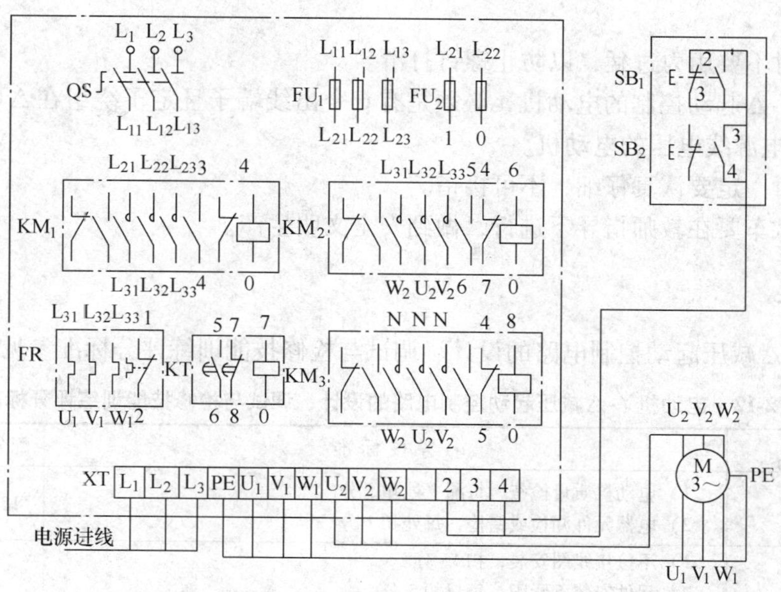

图 2-16　电动机Y-△减压起动控制电路接线图

图 2-17　电动机Y-△减压起动控制电路接线效果图

三、通电试车

1）自检。

2）经指导教师检查无误后，通电试车。

四、注意事项

1）电动机和按钮的金属外壳必须可靠接地。接至电动机的导线必须穿线管加以保护，或采用四芯电缆线连接。

2）电源进线应接在螺旋式熔断器的下接线柱上，出线应接在上接线柱上，以确保安全。

3）接线时不要用力过猛，以防止螺钉打滑。

4）进行Y-△起动控制的电动机，必须是有6个出线端子且定子绕组在△联结时的额定电压等于三相电源线电压的电动机。

5）接线时一定要认真仔细，不可接错。

6）通电试车要在教师指导下进行，做到安全文明生产。

评分标准

电动机Y-△减压起动控制电路的设计、调试与检修技能训练评分标准参见表2-12。

表2-12 电动机Y-△减压起动控制电路的设计、调试与检修技能训练评分标准

考核内容	考核标准	配分	扣分	得分
安装前检查	1）电动机质量检查，每漏1处扣5分 2）电器元件漏检或错检，每处扣1分	15		
安装元件	1）不按接线图安装，扣15分 2）元件安装不紧固，每只扣5分 3）元件布置不整齐、不匀称、不合理，每只扣2分 4）损坏元件，扣15分	15		
布线	1）不按电路图接线，扣15分 2）布线不符合要求：主电路每根扣3分 控制电路每根扣2分 3）接点不符合要求，每个接点扣1分 4）损伤导线绝缘或线芯，每根扣3分 5）漏套或错套编码管，每处扣3分 6）漏接地线，扣10分	20		
通电试车	1）热继电器、时间继电器未整定或整定错误，扣2分 2）配错熔体，每个扣1分 3）第一次试车不成功，扣20分 第二次试车不成功，扣30分 第三次试车不成功，扣40分	40		
安全文明生产	违反安全文明生产规程，扣1～10分	10		
定额时间	每超过5min，扣5分			
	合 计	100		
	考核员签字 年 月 日			

扩展提高

1. 检查线路

1）按照原理图、接线图逐线检查。重点检查主电路各接触器之间的关系，Y联结、△联结的连接线及控制电路的自锁线、联锁线有无接错、漏接、脱落及虚接等现象。

2）检查导线与各端子的连接是否牢固。

3）用万用表检测线路的通断情况。

4）先检查主电路，再检查控制电路。

2. 试车

检查三相电源，将热继电器按动作电流整定好，在一人操作一人监护下进行。

1）空载试车。

2）带负载试车。

3. 注意事项

1）检修前先要掌握Y-△减压起动控制电路中各个环节的作用与原理，并熟悉电动机的接线方法。

2）在排除故障过程中，故障分析、故障排除的思路和方法要正确。

3）用验电笔检测故障时，必须检查验电笔是否符合使用要求。

4）不能随意更改电路和带电触摸电器元件。

5）仪表使用要正确，防止引起错误判断。

6）在检修故障中严禁扩大和产生新的故障。

7）带电检修故障时，必须有指导教师在现场监护，并要确保用电安全。

课后任务

1. 在试车时，如电动机不能起动或电动机不能转换成△运行，试分析其故障原因。

2. 在已安装完并经检查合格的电路上，人为设置故障，通电运行，观察故障现象，并将故障现象记入表2-13中。

表2-13　电动机Y-△减压起动电路故障设置情况统计表

故障设置元件	故 障 点	故 障 现 象
接触器 KM_1	线圈端子接触松脱	
接触器 KM_1	自锁触点不能接触	
接触器 KM_3	联锁触点不能接触	
接触器 KM_3	一相主触点不能接触	
接触器 KM_2	自锁触点不能接触	

任务五　电动机单向起动反接制动控制电路的设计、调试与检修技能训练

任务描述

三相异步电动机从电源切除到完全停止运行，由于惯性原因，总要经过一定的时间，这往往不能满足生产需要，如万能铣床、卧式镗床等机械，无论是从生产效率，还是从安全及准确停位等方面考虑，都要求电动机能迅速停车，这就要对电动机进行制动。常用的电气制动方法有反接制动、能耗制动及发电回馈制动等。本任务要求熟悉单向起动反接制动控制电路的原理，学会单向起动反接制动控制电路的接线、操作方法与检修技能。

相关知识

一、电路的组成

反接制动的关键在于电动机电源相序的改变，且当电动机转速接近零时，能自动将电源切除。为此，采用速度继电器来检测电动机的速度变化，当电动机转速在 120～3000r/min 的范围内时，速度继电器触点动作，当转速低于 100r/min 时，其触点恢复原位。

单向起动反接制动控制电气原理图如图 2-18 所示。电路中采用了两个接触器，即正转用的接触器 KM_1 和制动用的接触器 KM_2，SB_1 为停止按钮，SB_2 为起动按钮。KS 为速度继电器，其转轴与电动机同轴连接。

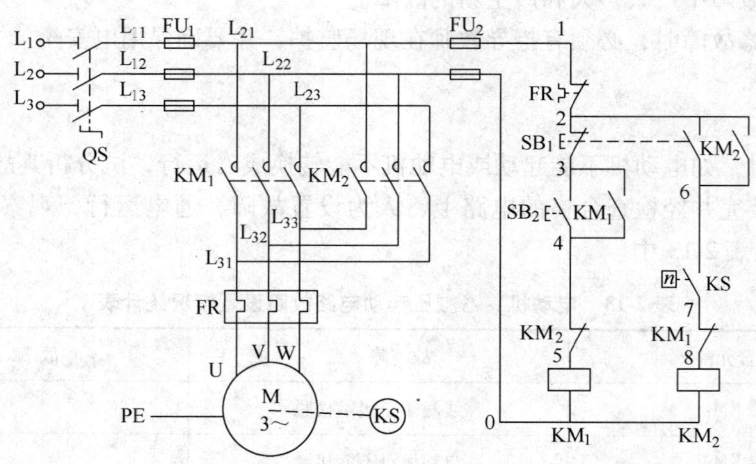

图 2-18 单向起动反接制动控制电气原理图

二、工作原理

起动时，合上 QS，按下 SB_2，接触器 KM_1 通电自锁，电动机运行，在电动机正常运行时速度继电器 KS 的常开触点闭合，为反接制动做好准备。停车时，按下停止按钮 SB_1，其常闭触点断开，接触器 KM_1 断电，电动机断开电源，而 SB_1 常开触点闭合，使反接制动接触器 KM_2 线圈通电并自锁，其主触点闭合，使电动机得到与正常运行相反相序的电源，电动机进入反接制动状态，转速迅速下降，当电动机转速接近零时，速度继电器 KS 常开触点复位，接触器 KM_2 线圈电路被切断，反接制动结束。

任务实施

一、工作前准备

（一）工具与仪表

电工通用工具 1 套，MF—47 型万用表 1 块，钳形电流表 1 只，绝缘电阻表 1 块。

（二）器材

电气控制板 1 块；导线若干（主电路 BVR1.5mm^2，控制电路 BVR1.0mm^2，接地线 BVR1.5mm^2）。电器元件见表 2-14。

表 2-14　电器元件明细表

序　号	名　称	规格与型号	数　量
1	三相异步电动机带速度继电器	Y—112M—180W 380V　△联结	1
2	组合开关	HZ10—25/3	1
3	螺旋式熔断器	RL1—60/25	3
4	螺旋式熔断器	RL1—15/2	2
5	交流接触器	CJ10—20 线圈电压 380V	2
6	按钮	LA4—3H	2
7	速度继电器	JY1	1
8	热继电器	JR16—20/3 整定电流 8.2A	1
9	端子排	JX2—1015	1

二、安装接线

1）检查电器元件质量。

2）绘制电器元件布置图，接线图，参考图 2-19 和图 2-20。

3）在电气控制板上按电器元件布置图安装元件。

4）布线：按布线安装工艺和步骤进行。参考图 2-20 和图 2-21。

5）连接电气控制板外部导线。

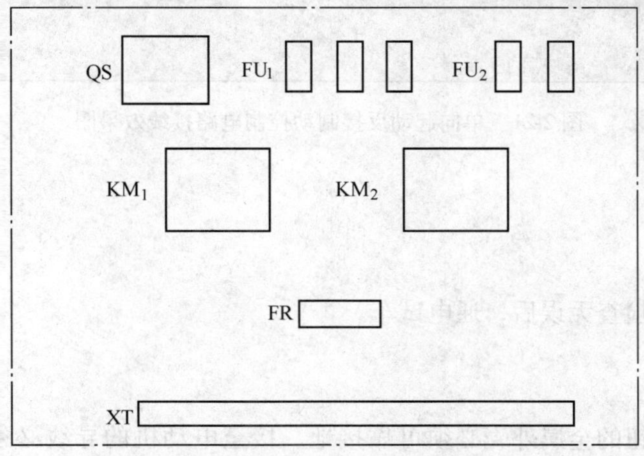

图 2-19　单向起动反接制动控制电路电器元件布置图

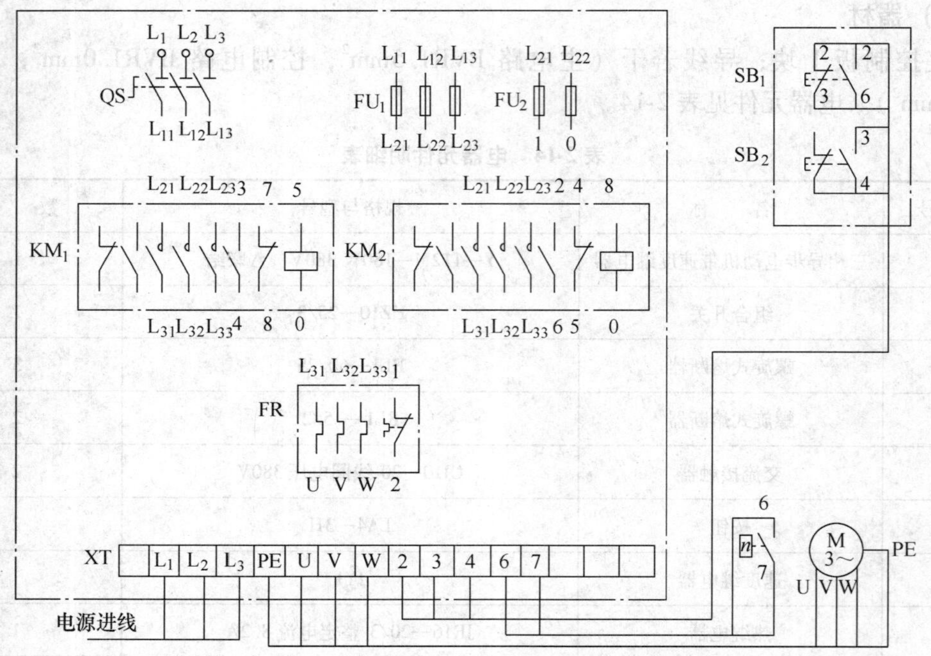

图 2-20　单向起动反接制动控制电路接线图

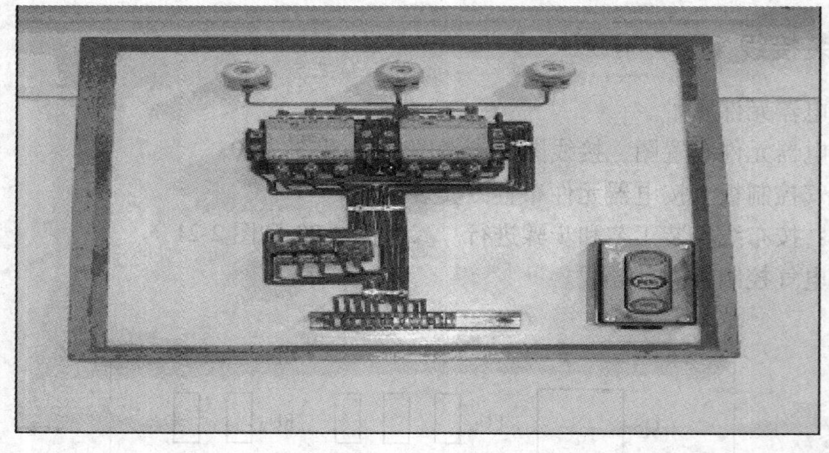
图 2-21　单向起动反接制动控制电路接线效果图

三、通电试车

1）自检。

2）经指导教师检查无误后，通电试车。

四、注意事项

1）电动机和按钮的金属外壳必须可靠接地。接至电动机的导线必须穿线管加以保护，或采用四芯电缆线连接。

2）电源进线应接在螺旋式熔断器的下接线柱上，出线应接在上接线柱上，以确保安全。

3）接线时不要用力过猛，以防止螺钉打滑。

4）安装速度继电器前，要弄清其结构，辨明常开触点的接线端。

5）速度继电器在安装时，采用速度继电器与电动机转轴直接连接的方法，并使两轴中心线重合。

6）速度继电器的动作值和返回值的调整，应先由指导教师示范，再由学员自己调整。

7）接线时一定要认真仔细，不可接错。

8）通电试车要在教师指导下进行，做到安全文明生产。

评分标准

电动机单向起动反接制动控制电路设计、调试与检修技能训练评分标准参见表2-15。

表2-15　电动机单向起动反接制动控制电路的设计、调试与检修技能训练评分标准

考核内容	考核标准	配分	扣分	得分
安装前检查	1）电动机质量检查，每漏1处扣5分 2）电器元件漏检或错检，每处扣1分	15		
安装元件	1）不按接线图安装，扣15分 2）元件安装不紧固，每只扣5分 3）元件布置不整齐、不匀称、不合理，每只扣2分 4）损坏元件，扣15分	15		
布线	1）不按电路图接线，扣15分 2）布线不符合要求：主电路每根扣3分 控制电路每根扣2分 3）接点不符合要求，每个接点扣1分 4）损伤导线绝缘或线芯，每根扣3分 5）漏套或错套编码管，每处扣3分 6）漏接地线，扣10分	20		
通电试车	1）热继电器未整定或整定错误，扣2分 2）配错熔体，每个扣1分 3）第一次试车不成功，扣20分 第二次试车不成功，扣30分 第三次试车不成功，扣40分	40		
安全文明生产	违反安全文明生产规程，扣1~10分	10		
定额时间	每超过5min，扣5分			
	合计	100		
	考核员签字	年	月	日

扩展提高

1. 检查线路

1）按照原理图、接线图逐线检查，核对线号，防止接线错误和漏接。

2）检查按钮盒内的接线和接触器的自锁、互锁接线。

3）检查导线与各端子的连接是否牢固。

4）用万用表检测线路的通断情况。

5）先检查主电路，再检查控制电路。

2. 试车

检查三相电源，将热继电器按动作电流值整定好，在一人操作一人监护下进行。

1）空载试车。

2）带负载试车。

3. 注意事项

1）检修前先要掌握单向起动反接制动控制电路中各个环节的作用与原理，并熟悉电动机的接线方法。

2）在排除故障的过程中，故障分析、故障排除的思路和方法要正确。

3）用验电笔检测故障时，必须检查验电笔是否符合使用要求。

4）不能随意更改电路和带电触摸电器元件。

5）仪表使用要正确，以防止引起错误判断。

6）在检修故障中严禁扩大和产生新的故障。

7）带电检修故障时，必须有指导教师在现场监护，并要确保用电安全。

课后任务

1. 在试车时，如电动机制动效果不明显或电动机出现短时反转现象，试分析其故障原因。

2. 在安装完并检查无误的电气控制板电路上，先通电试运行，然后人为设置故障并通电运行，观察故障现象，并将故障现象记入表 2-16 中。

表 2-16 电动机单向起动反接制动控制电路故障设置情况统计表

故障设置元件	故 障 点	故 障 现 象
速度继电器 KS	常开触点不能接触	
接触器 KM_1	自锁触点不能接触	
接触器 KM_1	联锁触点不能接触	
接触器 KM_2	自锁触点不能接触	
接触器 KM_2	联锁触点不能接触	
按钮 SB_2	常开触点不能接触	

任务六 双速电动机自动变速控制电路的设计、调试与检修技能训练

任务描述

在机床加工过程中，常常需要对机床进行变速。一般普通机床采用机械变速箱取得相应的转速。但是对于调速要求高的机床，需要采用多速电动机拖动，以提高它的调速范围。多速电动机采用改变电动机定子绕组的极对数的方法调速，这种方法只适用于笼型异步电动

机。本任务要求熟悉双速电动机自动变速控制电路的原理，学会双速电动机自动变速控制电路的接线、操作方法与检修技能。

相关知识

一、电路的组成

时间继电器-接触器控制双速电动机电路如图 2-22 所示。电路中采用了三个接触器和一个时间继电器，即低速用的接触器 KM_1、高速用的接触器 KM_2、KM_3 和自动实现低速向高速转换的时间继电器 KT，SB_1 为停止按钮，SB_2 为低速起动按钮，SB_3 为高速起动按钮。

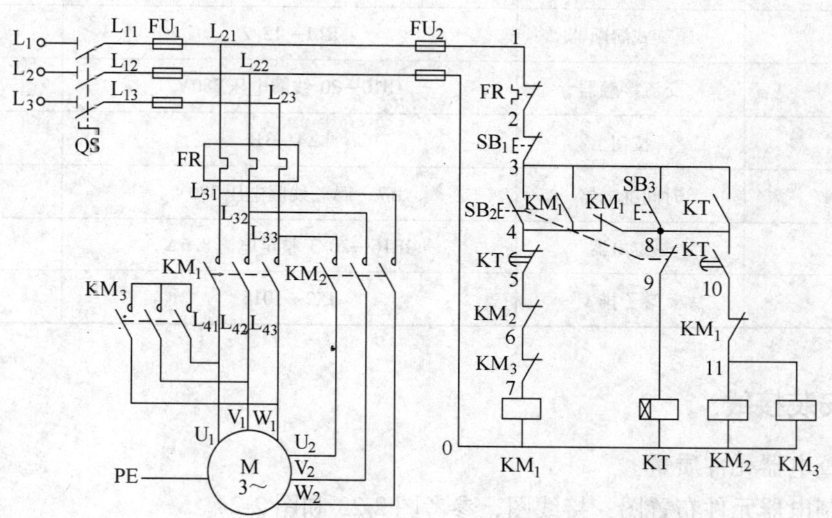

图 2-22　时间继电器-接触器控制双速电动机的电路

二、工作原理

若要 M 低速运行，则合上电源开关 QS，按下 SB_2，接触器 KM_1 通电自锁，电动机三角形联结运行，而 KM_1 的辅助常闭触点断开，实现与 KM_2、KM_3 及 KT 的联锁。

若要 M 高速运行，则合上电源开关 QS，按下 SB_3，接触器 KM_1 及时间继电器 KT 通电吸合，并由 KT 实现自锁，电动机按三角形联结起动，当时间继电器 KT 延时到后，KT 延时断开触点断开，切断接触器 KM_1，同时接通接触器 KM_2、KM_3，使电动机联结成丫丫高速运行。

停车时，只要按下停止按钮 SB_1，即可使电动机脱离电源，实现停车。

任务实施

一、工作前准备

（一）工具与仪表

电工通用工具 1 套，MF—47 型万用表 1 块，钳形电流表 1 只，绝缘电阻表 1 块。

(二) 器材

电气控制板 1 块；导线若干（主电路 BVR1.5mm^2，控制电路 BVR0.75mm^2，接地线 BVR1.5mm^2）；行线槽 18mm×25mm。电器元件明细见表 2-17。

表 2-17　电器元件明细表

序　　号	名　　称	规格与型号	数　　量
1	三相异步电动机	YD—112M—4/2 3.3kW 380V　△/YY联结	1
2	组合开关	HZ10—25/3	1
3	螺旋式熔断器	RL1—60/25	3
4	螺旋式熔断器	RL1—15/2	2
5	交流接触器	CJ10—20 线圈电压 380V	3
6	按钮	LA4—3H	3
7	时间继电器	JS7—1A　线圈电压 380V	1
8	热继电器	JR16—20/3 整定电流 8.6A	1
9	端子排	JX2—1015	1

二、安装接线

1）检查电器元件质量。

2）绘制电器元件布置图，接线图，参考图 2-23 和图 2-24。

3）在电气控制板上按电器元件布置图安装元件。

4）布线：按布线安装工艺和步骤进行。

5）连接电气控制板电源及外部导线。

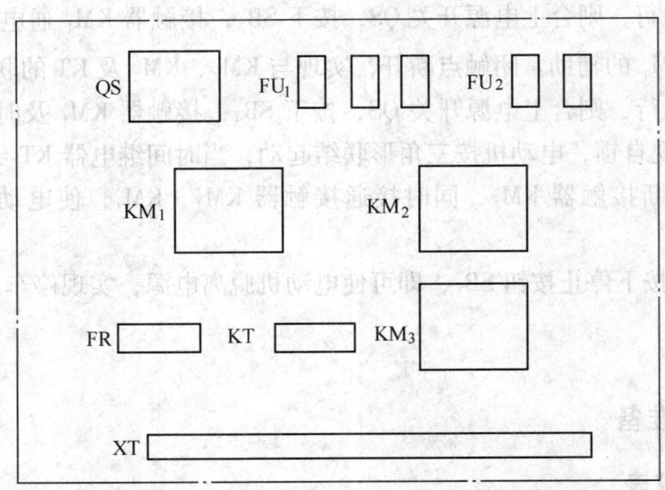

图 2-23　时间继电器-接触器控制双速电动机电路的电器元件布置图

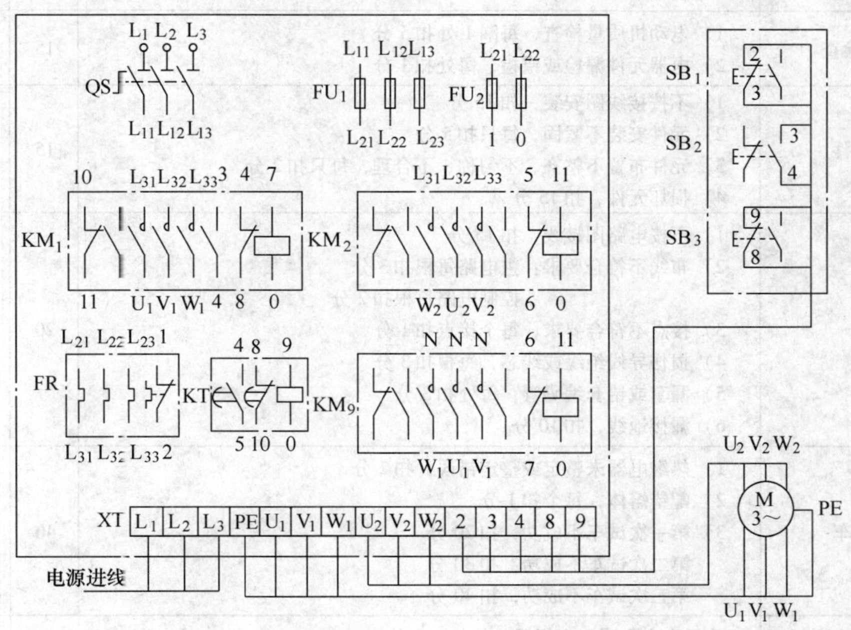

图 2-24　时间继电器-接触器控制双速电动机的电路接线图

三、通电试车

1）自检。

2）经指导教师检查无误后，通电试车。

四、注意事项

1）电动机和按钮的金属外壳必须可靠接地。接至电动机的导线必须穿线管加以保护，或采用四芯电缆线连接。

2）电源进线应妾在螺旋式熔断器的下接线柱上，出线应接在上接线柱上，以确保安全。

3）接线时不要用力过猛，防止螺钉打滑。

4）接线时，注意主电路中接触器 KM_1、KM_2 在两种速度下电源相序的改变。

5）接线时一定要认真仔细，不可接错。

6）通电试车要在教师指导下进行，做到安全文明生产。

评分标准

双速电动机自动变速控制电路的设计、调试与检修技能训练评分标准参见表 2-18。

表 2-18 双速电动机自动变速控制电路的设计、调试与检修技能训练评分标准

考核内容	考核标准	配分	扣分	得分
安装前检查	1）电动机质量检查，每漏 1 处扣 5 分 2）电器元件漏检或错检，每处扣 1 分	15		
安装元件	1）不按接线图安装，扣 15 分 2）元件安装不紧固，每只扣 5 分 3）元件布置不整齐、不匀称、不合理，每只扣 2 分 4）损坏元件，扣 15 分	15		
布线	1）不按电路图接线，扣 15 分 2）布线不符合要求：主电路每根扣 3 分 控制电路每根扣 2 分 3）接点不符合要求，每个接点扣 1 分 4）损伤导线绝缘或线芯，每根扣 3 分 5）漏套或错套编码管，每处扣 3 分 6）漏接地线，扣 10 分	20		
通电试车	1）热继电器未整定或整定错误，扣 2 分 2）配错熔体，每个扣 1 分 3）第一次试车不成功，扣 20 分 第二次试车不成功，扣 30 分 第三次试车不成功，扣 40 分	40		
安全文明生产	违反安全文明生产规程，扣 1～10 分	10		
定额时间	每超过 5min，扣 5 分			
	合计	100		
	考核员签字 年 月 日			

扩展提高

1. 检查线路

1）按照原理图、接线图逐线检查，核对线号，防止接线错误和漏接。

2）检查按钮盒内的接线和接触器的自锁、互锁接线。

3）检查导线与各端子的连接是否牢固。

4）用万用表检测线路的通断情况。

5）先检查主电路，再检查控制电路。

2. 试车

检查三相电源，将热继电器按动作电流值整定好，在一人操作一人监护下进行。

1）空载试车。

2）带负载试车。

3. 注意事项

1）检修前先要掌握双速电动机自动变速控制电路中各个环节的作用与原理，并熟悉电动机的接线方法。

2）在排除故障的过程中，故障分析、故障排除的思路和方法要正确。

3）用验电笔检测故障时，必须检查验电笔是否符合使用要求。

4）不能随意更改电路和带电触摸电器元件。

5）仪表使用要正确，以防止引起错误判断。

6）在检修故障中严禁扩大和产生新的故障。

7）带电检修故障时，必须有指导教师在现场监护，并要确保用电安全。

课后任务

1. 在试车时，如使电动机高速运行时，只有低速起动而无高速运行。试分析其故障原因。

2. 在安装完并检查无误的电气控制板上，先通电试运行，然后人为设置故障并通电运行，观察故障现象，并将故障现象记入表 2-19 中。

表 2-19 双速电动机自动变速控制电路故障设置情况统计表

故障设置元件	故 障 点	故 障 现 象
接触器 KM_1	自锁触点不能接触	
接触器 KM_1	联锁触点不能接触	
接触器 KM_2	自锁触点不能接触	
接触器 KM_3	联锁触点不能接触	
时间继电器 KT	延时触点不能断开	
时间继电器 KT	延时触点不能接触	
按钮 SB_2	常开触点不能接触	

项目三　PLC 控制电动机电路的设计与调试技能训练

PLC 的应用领域越来越广，早已从机械制造行业的应用向各行各业的应用发展。例如，在食品加工、炼油、化工、冶金、纺织、制浆和造纸、废水处理、制药和电子等行业的应用正如雨后春笋，不断壮大。根据相关统计，PLC 目前的年销售量已超过 2 亿台。

在短短的 20 多年中，PLC 得到了如此飞速的发展，并在各行各业得到了广泛的应用，这些事实说明，PLC 具有强大的生命力。PLC 在工业控制领域发挥越来越大的作用，并将成为工业控制领域的主要控制设备。如图 3-1、图 3-2 及图 3-3 所示。

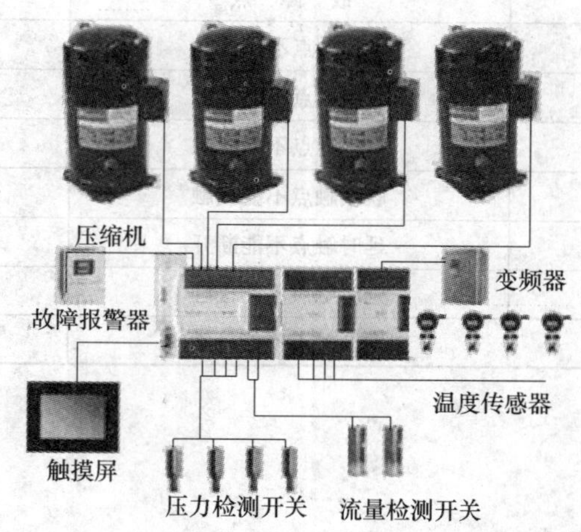

图 3-1　工业控制触摸屏、PLC 统计系统示意图

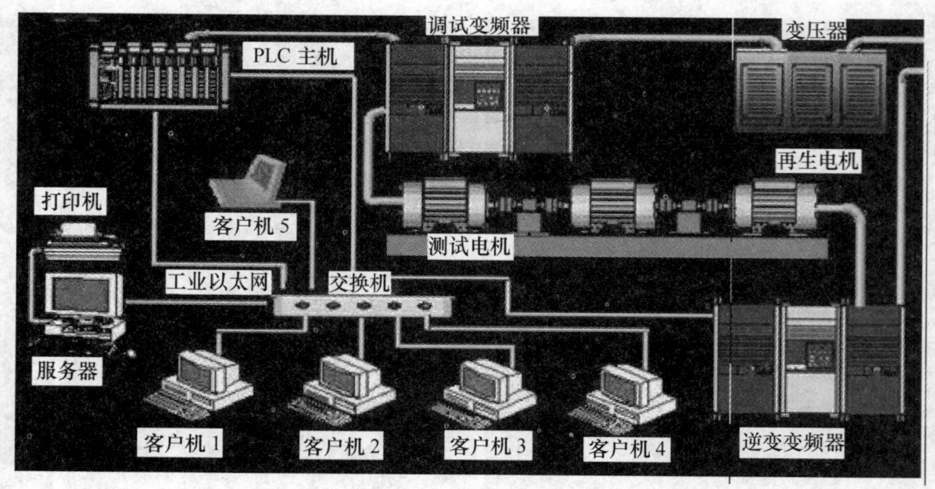

图 3-2　计算机 PLC 控制系统

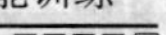

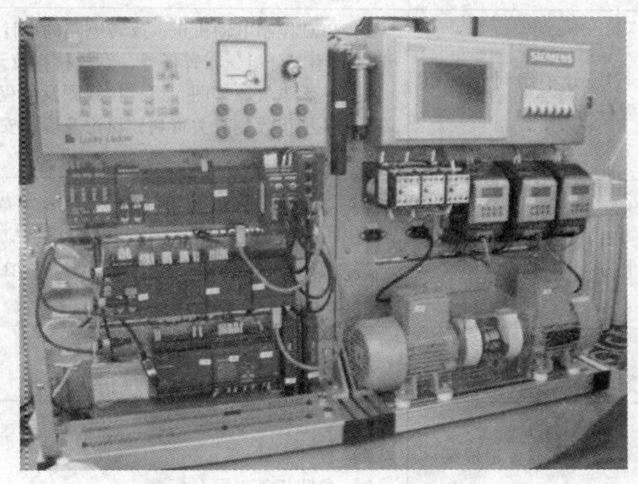

图 3-3　自动生产线 PLC 控制柜

PLC 将向两个方面发展：一方面向着大型化的方向发展；另一方面则向着小型化的方向发展。

本项目包括五个任务，具体进度、教学实施步骤及学时安排见表 3-1。

表 3-1　PLC 控制电动机电路的设计与调试技能训练作业流程

实训任务	实训内容	教学实施步骤	学　时
任务一　PLC 控制电动机点动和自锁电路的设计及调试技能训练	1. 分小组讨论，布置任务	1）PLC 控制电动机点动和自锁电路的设计及调试技能训练介绍，分组，布置任务，发放材料及元器件 2）熟悉电气原理图，设计接线图及编程 3）各小组收集有关资料，讨论及确定安装方案，并整理好记录 4）预习任务一内容 5）预习西门子 S7—200 PLC、欧姆龙 PLC 的基本指令（附录 B 内容）	
	2. 教师点评与学生互动	1）各小组提交安装图和工艺方案（草稿），教师答疑 2）教师点评各小组讨论记录，分析存在的问题与处理方法	
	3. 完成工艺安装方案及调试	完成任务一内容	
	4. 答辩与评定成绩	1）学生答辩 2）教师点评 3）参照任务一评分标准	

（续）

实训任务	实训内容	教学实施步骤	学　时
任务二　PLC 控制电动机正、反转电路的设计及调试技能训练	1. 分小组讨论，布置任务	1）PLC 控制电动机正、反转电路的设计及调试技能训练介绍，分组，布置任务，发放材料及元器件 2）熟悉电气原理图，设计接线图及编程 3）各小组收集有关资料，讨论及确定安装方案，并整理好记录	
	2. 教师点评与学生互动	1）各小组提交安装图和工艺方案（草稿），教师答疑 2）教师点评各小组讨论记录，分析存在的问题与处理方法	
	3. 完成工艺安装方案及调试	完成任务二内容	
	4. 答辩与评定成绩	1）学生答辩 2）教师点评 3）参照任务二评分标准	
任务三　PLC 控制电动机带延时正、反转电路的设计及调试技能训练	1. 分小组讨论，布置任务	1）PLC 控制电动机带延时正、反转电路的设计及技能训练介绍，分组，布置任务，发放材料及元器件 2）熟悉电气原理图，设计接线图及编程 3）各小组收集有关资料，讨论及确定安装方案，并整理好记录	
	2. 教师点评与学生互动	1）各小组提交安装图和工艺方案（草稿），教师答疑 2）教师点评各小组讨论记录，分析存在的问题与处理方法	
	3. 完成工艺安装方案及调试	完成任务三内容	
	4. 答辩与评定成绩	1）学生答辩 2）教师点评 3）参照任务三评分标准	
任务四　PLC 控制电动机Y-△减压起动电路的设计及调试技能训练	1. 分小组讨论，布置任务	1）PLC 控制电动机Y-△减压起动电路的设计及技能训练介绍，分组，布置任务，发放材料及元器件 2）熟悉电气原理图，设计接线图及编程 3）各小组收集有关资料，讨论及确定安装方案，并整理好记录	
	2. 教师点评与学生互动	1）各小组提交安装图和工艺方案（草稿），教师答疑 2）教师点评各小组讨论记录，分析存在的问题与处理方法	
	3. 完成工艺安装方案及调试	完成任务四内容	
	4. 答辩与评定成绩	1）学生答辩 2）教师点评 3）参照任务四评分标准	

（续）

实训任务	实训内容	教学实施步骤	学　时
任务五　PLC 控制自动往返电路的设计及调试技能训练	1. 分小组讨论，布置任务	1）PLC 控制电动机自动往返电路的设计及技能训练分组，布置任务，发放材料及元器件 2）熟悉电气原理图，设计接线图及编程 3）各小组收集有关资料，讨论及确定安装方案，并整理好记录	
	2. 教师点评与学生互动	1）各小组提交安装图和工艺方案（草稿），教师答疑 2）教师点评各小组讨论记录，分析存在的问题与处理方法	
	3. 完成工艺安装方案及调试	完成任务五内容	
	4. 答辩与评定成绩	1）学生答辩 2）教师点评 3）参照任务五评分标准	

任务一　PLC 控制电动机点动和自锁电路的设计及调试技能训练

任务描述

采用 PLC 对强电系统进行控制，可以取代传统的继电器-接触器控制系统，还可以构成复杂的过程控制网络。在需要大量中间继电器以及时间继电器和计数器的场合，PLC 无需增加硬件设备，利用微处理器及存储器的功能，就可以很容易地完成这些逻辑组合和运算，大大降低了控制成本，因此用 PLC 作为强电系统的控制器件是一种行之有效的解决方案。本任务要求理解电动机的点动和自锁控制方式、PLC 实现方法，学会控制电路的接线和操作方法。

相关知识

一、点动控制

起动：按起动按钮 SB_1，I0.0 的常开触点闭合，Q0.0 线圈得电，即接触器 KM_1 的线圈得电，0.1s 后 Q0.1 线圈得电，即接触器 KM_2 的线圈得电，电动机星形联结起动。每按动 SB_1 一次，电动机运行一次。

二、自锁控制

起动：按起动按钮 SB_2，I0.1 的常开触点闭合，Q0.0 线圈得电，即接触器 KM_1 的线圈得电，0.1s 后 Q0.1 线圈得电，即接触器 KM_2 的线圈得电，电动机作星形联结起动。只有按下停止按钮 SB_3 时电动机才停止运行。

三、接线图

PLC 控制电动机点动和自锁电路的组成的 PLC 外部接线图如图 3-4 所示。

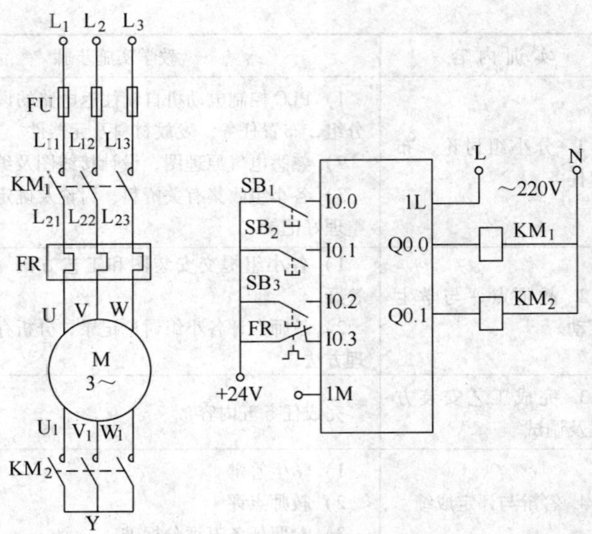

图 3-4 PLC 控制电动机点动和自锁电路的组成和 PLC 外部接线图

四、梯形图

参考梯形图程序如图 3-5 所示。

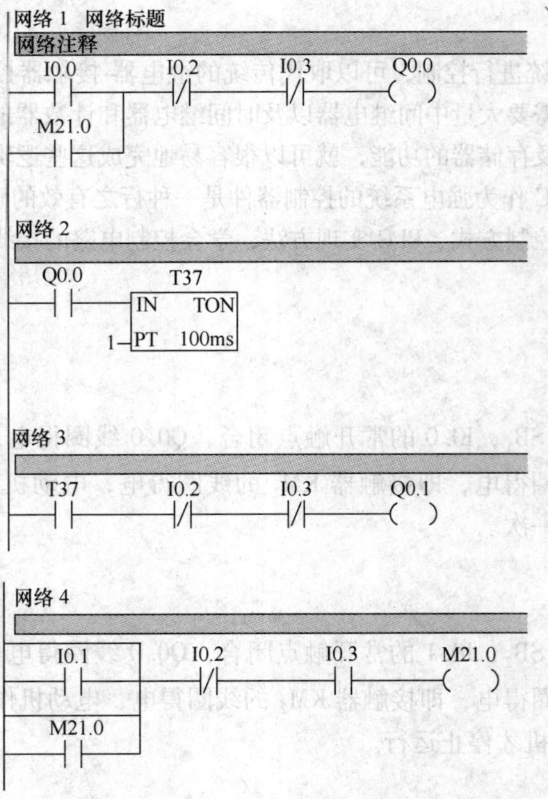

图 3-5 PLC 控制电动机点动和自锁电路梯形图程序

任务实施

一、工作前准备

（一）工具与仪表

电工通用工具1套，MF—47型万用表1块，钳形电流表1只，绝缘电阻表1块。

（二）器材

电气控制板1块，导线若干（主电路BVR1.5mm²，控制电路BVR0.75mm²，接地线BVR1.5mm²）。电器元件明细见表3-2。

表3-2　电器元件明细表

序　　号	名　　称	规格与型号	数　　量
1	三相异步电动机	180W 380V△联结	1
2	可编程序控制器	西门子S7—200PLC	1
3	编程器		1
4	螺旋式熔断器	RL1—60/25	3
5	交流接触器	CJ10—20 线圈电压220V	2
6	按钮	LA4—3H	3
7	端子排	JX2—1015	1

二、安装接线

1）检查电器元件质量。

2）绘制电器元件布置图和接线图，参考图3-4。

3）在电气控制板上按电器元件布置图安装元件，参考图3-6。

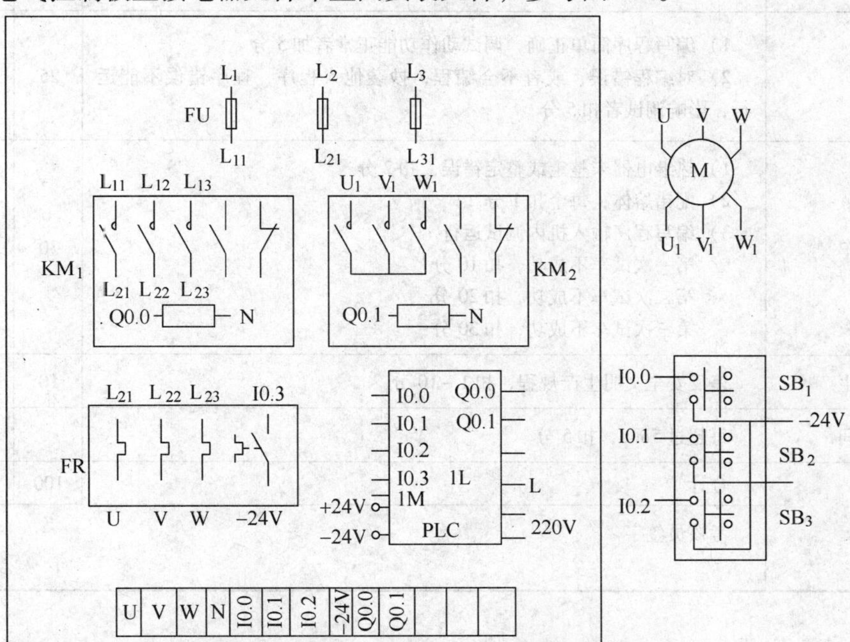

图3-6　PLC控制电动机点动和自锁电路元件布置图

4）连接电气控制板外部导线。

5）输入 PLC 程序到 PLC 主机，进行编辑和检查。

三、通电试车

1）自检。

2）经指导教师检查无误后，通电试车。

评分标准

PLC 控制电动机点动和自锁控制电路的设计及调试技能训练评分标准见表 3-3。

表 3-3 PLC 控制电动机点动和自锁控制电路的设计及调试技能训练评分标准

考核内容	考核标准	配分	扣分	得分
安装前检查	1）电动机质量检查，每漏 1 处扣 2 分 2）电器元件漏检或错检，每处扣 2 分	10		
安装元件	1）不按接线图安装，扣 10 分 2）元件安装不紧固，每只扣 2 分 3）元件布置不整齐、不匀称、不合理，每只扣 3 分 4）损坏元件，扣 10 分	10		
布线	1）不按电路图接线，扣 15 分 2）布线不符合要求：主电路每根扣 4 分 控制电路每根扣 2 分 3）接点不符合要求，每个接点扣 1 分 4）损伤导线绝缘或线芯，每根扣 5 分 5）漏套或错套编码管，每处扣 5 分 6）漏接地线，扣 10 分	15		
编程	1）编写程序简单正确，调试动作功能正常者加 5 分 2）对编程错误、或者不会编程，抄袭他人程序，程序错误不能运行，影响调试者扣 5 分	25		
通电试车	1）热继电器未整定或整定错误，扣 2 分 2）配错熔体，每个扣 1 分 3）编写程序输入机内调试运行 第一次试车不成功，扣 10 分 第二次试车不成功，扣 20 分 第三次试车不成功，扣 30 分	30		
安全文明生产	违反安全文明生产规程，扣 1 ~ 10 分	10		
定额时间	每超过 5min，扣 5 分			
	合计	100		
	考核员签字 年 月 日			

任务二 PLC 控制电动机正、反转电路的设计及调试技能训练

任务描述

本任务要求理解用 PLC 控制代替传统继电器—接触器控制的方法，编制程序完成对电动机的正、反转控制，学会正、反转控制电路的接线和操作方法。

相关知识

一、正、反转控制电路的组成

正、反转控制电路的组成和 PLC 外部接线图如图 3-7 所示。电路中采用了两个接触器，即正转用的接触器 KM_1 和反转用的接触器 KM_2，它们分别由 SB_1 和 SB_2 控制。这两个接触器向电动机提供的电源相序相反，从而实现电动机的正、反向运行，SB_3 是停止按钮。

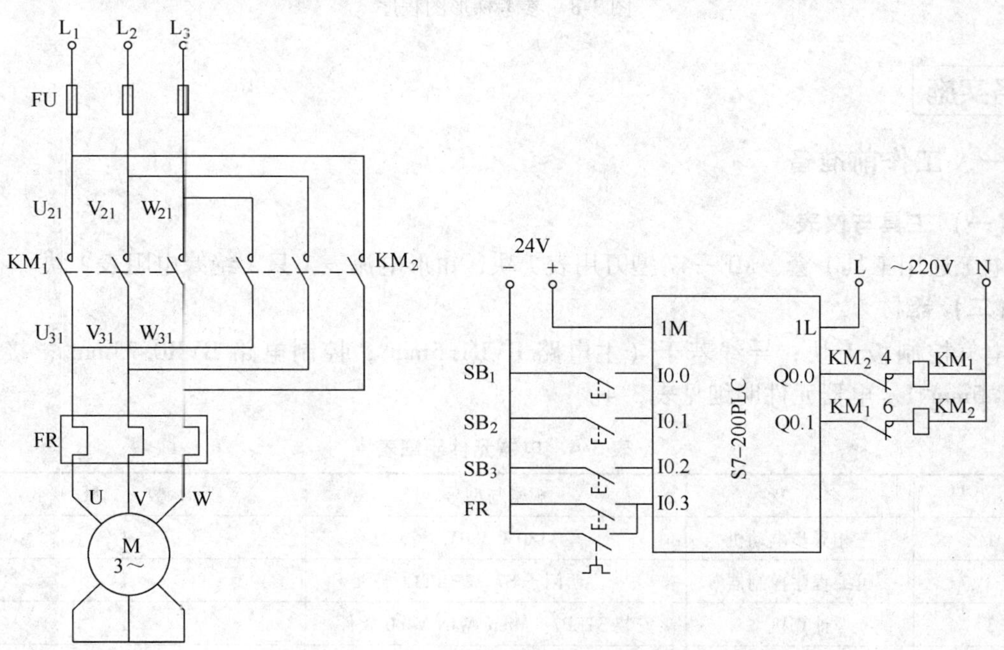

图 3-7　正、反转控制电路的组成和 PLC 外部接线图

二、工作原理

按起动按钮 SB_1，电动机星形联结起动，电动机正转；按起动按钮 SB_2，电动机星形联结起动，电动机反转；在电动机正转时，反转按钮 SB_2 受到电气联锁，在电动机反转时，正转按钮 SB_1 受到电气联锁；如需正、反转切换，应首先按下停止按钮 SB_3，使电动机处于停止工作状态，方可切换其运行方向。

三、梯形图

参考梯形图程序如图3-8所示。

```
  I0.0        I0.2   I0.3   Q0.1    Q0.0
--| |----+----|/|----|/|----|/|----(   )
  Q0.0   |
--| |----+

网络 2
  I0.1        I0.2   I0.3   Q0.0    Q0.1
--| |----+----|/|----|/|----|/|----(   )
  Q0.1   |
--| |----+
```

图3-8　参考梯形图程序

任务实施

一、工作前准备

（一）工具与仪表

电工通用工具1套，MF—47型万用表1块，钳形电流表1只，绝缘电阻表1块。

（二）器材

电气控制板1块；导线若干（主电路BVR1.5mm²，控制电路BVR0.75mm²，接地线BVR1.5mm²）。电器元件明细见表3-4。

表3-4　电器元件明细表

序　号	名　称	规格与型号	数　量
1	三相异步电动机	180W 380V	1
2	可编程序控制器	西门子 S7—200PLC	1
3	计算机	安装 STEP7—Micro WIN V4.0 软件	1
4	螺旋式熔断器	RL1—60/25	3
5	交流接触器	CJ10—20 线圈电压 220V	2
6	按钮	LA4—3H	3
7	热继电器	JR16—20/3	1
8	端子排	JX2—1015	1

二、安装接线

1）检查电器元件质量。

2）在电气控制板上按电器元件布置图安装元件，参考图3-9。

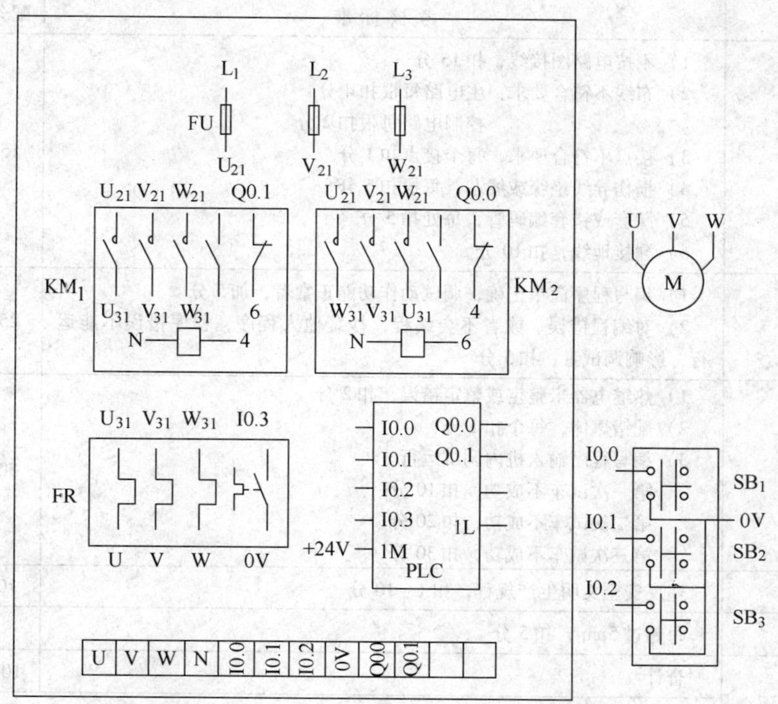

图 3-9　电动机正、反转控制电路元件布置与接线图

3）按安装接线图布线和接线。注意应按照布线安装工艺和步骤进行，参考图 3-9。

4）连接电气控制板外部导线。

5）输入 PLC 程序到 PLC 主机，进行编辑和检查。

三、通电试车

1）自检。

2）经指导教师检查无误后，通电试车。

评分标准

PLC 控制电动机正、反转控制电路的设计及调试技能训练评分标准见表 3-5。

表 3-5　PLC 控制电动机正、反转控制电路的设计及调试技能训练评分标准

考核内容	考核标准	配分	扣分	得分
安装前检查	1）电动机质量检查，每漏 1 处扣 2 分 2）电器元件漏检或错检，每处扣 2 分	10		
安装元件	1）不按接线图安装，扣 10 分 2）元件安装不紧固，每只扣 2 分 3）元件布置不整齐、不匀称、不合理，每只扣 3 分 4）损坏元件，扣 10 分	10		

（续）

考核内容	考核标准	配分	扣分	得分
布线	1）不按电路图接线，扣15分 2）布线不符合要求：主电路每根扣4分 控制电路每根扣2分 3）接点不符合要求，每个接点扣1分 4）损伤导线绝缘或线芯，每根扣5分 5）漏套或错套编码管，每处扣5分 6）漏接地线，扣10分	15		
编程	1）编写程序简单正确，调试动作功能正常者，加5分 2）对编程错误、或者不会编程，抄袭他人程序，程序错误不能运行，影响调试者，扣5分	25		
通电试车	1）热继电器未整定或整定错误，扣2分 2）配错熔体，每个扣1分 3）编写程序输入机内调试运行 第一次试车不成功，扣10分 第二次试车不成功，扣20分 第三次试车不成功，扣30分	30		
安全文明生产	违反安全文明生产规程，扣1～10分	10		
定额时间	每超过5min，扣5分			
	合计	100		
	考核员（签字） 年　月　日			

课后任务

1. 简述可编程序控制器的定义。
2. 可编程序控制器有哪些主要特点？

任务三　PLC控制电动机带延时正、反转电路的设计及调试技能训练

任务描述

了解用PLC控制代替传统继电器-接触器控制的方法，编制程序通过延时来控制电动机的正、反转，学会带延时正、反转控制电路的接线和操作方法。

相关知识

一、带延时正、反转控制电路的组成

带延时正、反转控制电路的PLC外部接线如图3-10所示。电路中采用了两个接触器，即正转用的接触器KM_1和反转用的接触器KM_2，它们分别由SB_1和SB_2控制。这两个接触器向电动机提供的电源相序相反，从而实现电动机的正、反向运行。SB_3是停止按钮。

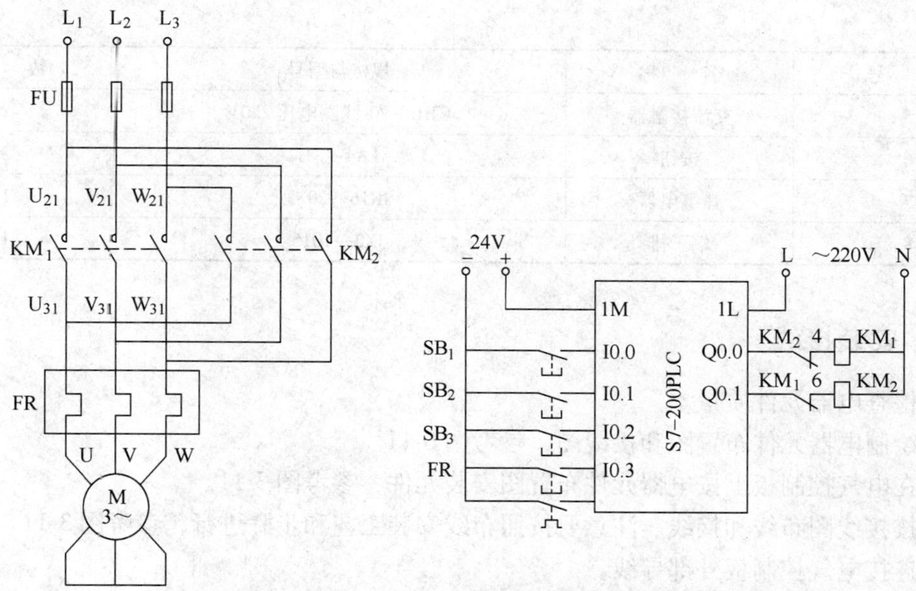

图 3-10　带延时正、反转控制电路的 PLC 外部接线

二、工作原理

按起动按钮 SB_1，电动机星形联结起动，电动机正转，延时 10s 后，电动机反转；按起动按钮 SB_2，电动机星形联结起动，电动机反转，延时 10s 后，电动机正转。电动机正转期间，反转起动按钮无效，电动机反转期间，正转起动按钮无效。按停止按钮 SB_3，电动机停止运行。

三、梯形图

自己动手设计梯形图。

任务实施

一、工作前准备

（一）工具与仪表

电工通用工具 1 套，MF—47 型万用表 1 块，钳形电流表 1 只，绝缘电阻表 1 块。

（二）器材

电气控制板 1 块；导线若干（主电路 BVR1. 5mm^2，控制电路 BVR0. 75mm^2，接地线 BVR1. 5mm^2）。电器元件明细见表 3-6。

表 3-6　电器元件明细表

序　号	名　称	规格与型号	数　量
1	三相异步电动机	180W 380V △联结	1
2	可编程序控制器	西门子 S7—200PLC	1
3	计算机	安装 STEP7—Micro WIN V4. 0 软件	1
4	螺旋式熔断器	RL1—60/25	3

（续）

序　号	名　称	规格与型号	数　量
5	交流接触器	CJ10—20 线圈电压 220V	2
6	按钮	LA4—3H	3
7	热继电器	JR16—20/3	1
8	端子排	JX2—1015	1

二、安装接线

1）检查电器元件质量。

2）绘制电器元件布置图和接线图，参考图 3-11。

3）在电气控制板上按电器元件布置图安装元件，参考图 3-11。

4）按接线图布线和接线。注意要按照布线安装工艺和步骤进行，参考图 3-11。

5）连接电气控制板外部导线。

6）输入 PLC 程序到 PLC 主机，进行编辑和检查。

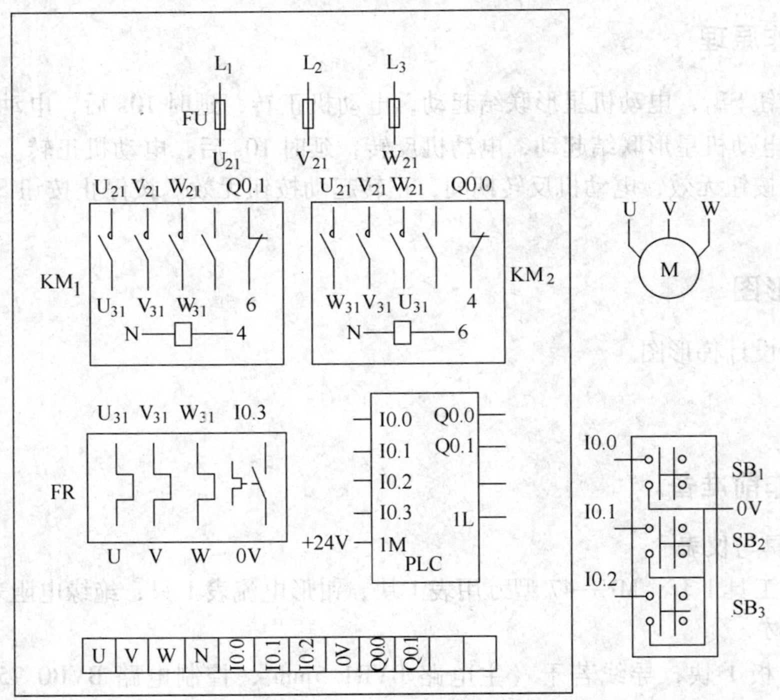

图 3-11　带延时正、反转控制电路元件布置与接线图

三、通电试车

1）自检。

2）经指导教师检查无误后，通电试车。

评分标准

带延时正、反转控制电路的设计及调试技能训练评分标准见表3-7。

表3-7　带延时正、反转控制电路的设计及调试技能训练评分标准

考核内容	考核标准	配分	扣分	得分
安装前检查	1）电动机质量检查，每漏1处扣2分 2）电器元件漏检或错检，每处扣2分	10		
安装元件	1）不按接线图安装，扣10分 2）元件安装不紧固，每只扣2分 3）元件布置不整齐、不匀称、不合理，每只扣3分 4）损坏元件，扣10分	10		
布线	1）不按电路图接线，扣15分 2）布线不符合要求：主电路每根扣4分 控制电路每根扣2分 3）接点不符合要求，每个接点扣1分 4）损伤导线绝缘或线芯，每根扣5分 5）漏套或错套编码管，每处扣5分 6）漏接地线，扣10分	15		
编程	1）编写程序简单正确，调试动作功能正常者，加5分 2）对编程错误、或者不会编程，抄袭他人程序，程序错误不能运行，影响调试者，扣5分	25		
通电试车	1）热继电器未整定或整定错误，扣2分 2）配错熔体，每个扣1分 3）编写程序输入机内调试运行 第一次试车不成功，扣10分 第二次试车不成功，扣20分 第三次试车不成功，扣30分	30		
安全文明生产	违反安全文明生产规程，扣1~10分	10		
定额时间	每超过5min，扣5分			
	合计	100		
	考核员（签字） 年　月　日			

课后任务

1. 与一般的计算机控制系统相比，可编程序控制器控制系统有哪些优点？
2. 与继电器-接触器控制系统相比，可编程序控制器控制系统有哪些优点？
3. 可编程序控制器可以用在哪些领域？

任务四　PLC 控制电动机Y-△减压起动电路的设计及调试技能训练

任务描述

了解用 PLC 控制代替传统继电器–接触器控制的方法，编制程序控制电动机减压起动。学会Y-△减压起动控制电路的接线和操作方法。

相关知识

一、电动机Y-△减压起动电路的组成

电动机Y-△减压起动电路的 PLC 外部接线图如图 3-12 所示。线路中采用了三个接触器，即接触器 KM_1 用来接通电源，接触器 KM_3 将电动机接成Y联结，接触器 KM_2 将电动机接成△联结。

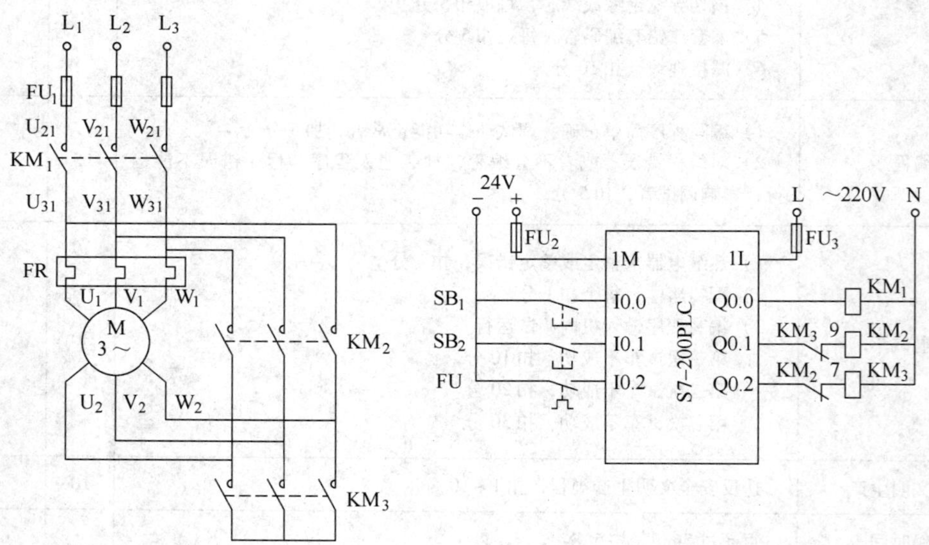

图 3-12　电动机Y-△减压起动电路的 PLC 外部接线图

二、工作原理

按起动按钮 SB_1，电动机作Y联结起动；6s 后电动机转为△联结运行；按下停止按钮 SB_2，电动机停止运行。

三、梯形图

参考梯形图程序如图 3-13 所示。

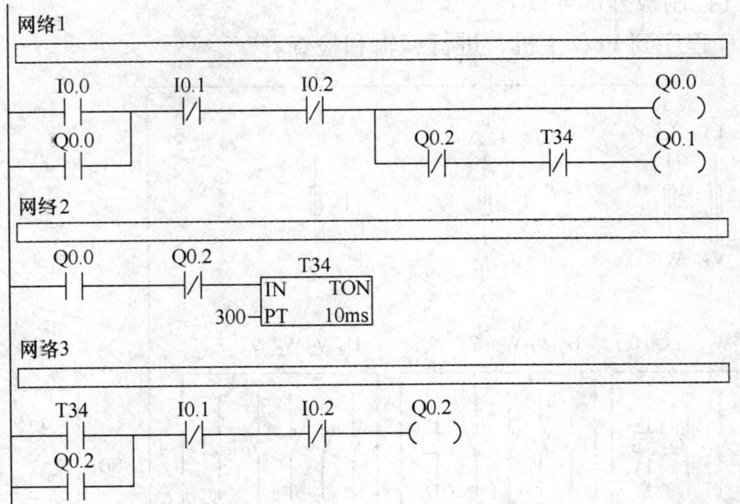

图 3-13　参考梯形图程序

任务实施

一、工作前准备

（一）工具与仪表

电工通用工具 1 套，MF—47 型万用表 1 块，钳形电流表 1 只，绝缘电阻表 1 块。

（二）器材

电气控制板 1 块；导线若干（主电路 BVR1. 5mm^2，控制电路 BVR0. 75mm^2，接地线 BVR1. 5mm^2）。电器元件明细见表 3-8。

表 3-8　电器元件明细表

序　号	名　称	规格与型号	数　量
1	三相异步电动机	180W 380V△联结	1
2	可编程序控制器	西门子 S7—200	1
3	计算机	安装 STEP7—Micro WIN V4. 0 软件	1
4	螺旋式熔断器	RL1—60/25	3
5	交流接触器	CJ10—20 线圈电压 220V	3
6	按钮	LA4—3H	2
7	热继电器	JR16—20/3	1
8	端子排	JX2—1015	1

二、安装接线

1）检查电器元件质量。

2）绘制电器元件布置图和接线图，参考图 3-14。

3）在电气控制板上按电器元件布置图安装元件，参考图 3-14。

4）按接线图布线和接线，注意要按照布线安装工艺和步骤进行，参考图 3-14。

5）连接电气控制板外部导线。

6）输入 PLC 程序到 PLC 主机，进行编辑和检查。

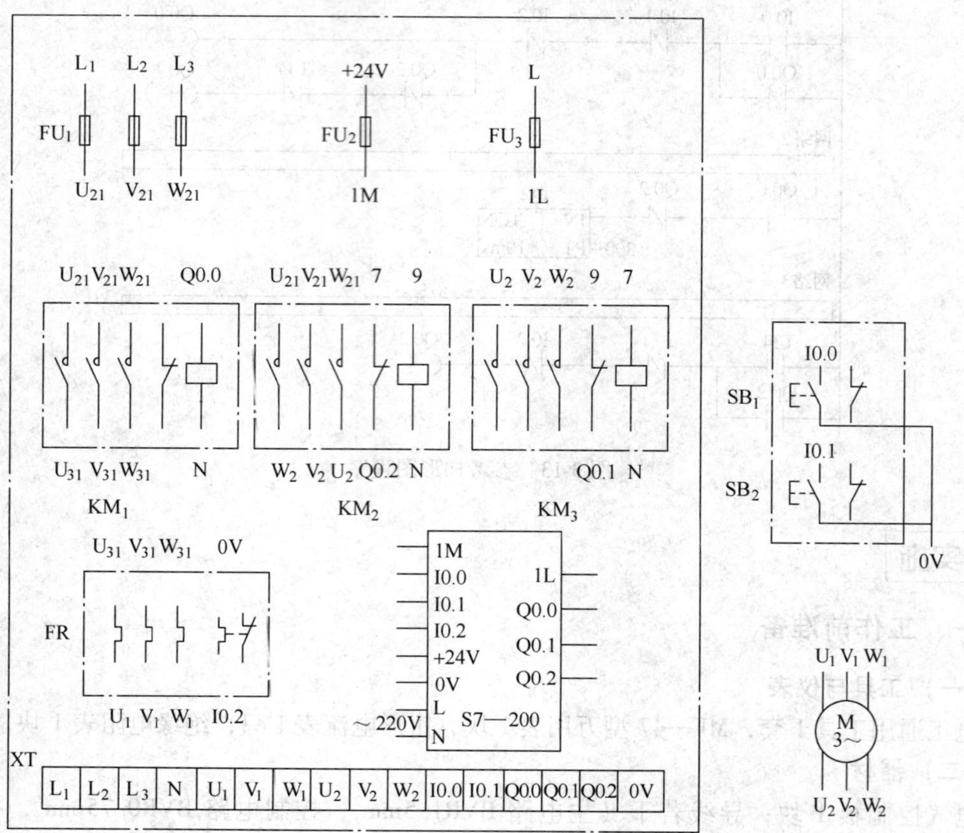

图 3-14 电动机Y-△减压起动电路的元件布置与接线图

三、通电试车

1）自检。

2）经指导教师检查无误后，通电试车。

评分标准

PLC 控制电动机Y-△减压起动电路的设计及调试技能训练评分标准见表 3-9。

表 3-9 PLC 控制电动机Y-△减压起动电路的设计及调试技能训练评分标准

考核内容	考核标准	配分	扣分	得分
安装前检查	1）电动机质量检查，每漏 1 处扣 2 分 2）电器元件漏检或错检，每处扣 2 分	10		
安装元件	1）不按接线图安装，扣 10 分 2）元件安装不紧固，每只扣 2 分 3）元件布置不整齐、不匀称、不合理，每只扣 3 分 4）损坏元件，扣 10 分	10		

（续）

考核内容	考核标准	配分	扣分	得分
布线	1）不按电路图接线，扣 15 分 2）布线不符合要求：主电路每根扣 4 分 控制电路每根扣 2 分 3）接点不符合要求，每个接点扣 1 分 4）损伤导线绝缘或线芯，每根扣 5 分 5）漏套或错套编码管，每处扣 5 分 6）漏接地线，扣 10 分	15		
编程	1）编写程序简单正确，调试动作功能正常者，加 5 分 2）对编程错误、或者不会编程，抄袭他人程序，程序错误不能运行，影响调试者，扣 5 分	25		
通电试车	1）热继电器未整定或整定错误，扣 2 分 2）配错熔体，每个扣 1 分 3）编写程序输入机内调试运行 第一次试车不成功，扣 10 分 第二次试车不成功，扣 20 分 第三次试车不成功，扣 30 分	30		
安全文明生产	违反安全文明生产规程，扣 1～10 分	10		
定额时间	每超过 5min，扣 5 分			
	合计	100		
	考核员签字 年　月　日			

课后任务

1. PLC 原理图如图 3-15 所示，PLC 主要由哪几部分组成？
2. 可编程序控制器常用的编程语言有哪些？程序由哪几部分组成？
3. RAM 与 EEPROM 各有什么特点？使用 RAM 存储用户程序时应注意什么问题？

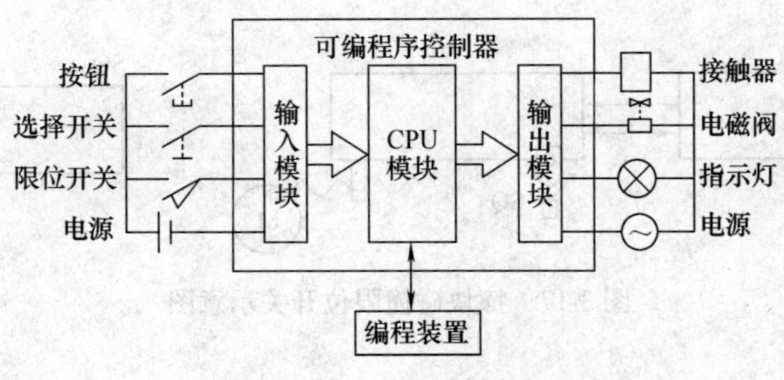

图 3-15　PLC 原理图

任务五 PLC控制自动往返电路的设计及调试技能训练

任务描述

通过训练理解PLC实现自动往返控制电路的原理，学会PLC实现自动往返控制电路的接线和操作方法。

相关知识

一、自动往返运动控制电路的组成

自动往返运动控制电路的PLC外部接线图如图3-16所示。（撞块碰撞限位开关示意图如图3-17）线路中采用了两个接触器，即控制正转用的接触器KM_1和控制反转用的接触器KM_2，它们分别由SB_1和SB_2控制，这两个接触器向电动机提供的电源相序相反，从而实现电动机的正、反向运行。SB_3为停止按钮。SQ_2为工作台由左向右换向的限位开关，SQ_1为工作台由右向左换向的限位开关。

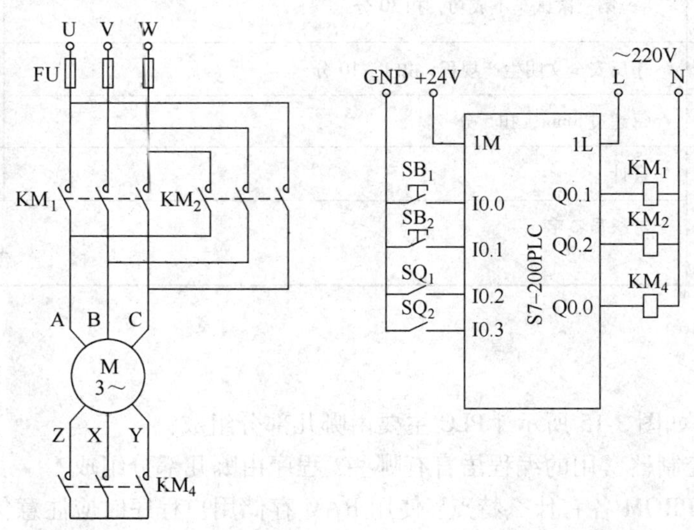

图3-16 自动往返运动控制电路的PLC外部接线图

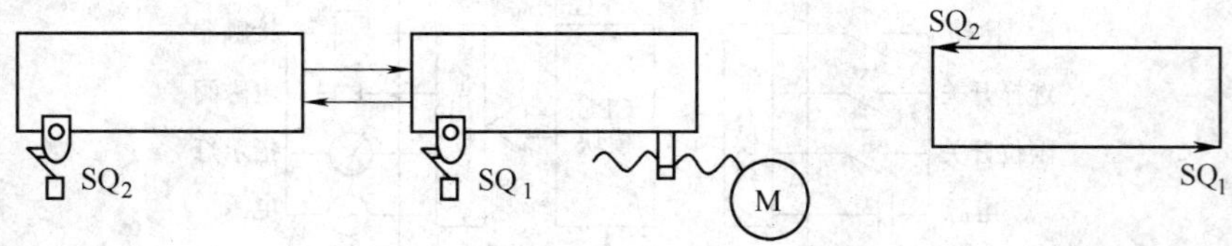

图3-17 撞块碰撞限位开关示意图

二、工作原理

当工作台的撞块停在限位开关SQ_1和SQ_2之间的任意位置时，可以按下按钮SB_1使工作台向左运动。当工作台到达左限位时撞块压下限位开关 SQ_2，切断正转控制回路，电动机停止运行，同时使反转接触器 KM_2 得电动作，工作台开始向右运动。当工作台到达右限位时，撞块压下 SQ_1，切断反转控制电路，同时使接触器 KM_1 得电，电动机带动工作台再次向左运动，实现了自动往返运动。

三、梯形图

自己动手设计梯形图。

任务实施

一、工作前准备

1. 工具与仪表

电工通用工具 1 套，MF—47 型万用表 1 块，钳形电流表 1 只，绝缘电阻表 1 块。

2. 器材

电气控制板 1 块；导线若干（主电路 BVR1.5mm^2，控制电路 BVR0.75mm^2，接地线 BVR1.5mm^2）。电器元件明细见表 3-10。

表 3-10　电器元件明细表

序　号	名　称	规格与型号	数　量
1	三相异步电动机	180W 380V△联结	1
2	可编程序控制器	西门子 S7—200PLC	1
3	计算机	安装 STEP7—Micro WIN V4.0 软件	1
4	螺旋式熔断器	RL1—60/25	3
5	交流接触器	CJ10—20 线圈电压 220V	2
6	按钮	LA4—3H	3
7	热继电器	JR16—20/3	1
8	限位开关	LX19	2
9	端子排	JX2—1015	1

二、安装接线

1）检查电器元件质量。

2）绘制电器元件布置图和安装接线图，参考图 3-18。

3）在电气控制板上按电器元件布置图安装元件，参考图 3-18。

4）自己动手设计接线图并按接线图布线和接线。

5）连接电气控制板外部导线。

6）输入 PLC 程序到 PLC 主机，进行编辑和检查。

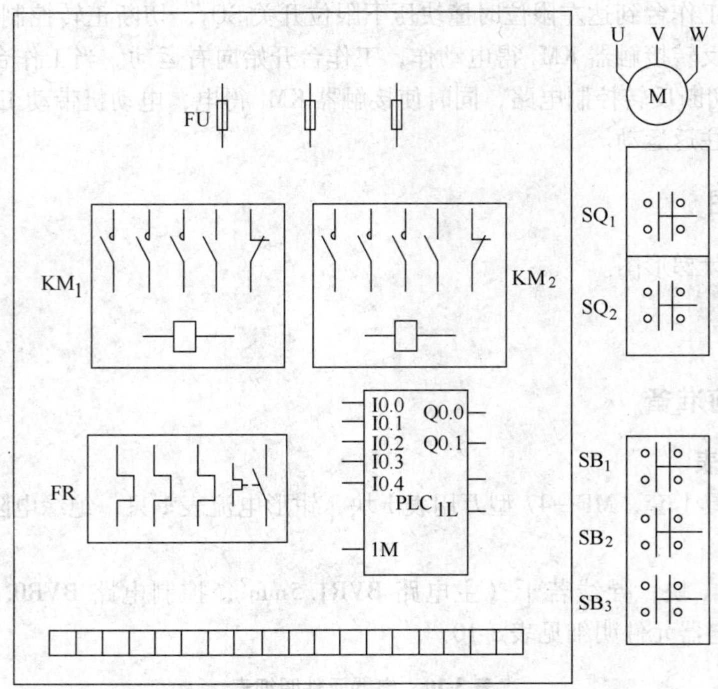

图 3-18 自动往返控制电路的元件布置与接线图

三、通电试车

1）自检。

2）经指导教师检查无误后，通电试车。

评分标准

PLC 实现自动往返控制电路的设计及调试技能训练评分标准见表 3-11。

表 3-11 PLC 实现自动往返控制电路的设计及调试技能训练评分标准

考核内容	考核标准	配分	扣分	得分
安装前检查	1）电动机质量检查，每漏 1 处扣 2 分 2）电器元件漏检或错检，每处扣 2 分	10		
安装元件	1）不按接线图安装，扣 10 分 2）元件安装不紧固，每只扣 2 分 3）元件布置不整齐、不匀称、不合理，每只扣 3 分 4）损坏元件，扣 10 分	10		
布线	1）不按电路图接线，扣 15 分 2）布线不符合要求：主电路每根扣 4 分 控制电路每根扣 2 分 3）接点不符合要求，每个接点扣 1 分 4）损伤导线绝缘或线芯，每根扣 5 分 5）漏套或错套编码管，每处扣 5 分 6）漏接地线，扣 10 分	15		

（续）

考 核 内 容	考 核 标 准	配分	扣分	得分
编程	1）编写程序简单正确，调试动作功能正常者，加 5 分 2）对编程错误、或者不会编程，抄袭他人程序，程序错误不能运行，影响调试者，扣 5 分	25		
通电试车	1）热继电器未整定或整定错误，扣 2 分 2）配错熔体，每个扣 1 分 3）编写程序输入机内调试运行 第一次试车不成功，扣 10 分 第二次试车不成功，扣 20 分 第三次试车不成功，扣 30 分	30		
安全文明生产	违反安全文明生产规程，扣 1 ~10 分	10		
定额时间	每超过 5min，扣 5 分			
	合计	100		
	考核员签字 年　　月　　日			

课后任务

简述可编程序控制器的工作过程。

项目四　变频器控制电动机电路的设计与调试技能训练

在工业企业中经常需要对一些物理量进行控制，如空调系统的温度、供水系统的水压、通风系统的风量等，这些系统绝大多数是用交流电动机驱动的。根据交流电动机的特性，要实现连续平滑的速度调节，最佳的方法就是采用变频器调速，变频器是将频率、电压固定的交流电转成频率、电压连续可调的交流电供给电动机，并能对电动机转速进行调节的装置。采用变频器进行风机、水泵的节能改造，不仅避免了由于采用挡板或阀门造成的电能浪费，而且还会极大提高控制和调节的精度，采用变频器我们可以真正方便地实现恒温空调系统和恒压供水系统。

变频器主要由整流（交流变直流）、滤波、逆变（直流变交流）、制动单元、驱动单元、检测单元及微处理单元等组成。

变频器运行的控制信号也叫操作指令，如起动、停止、正转、反转、点动及复位等，变频器操作指令的输入方式有以下三种。

1）键盘操作：键盘操作即通过面板上的键盘输入操作指令。大多数变频器的面板都可以取下，安置到操作方便的地方，面板和变频器之间用延长线相连接，从而实现了距离较远的控制。

2）外接输入控制：外接输入控制指操作指令通过外接输入端从外部输入开关信号来进行控制。

3）通信方式控制：变频器具有通信功能，如串口通信的 RS-485、RS-422 等；现场总线通信的 PROFIBUS、MODBUS、CAN 等。

由于通信方式控制可以在远离变频器的地方来进行操作，因此，变频器可以实现远程控制。

图 4-1 为由变频器控制的自来水厂水房供水控制系统，图 4-2 为变频器控制柜实物图。

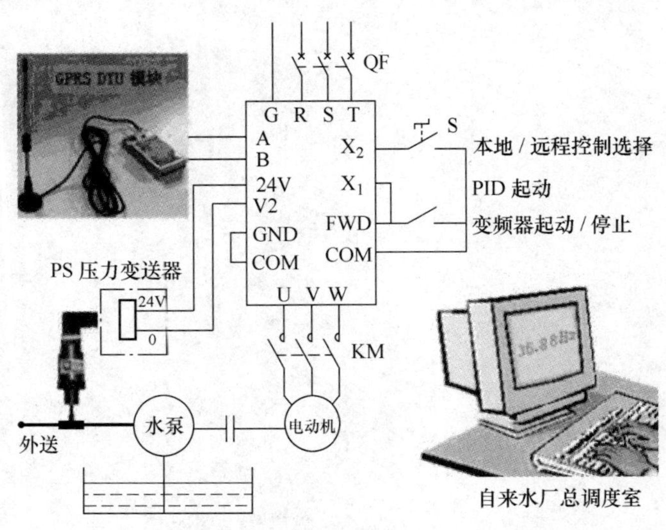

图 4-1　自来水厂水房供水控制系统

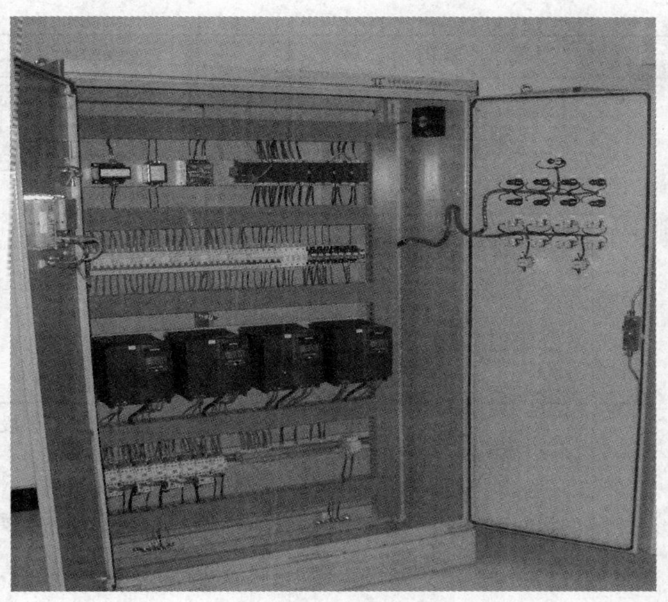

图 4-2　变频器控制柜实物

本项目包括六个任务，具体进度、教学实施步骤及学时安排见表 4-1。

表 4-1　变频器控制电动机电路的设计及调试技能训练作业流程

实训任务	实训内容	教学实施步骤	学时
任务一　变频器的基本操作和参数设置	1. 分小组讨论，布置任务	1）变频器基本操作和参数设置介绍，分组，布置任务，发放材料及元器件 2）各小组收集有关资料，讨论及确定安装、操作方案，并整理好记录 3）预习任务一内容	
	2. 教师点评与学生互动	1）各小组提交变频器面板操作方案（草稿），教师答疑 2）教师点评各小组讨论记录，分析存在的问题与处理方法	
	3. 完成工艺安装方案及调试	完成任务一内容	
	4. 答辩与评定成绩	1）学生答辩 2）教师点评 3）参照任务一评分标准	
任务二　变频器外部电压控制调速技能训练	1. 分小组讨论，布置任务	1）变频器外部电压控制调速技能训练介绍，分组，布置任务，发放材料及元器件 2）熟悉变频器外部电压控制调速原理图、设计接线图及编程 3）各小组收集有关资料，讨论及确定安装方案，并整理好记录 4）预习任务二内容	

（续）

实训任务	实训内容	教学实施步骤	学时
任务二　变频器外部电压控制调速技能训练	2. 教师点评与学生互动	1）各小组提交安装图和工艺方案（草稿），教师答疑 2）教师点评各小组讨论记录，分析存在的问题与处理方法	
	3. 完成工艺安装方案及调试	完成任务二内容	
	4. 答辩与评定成绩	1）学生答辩 2）教师点评 3）参照任务二评分标准	
任务三　变频器参数设置与多段速调速技能训练	1. 分小组讨论，布置任务	1）变频器参数设置与多段速调速技能训练介绍，分组，布置任务，发放材料及元器件 2）熟悉变频器参数设置与多段速调速原理图、设计接线图及编程 3）各小组收集有关资料、讨论及确定安装方案，并整理好记录 4）预习任务三内容	
	2. 教师点评与学生互动	1）各小组提交安装图和工艺方案（草稿），教师答疑 2）教师点评各小组讨论记录，分析存在的问题与处理方法	
	3. 完成工艺安装方案及调试	完成任务三内容	
	4. 答辩与评定成绩	1）学生答辩 2）教师点评 3）参照任务三评分标准	
任务四　基于 PLC 的变频器控制电动机正、反转技能训练	1. 分小组讨论，布置任务	1）基于 PLC 的变频器控制电动机正、反转技能训练介绍，分组，布置任务，发放材料及元器件 2）熟悉基于 PLC 的变频器控制电动机正、反转电路的原理图、设计接线图及编程 3）各小组收集有关资料，讨论及确定安装方案，并整理好记录 4）预习任务四内容	
	2. 教师点评与学生互动	1）各小组提交安装图和工艺方案（草稿），教师答疑 2）教师点评各小组讨论记录，分析存在的问题与处理方法	
	3. 完成工艺安装方案及调试	完成任务四内容	
	4. 答辩与评定成绩	1）学生答辩 2）教师点评 3）参照任务四评分标准	

（续）

实训任务	实训内容	教学实施步骤	学时
任务五　PLC控制变频器多段速调速技能训练	1. 分小组讨论，布置任务	1）PLC控制变频器多段速调速技能训练介绍，分组，布置任务，发放材料及元器件 2）熟悉PLC控制变频器多段速调速电路的原理图、设计接线图及编程 3）各小组收集有关资料，讨论及确定安装方案，并整理好记录 4）预习任务五内容	
	2. 教师点评与学生互动	1）各小组提交安装图和工艺方案（草稿），教师答疑 2）教师点评各小组讨论记录，分析存在的问题与处理方法	
	3. 完成工艺安装方案及调试	完成任务五内容	
	4. 答辩与评定成绩	1）学生答辩 2）教师点评 3）参照任务五评分标准	
任务六　基于PLC通信的变频器开环调速技能训练	1. 分小组讨论，布置任务	1）基于PLC通信的变频器开环调速技能训练介绍，分组，布置任务，发放材料及元器件 2）熟悉PLC通信的变频器开环调速电路原理图、设计接线图及编程 3）各小组收集有关资料、讨论及确定安装方案，并整理好记录 4）预习任务六内容	
	2. 教师点评与学生互动	1）各小组提交安装图、工艺方案（草稿）、教师答疑 2）教师点评各小组讨论记录，分析存在问题与处理方法	
	3. 完成工艺安装方案及调试	完成任务六内容	
	4. 答辩与评定成绩	1）学生答辩 2）教师点评 3）参照任务六评分标准	

任务一　变频器的基本操作和参数设置

任务描述

1）了解MM440变频器基本操作面板（BOP）的功能。

2）掌握用基本操作面板（BOP）改变变频器参数的步骤。

3）掌握用基本操作面板（BOP）快速调试变频器的方法。

任务实施

一、基本操作面板的认知与操作

MM440 变频器基本操作面板如图 4-3 所示。

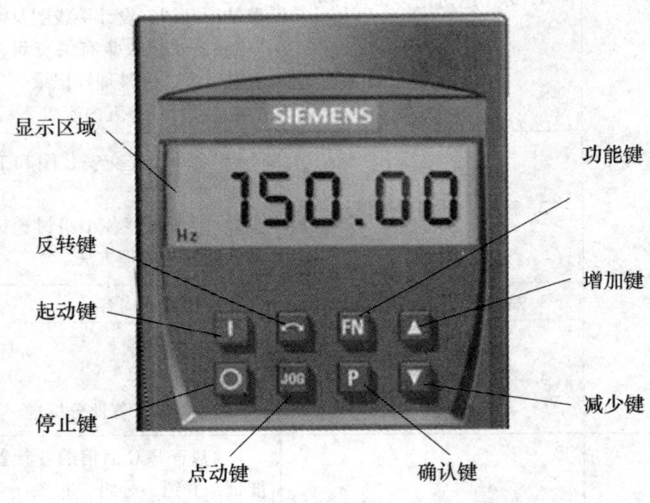

图 4-3　MM440 变频器的基本操作面板

二、基本操作面板（BOP）的功能说明

MM440 变频器基本操作面板（BOP）的功能说明见表 4-2。

表 4-2　MM440 变频器基本操作面板（BOP）的功能说明

显示/按钮	功　能	功 能 说 明
r0000	状态显示	液晶显示器（LCD）显示变频器当前的设定值
I	起动变频器	按此键起动变频器。默认值运行时此键是被封锁的。为了使此键的操作有效，应设定 P0700 = 1
0	停止变频器	OFF1：按此键，变频器将按选定的斜坡下降速率减速停车。默认值运行时此键被封锁；为了允许此键操作，应设定 P0700 = 1 OFF2：按此键两次（或一次，但时间较长），电动机将在惯性作用下自由停车。此功能总是“使能”的
	改变电动机的运行方向	按此键可以改变电动机的运行方向。电动机反方向转动用负号（ - ）表示或用闪烁的小数点表示。默认值运行时此键是被封锁的，为了使此键的操作有效，应设定 P0700 = 1
JOG	电动机点动运行	在变频器无输出的情况下按此键，将使电动机起动，并按预设定的点动频率运行。释放此键时，变频器停车。如果电动机正在运行，按此键将不起作用

（续）

显示/按钮	功　能	功能说明
FN	功能	此键用于浏览辅助信息 变频器运行过程中，在显示任何一个参数时按下此键并保持不动 2s，将显示以下参数值（在变频器运行中，从任何一个参数开始）： 1. 直流回路电压（V），用 d 表示 2. 输出电流（A） 3. 输出频率（Hz） 4. 输出电压（V），用 o 表示 5. 由 P0005 选定的数值，如果 P0005 选择显示上述参数 1. 2. 3 或 4 中的任何一个，这里将不再显示 连续多次按下此键，将轮流显示以上参数 跳转功能：在显示任何一个参数（rXXXX 或 PXXXX）时短时间按下此键，将立即跳转到 r0000，如果需要的话，您可以接着修改其他的参数。跳转到 r0000 后，按此键将返回原来的显示点 故障确认：在出现故障或报警的情况下，按下此键可以对故障或报警进行确认
P	访问参数	此键为确认键，按此键即可访问参数
▲	增加数值	按此键即可增加面板上显示的参数数值
▼	减少数值	按此键即可减小面板上显示的参数数值

三、用基本操作面板更改参数的数值

（一）改变参数 P0004

改变参数 P0004 的操作方法见表 4-3。

表 4-3　改变参数 P0004 的操作方法

操作步骤		显示的结果
1	按 P 访问参数	r0000
2	按 ▲ 直到显示出 P0004	P0004
3	按 P 进入参数数值访问级	0
4	按 ▲ 或 ▼ 达到所需要的数值	3
5	按 P 确认并存储参数的数值	P0004
6	按 ▼ 直到显示出 r000	r0000
7	按 P 返回标准的变频器显示（由用户定义）	

（二）改变下标参数 P0719

改变下标参数 P0719 的操作方法见表 4-4。

表 4-4　改变下标参数 P0719 的操作方法

操作步骤		显示的结果
1	按 P 访问参数	r0000
2	按 ▲ 直到显示出 P0719	P0719
3	按 P 进入参数数值访问级	in000
4	按 P 显示当前的设定值	0
5	按 ▲ 或 ▼ 选择运行所需要的最大频率	3
6	按 P 确认并存储 P0719 的设定值	P0719
7	按 ▼ 直到显示出 r000	r0000
8	按 P 返回标准的变频器显示（由用户定义）	

注：忙碌信息。修改参数的数值时，BOP 有时会显示：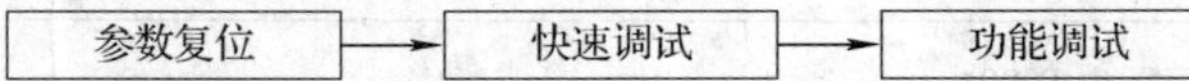P---- 表明变频器正忙于处理优先级更高的任务。

（三）改变参数数值的一个数

为了快速修改参数的数值，可以一个个地单独修改显示出的每个数字，操作步骤如下：

1）按 FN（功能键），最右边的一个数字闪烁。

2）按 ▲/▼，修改这位数字的数值。

3）再按 FN（功能键），相邻的下一个数字闪烁。

4）执行 2 至 3 步，直到显示出所要求的数值。

5）按 P 退出参数数值的访问级。

四、变频器的调试

通常一台新的 MM440 变频器一般需要经过如下三个步骤进行调试：

参数复位 → 快速调试 → 功能调试

1）参数复位：是将变频器参数恢复到出厂状态下的默认值的操作。一般在变频器出厂和参数出现混乱的时候进行此操作。

2）快速调试状态：需要用户输入电动机相关的参数和一些基本驱动控制参数，使变频器可以良好地驱动电动机运行。一般在复位操作后，或者更换电动机后需要进行此操作。

3）功能调试：指用户按照具体生产工艺的需要进行的设置操作。这一部分的调试工作比较复杂，常常需要在现场多次调试。

1. 变频器复位为工厂的默认设定值

为了把变频器的全部参数复位为工厂的默认设定值，应该按照下面的数值设定参数：

1）设定 P0010 = 30

2）设定 P0970 = 1

完成复位过程大约要 20s，如下图所示。

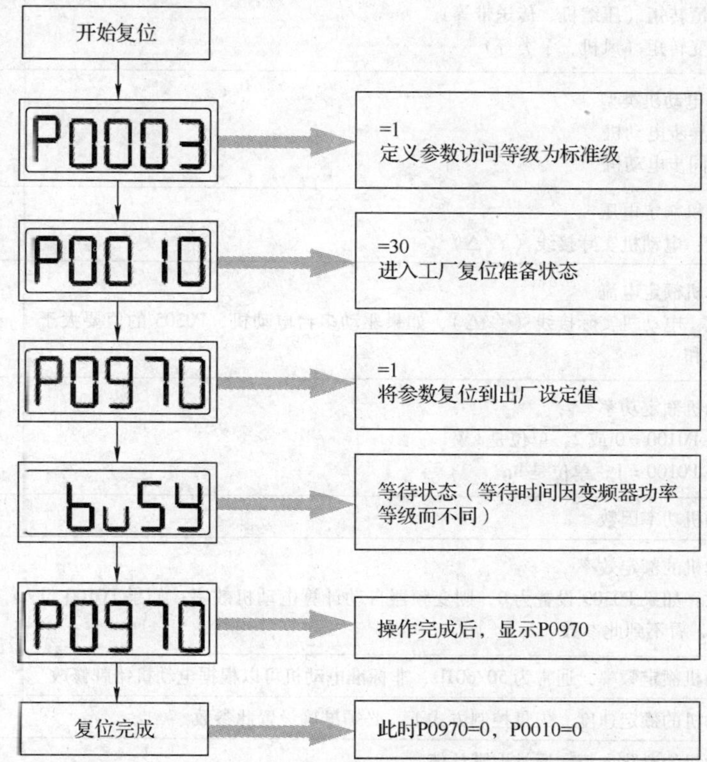

在参数复位完成后，需要进行快速调试。根据电动机和负载的具体特性，以及变频器的控制方式等信息进行必要的设置之后，变频器就可以驱动电动机工作了。

2. 快速调试

快速调试是指通过设置电动机参数和变频器的命令源及频率给定源，从而达到简单快速运行电动机的一种操作模式。

请按照表 4-5 设置参数，即可完成快速调试。

表 4-5　MM440 变频器快速调试步骤

参 数 号	参 数 描 述	推 荐 设 置
P0003	参数设置访问等级 =1 标准级（只需要设置最基本的参数） =2 扩展级 =3 专家级	3
P0010	=1 开始快速调试 注意：1）只有在 P0010 = 1 的情况下，电动机的主要参数才能被修改，如：P0304、P0305 等 2）只有在 P0010 = 0 的情况下，变频器才能运行	1
P0100	选择电动机的功率单位和电网功率 =0 单位 kW，功率 50Hz =1 单位 hp，功率 60Hz =2 单位 kW，功率 60Hz	0

（续）

参 数 号	参 数 描 述	推 荐 设 置
P0205	变频器应用对象 =0 恒转矩（压缩机、传送带等） =1 变转矩（风机、泵类等）	0
P0300（0）	选择电动机类型 =1 异步电动机 =2 同步电动机	1
P0304（0）	电动机额定电压 注意：电动机实际接线（Y/△）	根据电动机铭牌
P0305（0）	电动机额定电流 注意：电动机实际接线（Y/△），如果驱动多台电动机，P0305 的值要大于电流总和	根据电动机铭牌
P0307（0）	电动机额定功率 如果 P0100 =0 或 2，单位是 kW 如果 P0100 =1，单位是 hp	根据电动机铭牌
P0308（0）	电动机功率因数	根据电动机铭牌
P0309（0）	电动机的额定效率 注意：如果 P0309 设置为 0，则变频器自动计算电动机效率；如果 P0100 设置为 0，看不到此参数	根据电动机铭牌
P0310（0）	电动机额定频率，通常为 50/60Hz，非标准电动机可以根据电动机铭牌修改	根据电动机铭牌
P0311（0）	电动机的额定速度。矢量控制方式下，必须准确设置此参数	根据电动机铭牌
P0320（0）	电动机的磁化电流，通常取默认值	0
P0335（0）	电动机冷却方式 =0 利用电动机轴上风扇自冷却 =1 利用独立的风扇进行强制冷却	0
P0640（0）	电动机过载因子。以电动机额定电流的百分比来限制电动机的过载电流	150
P0700（0）	选择命令给定源 =1 BOP（操作面板） =2 I/O 端子控制 =3 固定频率 =4 经过 BOP 链路的 USS 控制 =5 通过 COM 链路的 USS 控制（端子 29、30） =6 Profibus（CB 通信板） 注意：改变 P0700 设置，将复位所有的数字输入、输出至出厂设定	2
P1000（0）	设置频率给定源 =1 BOP 电位器给定（操作面板） =2 模拟输入 1 通道（端子 3、4） =3 固定频率 =4 BOP 链路的 USS 控制 =5 COM 链路的 USS 控制（端子 29、30） =6 Profibus（CB 通信板） =7 模拟输入 2 通道（端子 10、11）	2

（续）

参　数　号	参数描述	推荐设置
P1080（0）	限制电动机运行的最小频率	0
P1082（0）	限制电动机运行的最大频率	50
P1120（0）	电动机从静止状态加速到最大频率所需的时间	10
P1121（0）	电动机从最大频率降速到静止状态所需的时间	10
P1300（0）	控制方式选择 =0 线性 V/F，要求电动机的压频比准确 =2 二次方曲线的 V/F 控制 =20 无传感器矢量控制 =21 带传感器矢量控制	0
P3900	结束快速调试 =1 电动机数据计算，并将除快速调试以外的参数恢复到出厂设定 =2 电动机数据计算，并将 I/O 设定恢复到出厂设定 =3 电动机数据计算，其他参数不进行出厂复位	3
P1910	=1 使能电动机识别，出现 A0541 报警，马上起动变频器	1

在快速调试的各个步骤都完成以后，应选定 P3900，如果它置为 1，将执行必要的电动机计算，并使其他所有的参数（P0010 = 1 不包括在内）恢复为默认设置值。只有在快速调试方式下才进行这一操作。

五、通过 BOP 进行点动控制

（一）点动控制电路的接线

按图 4-4 所示通过 BOP 进行的点动控制电路接线。

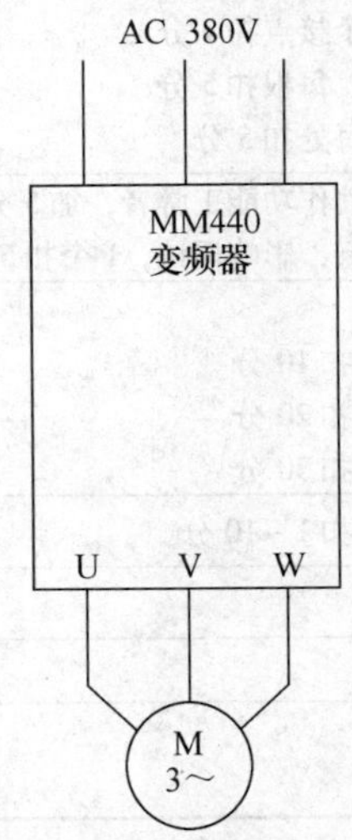

图 4-4　BOP 点动控制电路

（二）调试变频器

恢复变频器出厂设置并进行快速调试。

（三）设置 BOP 基本操作控制参数

BOP 基本操作控制参数设置见表 4-6。

表 4-6　BOP 基本操作控制参数的设置

参数号	出厂值	设置值	说明
P0003	1	3	设用户访问级为专家级
P0700	2	1	选择命令源：由 BOP 键盘设置
P0004	0	0	参数过滤器：全部参数
P1058	5	5	正向点动频率（Hz）
P1060	10	5	点动斜坡上升时间（s）
P1061	10	3	点动斜坡下降时间（s）

（四）操作控制

在变频器的前操作面板上按下（10s）点动“JOG”键，变频器驱动电动机点动运行。

评分标准

变频器基本操作和参数设置评分标准见表 4-7。

表 4-7　变频器基本操作和参数设置评分标准

考核内容	考核标准	配分	扣分	得分
基本面板操作	1）能正确按面板操作步骤进行，每漏 1 处扣 5 分 2）操作方法不正确，每处扣 2 分	10		
操作面板更改参数的数值	1）改变参数 P0004 不正确 ，每处扣 2 分 2）改变下标参数 P0719 不正确，每处扣 2 分 3）改变参数数值的一个数不正确，每处扣 2 分 4）变频器快速调试不成功，每处扣 2 分	15		
布线	1）不按电路图接线，扣 15 分 2）布线不符合要求，每根扣 4 分 3）接点不符合要求，每个接点扣 1 分 4）损伤导线绝缘或线芯，每根扣 5 分 5）漏套或错套编码管，每处扣 5 分	15		
参数设定	1）参数设定正确，调试动作功能正常者，加 5 分 2）参数设定错误不能运行，影响调试，1 个扣 5 分	20		
通电运行	调试运行 第一次调试运行不成功，扣 10 分 第二次调试运行不成功，扣 20 分 第三次调试运行不成功，扣 30 分	30		
安全文明生产	违反安全文明生产规程，扣 1 ~ 10 分	10		
定额时间	每超过 5min，扣 5 分			
	合计	100		
	考核员签字 年　月　日			

课后任务

1. 总结变频器基本操作面板（BOP）的功能。
2. 总结变频器基本操作面板（BOP）的使用方法。
3. 总结利用基本操作面板（BOP）改变变频器参数的步骤。

4. 总结利用基本操作面板（BOP）快速调试的方法。

任务二　变频器外部电压控制调速技能训练

任务描述

1）训练通过阅读手册改变所设定的变频器参数的能力。

2）进一步掌握变频器各参数的设置方法。

3）掌握三相异步电动机的变频器外部电压控制调速的方法。

4）采用变频器的外部端子控制模式控制变频器的输出，使变频器的输出随着外部电压的输入变化而改变。

相关知识

西门子 MM440 变频器主电路和控制电路接线端子及功能如图 4-5 所示。

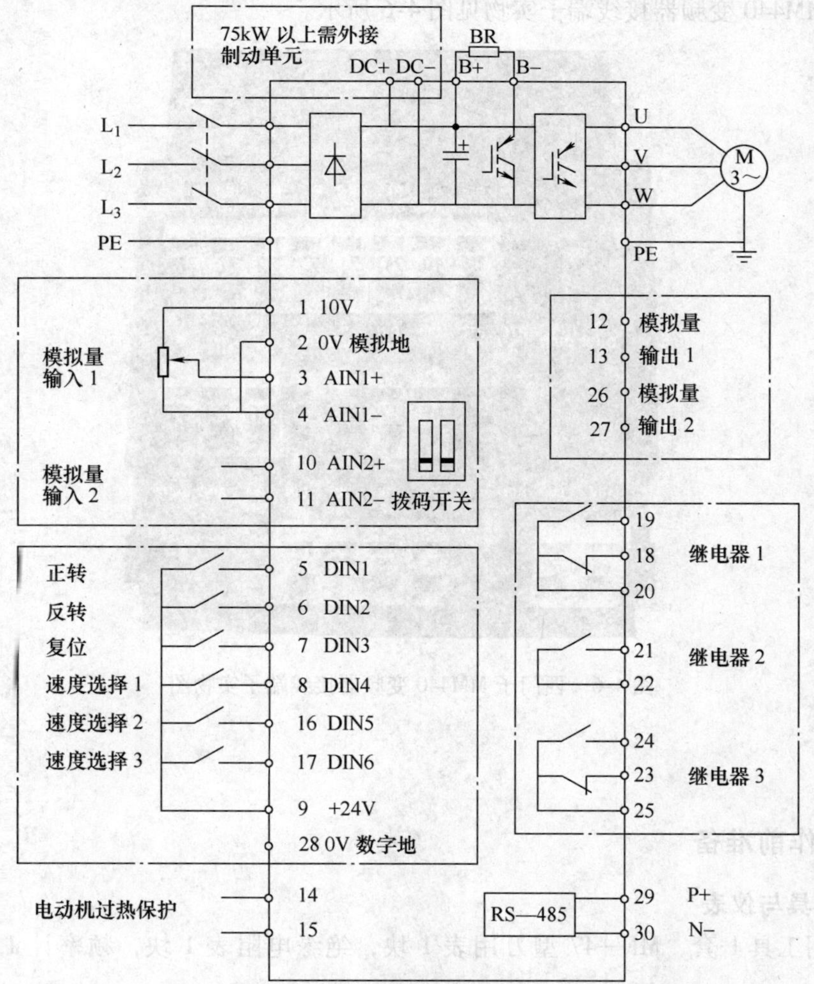

图 4-5　西门子 MM440 变频器接线端子功能图

（1）主电路端子

主电路 L1、L2、L3 为变频器交流电源的输入端，接在 380V 交流电源上；U、V、W 为变频器输出端，接在三相异步电动机的定子绕组上。

（2）控制电路端子

1）端子 1、2 为用户提供高精度的 +10V 直流电压，可作为外部给定信号。

2）端子 3、4 和 10、11 为用户提供两组模拟电压，作为频率给定信号，经变频器内模-数转换器，将模拟量转换为数字量，传送给 CPU 来控制系统频率。

3）端子 5、6、7、8、16、17 为用户提供 6 个完全可编程的数字输入端，数字信号经过光隔离器输入 CPU，对电动机进行正反转控制、点动控制及固定频率控制等。

4）端子 9、28 是 24V 直流电源端，用户为变频器的控制电路提供 24V 直流电源。

5）端子 12、13 和端子 26、27 为两对模拟量输出端。

6）端子 18、19、20、21、22、23、24、25 为输出继电器的触点。

7）端子 14、15 为电动机过热保护输入端。

8）端子 29、30 为 RS-485（USS-协议）端。

西门子 MM440 变频器接线端子实物见图 4-6 所示。

图 4-6 西门子 MM440 变频器接线端子实物图

任务实施

一、工作前准备

（一）工具与仪表

电工通用工具 1 套，MF—47 型万用表 1 块，绝缘电阻表 1 块，频率计 1 块，测速表 1 块。

（二）器材

MM440 变频器 1 台；电动机 1 台；组合开关 1 个；电位器 1 个；三相断路器 1 个；熔断器 1 个；

电气控制板 1 块；导线（主电路 BVR1.5mm^2，控制电路 BVR0.75mm^2，接地线 BVR1.5mm^2）。

二、安装接线与训练

1）检查实训设备中器材是否齐全。

2）按照变频器外部接线图完成变频器的接线。按布线安装工艺和步骤进行，参考图 4-7。

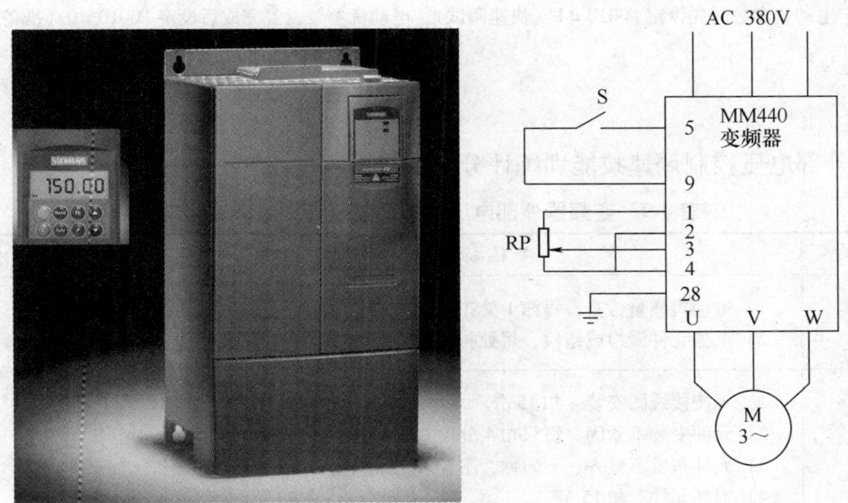

图 4-7　变频器实物与接线原理图

3）闭合电源开关，按照参数功能表正确设置变频器参数。

4）闭合开关 S，起动变频器。

5）调节电位器，改变变频器模拟量输入端 AIN +（端子 3）和 AIN -（端子 4）之间的电压，控制变频器的运行频率，观察并记录变频器及电动机的运行情况。

6）断开开关 S，停止变频器。

参数功能表见表 4-8，接线原理图如图 4-7 所示。

表 4-8　参数功能表

序　号	变频器参数	出 厂 值	设 定 值	功 能 说 明
1	P0003	1	3	设置用户访问级为专家级
2	P0004	0	0	参数过滤器：全部参数
3	P0010	0	1	快速调试
4	P0304	230V	380V	电动机的额定电压（380V）
5	P0305	3.25A	0.30A	电动机的额定电流（0.3A）
6	P0307	0.75kW	0.1kW	电动机的额定功率（100W）

（续）

序　号	变频器参数	出　厂　值	设　定　值	功能说明
7	P0310	50Hz	50Hz	电动机的额定频率（50Hz）
8	P0311	0 r/min	1420 r/min	电动机的额定转速（1420 r/min）
9	P1000	2	2	频率设定值选择：模拟设定值
10	P0700	2	2	选择命令源：由端子排输入
11	P0701	1	1	ON/OFF（接通正转/停车命令1）
12	P0010	0	0	准备

注：1. 设置参数前先将变频器参数复位为工厂的默认设定值。
2. 设定 P0003 = 3，允许访问专家级参数。
3. 设定电动机参数时先设定 P0010 = 1（快速调试），电动机参数设置完成后设定 P0010 = 0（准备）。

评分标准

变频器外部电压控制调速技能训练评分标准见表4-9。

表 4-9　变频器外部电压控制调速技能训练评分标准

考核内容	考核标准	配　分	扣　分	得　分
安装前检查	1）电动机质量检查，每漏1处扣5分 2）电器元件漏检或错检，每处扣2分	10		
安装元件	1）不按接线图安装，扣15分 2）元件安装不紧固，每只扣4分 3）元件布置不整齐、不匀称、不合理，每只扣3分 4）损坏元件，扣15分	15		
布线	1）不按电路图接线，扣15分 2）布线不符合要求，每根扣4分 3）接点不符合要求，每个接点扣1分 4）损伤导线绝缘或线芯，每根扣5分 5）漏套或错套编码管，每处扣5分 6）漏接地线，扣10分	15		
参数设定	1）参数设定正确，调试动作功能正常者，加5分 2）参数设定错误，不能运行，影响调试者，1个扣5分	20		
通电运行	调试运行 第一次调试运行不成功，扣10分 第二次调试运行不成功，扣20分 第三次调试运行不成功，扣30分	30		
安全文明生产	违反安全文明生产规程，扣1～10分	10		
定额时间	每超过5min，扣5分			
	合计	100		
	考核员签字			
				年　月　日

课后任务

1. 总结使用变频器外部端子控制电动机点动运行的操作方法。
2. 总结通过模拟量控制电动机运行频率的方法。

任务三　变频器参数设置与多段速调速技能训练

任务描述

进一步加强阅读手册的能力、掌握变频器多段速调速的方法与技能训练。

相关知识

变频器的多段速调速是预先在变频器内部设置多个输出频率，通过控制命令，使变频器在某个预设频率上运行。

西门子 MM440 变频器的 6 个数字输入端口（DIN1 ~ DIN6）可以通过 P0701 ~ P0706 参数设置实现多频段控制。每一频段的频率可分别由 P1001 ~ P1015 参数设置，最多可实现 15 频段控制。

多段速功能，也称作固定频率，就是设置参数 P1000 = 3 的条件下，用开关量端子选择固定频率的组合，实现电动机多段速运行，可通过如下三种方法实现。

1. 直接选择（P0701 ~ P0706 = 15）

在这种操作方式下，一个数字输入选择一个固定频率，见表 4-10。

表 4-10　MM440 变频器数字量输入端子频率设定的对应关系

端 子 号	对 应 参 数	对应频率设置	说　明
5	P0701	P1001	1）频率给定源 P1000 必须设置为 3 2）当多个选择同时激活时，选定的频率是它们的总和
6	P0702	P1002	
7	P0703	P1003	
8	P0704	P1004	
16	P0705	P1005	
17	P0706	P1006	

2. 直接选择 + ON 命令（P0701 ~ P0706 = 16）

在这种操作方式下，数字量输入既选择固定频率（同上表），又具备起动功能。

3. 二进制编码选择 + ON 命令（P0701 ~ P0704 = 17）

使用这种方法最多可以选择 15 个固定频率。各个固定频率的数值根据表 4-11 选择。

要求：通过外部端子输入控制命令，使变频器在 7 种不同的频率上运行。

表 4-11　MM440 变频器数字量输入端子通断与频率设定的对应关系

频 率 设 定	端子 8	端子 7	端子 6	端子 5
P1001	—	—	—	1
P1002	—	—	1	—
P1003	—	—	1	1
P1004	—	1	—	—
P1005	—	1	—	1
P1006	—	1	1	—
P1007	—	1	1	1
P1008	1	—	—	—
P1009	1	—	—	1
P1010	1	—	1	—
P1011	1	—	1	1
P1012	1	1	—	—
P1013	1	1	—	1
P1014	1	1	1	—
P1015	1	1	1	1

任务实施

一、工作前准备

（一）工具与仪表

电工通用工具 1 套，MF—47 型万用表 1 块，绝缘电阻表 1 块，频率计 1 块，测速表 1 块。

（二）器材

MM440 变频器 1 台；电动机 1 台；组合开关 2 个；三相断路器 1 个；电气控制板 1 块；导线若干（主电路 BVR1.5mm^2，控制电路 BVR0.75mm^2，接地线 BVR1.5mm^2）。

二、安装接线与训练

1）检查电器元件质量。

2）按照变频器外部接线图完成变频器的接线。按布线安装工艺和步骤进行，参考图 4-8。

3）闭合电源开关，按照参数功能表正确设置变频器参数。

4）运用操作面板改变电动机起动的点动运行频率和加、减速时间。

参数功能表见表 4-12。

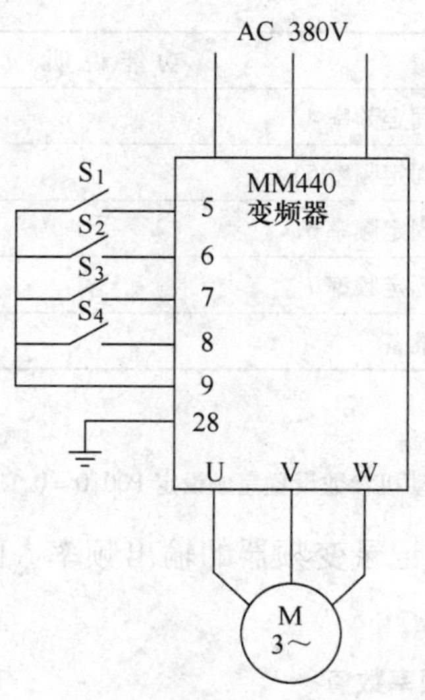

图 4-8　变频器参数设置与多段速调速接线原理及其实物

表 4-12　参数功能表

序　　号	变频器参数	出　厂　值	设　定　值	功 能 说 明
1	P0003	1	3	设置用户访问级为专家级
2	P0004	0	0	参数过滤器：全部参数
3	P0010	0	1	快速调试
4	P0304	230V	380V	电动机的额定电压（380V）
5	P0305	3.25A	0.30A	电动机的额定电流（0.3A）
6	P0307	0.75kW	0.1kW	电动机的额定功率（100W）
7	P0310	50.00Hz	50.00Hz	电动机的额定频率（50Hz）
8	P0311	0 r/min	1420 r/min	电动机的额定转速（1420 r/min）
9	P1000	2	3	固定频率设定
10	P1080	0	0	电动机的最小频率（0Hz）
11	P1082	50Hz	50Hz	电动机的最大频率（50Hz）
12	P1120	10s	10s	斜坡上升时间（10s）
13	P1121	10s	10s	斜坡下降时间（10s）
14	P0700	2	2	选择命令源（由端子排输入）
15	P0701	1	17	固定频率设定值（二进制编码选择 + ON 命令）
16	P0702	12	17	固定频率设定值（二进制编码选择 + ON 命令）
17	P0703	9	17	固定频率设定值（二进制编码选择 + ON 命令）
18	P0704	15	1	ON：接通正转，OFF：停止
19	P1001	0	5Hz	固定频率 1
20	P1002	5Hz	10Hz	固定频率 2
21	P1003	10Hz	20Hz	固定频率 3

（续）

序　号	变频器参数	出　厂　值	设　定　值	功能说明
22	P1004	15Hz	25Hz	固定频率4
23	P1005	20Hz	30Hz	固定频率5
24	P1006	25Hz	40Hz	固定频率6
25	P1007	30Hz	50Hz	固定频率7
26	P0010	0	0	准备

注：1. 设置参数前先将变频器参数复位为出厂的默认设定值。
　　2. 设定 P0003 = 3 允许访问专家级参数。
　　3. 设定电动机参数时先设定 P0010 = 1（快速调试），电动机参数设置完成设定 P0010 = 0（准备）。

5）切换开关 S_1、S_2、S_3、S_4的通断，观察并记录变频器的输出频率。固定频率的数值与开关 S_1、S_2、S_3、S_4的对应关系见表 4-13。

表 4-13　固定频率数值

S_1	S_2	S_3	S_4	输出频率
OFF	OFF	OFF	ON	OFF
ON	OFF	OFF	ON	固定频率1
OFF	ON	OFF	ON	固定频率2
ON	ON	OFF	ON	固定频率3
OFF	OFF	ON	ON	固定频率4
ON	OFF	ON	ON	固定频率5
OFF	ON	ON	ON	固定频率6
ON	ON	ON	ON	固定频率7

评分标准

参数设置与多段速调速技能训练评分标准见表 4-14。

表 4-14　参数设置与多段速调速技能训练评分标准

考核内容	考核标准	配　分	扣　分	得　分
安装前检查	1）电动机质量检查，每漏 1 处扣 5 分 2）电器元件漏检或错检，每处扣 2 分	10		
安装元件	1）不按接线图安装，扣 15 分 2）元件安装不紧固，每只扣 4 分 3）元件布置不整齐、不匀称、不合理，每只扣 3 分 4）损坏元件，扣 15 分	15		
布线	1）不按电路图接线，扣 15 分 2）布线不符合要求，每根扣 4 分 3）接点不符合要求，每个接点扣 1 分 4）损伤导线绝缘或线芯，每根扣 5 分 5）漏套或错套编码管，每处扣 5 分 6）漏接地线，扣 10 分	15		

（续）

考核内容	考核标准	配　分	扣　分	得　分
参数设定	1）参数设定正确，调试动作功能正常者，加5分 2）参数设定错误，不能运行，影响调试者，1个扣5分	20		
通电运行	调试运行 第一次调试运行不成功，扣10分 第二次调试运行不成功，扣20分 第三次调试运行不成功，扣30分	30		
安全文明生产	违反安全文明生产规程，扣1~10分	10		
定额时间	每超过5min，扣5分			
	合计	100		
	考核员签字 年　月　日			

课后任务

1. 总结变频器外部数字端子的不同功能及使用方法。

2. 查阅手册，尝试实现更多的分段调速。

3. 尝试使用其他方法，如直接选择（P0701~P0706 = 15）、直接选择 + ON 命令（P0701~P0706 = 16）实现多段速度控制。

任务四　基于PLC的变频器控制电动机正、反转技能训练

任务描述

掌握PLC与变频器联机控制的方法及电气控制板的制作与技能训练。

相关知识

由于可编程序控制器（PLC）具有操作简单、工作可靠、易于掌握等优点，近年来在控制领域得到了广泛应用。单独使用变频器只能实现一些简单的调速控制，对于一些较为复杂的调速控制系统，变频器就要和控制系统的控制器，如PLC配合使用，构成一个统一的控制系统，所以它与PLC的配合使用就显得十分重要。

变频器与PLC的常见的接线方式有三种形式：①PLC的数字输出接变频器的数字输入；②PLC的模拟输出接变频器的模拟输入；③PLC的通信口通过通信电缆接变频器的通信口（参见任务六）。

本任务中变频器与PLC的接线方式为第一种形式。PLC的数字量输出类型一般有继电器、晶体管和晶闸管三种形式。最常见的是继电器类型的输出，继电器输出具有价格低、使用电压范围宽等特点。变频器数字输入分为源型和漏型两种。通过PLC的数字输出接变频器的数字输入的方式实现连接，其实质就是使用PLC可编程的输出触点，替代了以前项目中接变频器数字量输入信号的开关。

一、基于 PLC 的变频器控制电动机正反转电路的组成

基于 PLC 的变频器控制电动机正反转电路如图 4-9 所示，在 PLC 的输入侧接停止按钮 SB_1、正转按钮 SB_2和反转按钮 SB_3，分别控制电动机的停止、正转和反转。

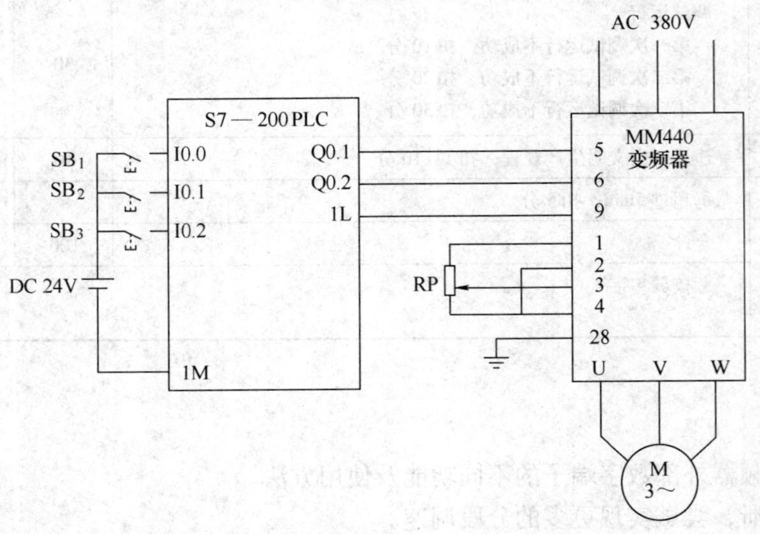

图 4-9　PLC 控制的电动机正、反转电路

二、工作原理

按下正转按钮 SB_2，Q0.1 输出，电动机正转运行；按下反转按钮 SB_3，Q0.2 输出，电动机反转运行；在电动机运行过程中，按下停止按钮 SB_1，电动机停止运行。

三、梯形图

参考梯形图程序如图 4-10 所示。

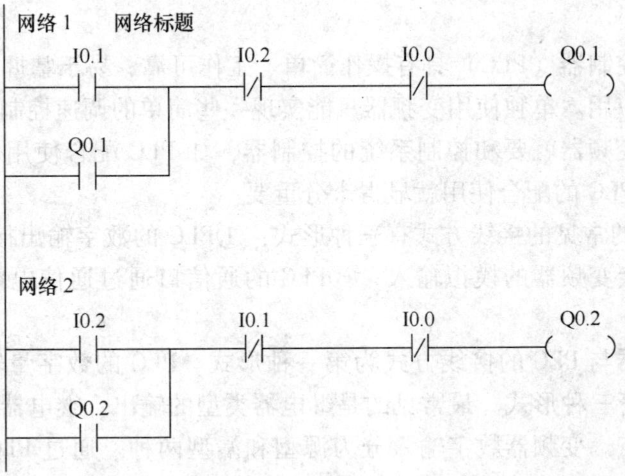

网络 1　网络标题
I0.1　I0.2　I0.0　Q0.1
Q0.1
网络 2
I0.2　I0.1　I0.0　Q0.2
Q0.2

图 4-10　参考梯形图程序

任务实施

一、工作前准备

（一）工具与仪表

电工通用工具1套，MF—47型万用表1块，绝缘电阻表1块，频率计1块，测速表1块。

（二）器材

MM440变频器1台；电动机1台；可编程序控制器1台；计算机1台；组合开关1个；编程电缆1根；电气控制板1块；导线（主电路BVR1.5mm²，控制电路BVR0.75mm²，接地线BVR1.5mm²）。

二、安装接线与训练

1）检查电器元件质量。

2）按安装接线图布线和接线。按布线安装工艺和步骤进行，参考图4-9。

3）由按钮SB_2和SB_3控制MM440变频器，实现电动机的正转和反转功能，由模拟输入端控制电动机转速的大小。DIN1端口（端子5）设为正转控制，DIN2端口（端子6）设为反转控制。MM440变频器的端子1、端子2输出端为用户的给定单元提供高精度的+10V直流稳压电源。转速调节电位器RP串接在电路中，调节RP时，输入端口AN1+（端子3）给定模拟输入电压随之改变，变频器的输出量紧紧跟踪给定量的变化，平滑无级地调节电动机转速。

4）参数设置。

①检查电路接线正确后，闭合电源开关QS。

②恢复变频器出厂默认值。

③对变频器进行快速调试（参见任务一）。

④设置模拟信号操作控制参数。模拟信号操作控制参数的设置方法见表4-15。

表4-15　模拟信号操作控制参数的设置

参数号	出厂值	设置值	功能说明
P0003	1	3	设置访问等级为专家级
P0004	0	0	参数过滤器：全部参数
P0700	2	2	选择命令源：由端子排输入
P0701	1	1	ON接通正转，OFF停止
P0702	1	2	ON接通反转，OFF停止
P1000	2	2	频率设定值选择为“模拟输入”
P1080	0	0	电动机运行的最低频率（Hz）
P1082	50Hz	50Hz	电动机运行的最高频率（Hz）

5）操作控制。

电动机正转：按下电动机正转按钮SB_2，数字输入端口DIN1（端子5）为ON，电动机正转运行，转速由外接电位器 RP 来控制，模拟电压信号从 0 ~ +10V 变化，对应变频器的频率从 0 ~ 50Hz 变化，对应电动机的转速从 0 ~ 1400r/min 变化。按下停止按钮 SB_1 时，电动机停止运行。

电动机反转：按下电动机反转按钮 SB_3，数字输入端口 DIN2 为 ON，电动机反转运行。与电动机正转相同，反转转速的大小仍由外接电位器 RP 来调节。按下停止按钮 SB_1，电动机停止运行。

评分标准

基于 PLC 的变频器控制电动机正、反转技能训练评分标准见表 4-16。

表 4-16　基于 PLC 的变频器控制电动机正、反转技能训练评分标准

考核内容	考核标准	配　分	扣　分	得　分
安装前检查	1）电动机质量检查，每漏 1 处扣 5 分 2）电器元件漏检或错检，每处扣 2 分	10		
安装元件	1）不按接线图安装，扣 10 分 2）元件安装不紧固，每只扣 4 分 3）元件布置不整齐、不匀称、不合理，每只扣 3 分 4）损坏元件，扣 10 分	10		
布线	1）不按电路图接线，扣 10 分 2）布线不符合要求，每根扣 4 分 3）接点不符合要求，每个接点扣 1 分 4）损伤导线绝缘或线芯，每根扣 5 分 5）漏套或错套编码管，每处扣 5 分 6）漏接地线，扣 10 分	10		
编程	1）编写程序简单正确，调试动作功能正常者，加 5 分 2）对编程错误、或者不会编程，抄袭他人程序，程序错误不能运行，影响调试者，扣 5 分	15		
参数设定	1）参数设定正确，调试动作和功能正常者，加 5 分 2）参数设定错误不能运行，影响调试者，1 个扣 5 分	15		
通电运行	调试运行 第一次调试运行不成功，扣 10 分 第二次调试运行不成功，扣 20 分 第三次调试运行不成功，扣 30 分	30		
安全文明生产	违反安全文明生产规程，扣 1 ~ 10 分	10		
定额时间	每超过 5min，扣 5 分			
	合计	100		
	考核员签字 年　月　日			

课后任务

1. 总结使用 PLC 控制变频器实现电动机正、反转运行的操作方法。
2. 总结变频器外部端子的不同功能及使用方法。

任务五　PLC 控制变频器多段速调速技能训练

任务描述

掌握 PLC 和变频器联机运行的多段速调速方法及电气控制板的制作与技能训练。

相关知识

一、PLC 控制变频器多段速调速电路

PLC 控制变频器多段速调速电气原理图如图 4-11 所示，带有 PLC 和变频器的控制柜如图 4-12 所示。在多频段控制中，电动机的运行方向由 P1001 ~ P1015 参数所设置频率的正、

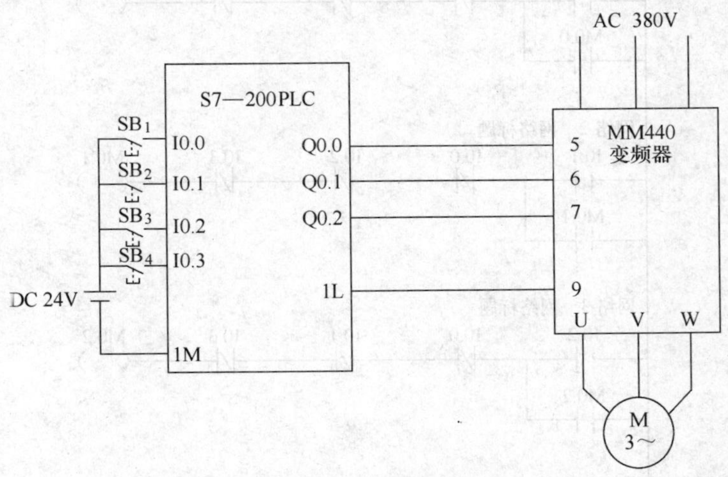

图 4-11　PLC 控制变频器多段速调速电气原理图

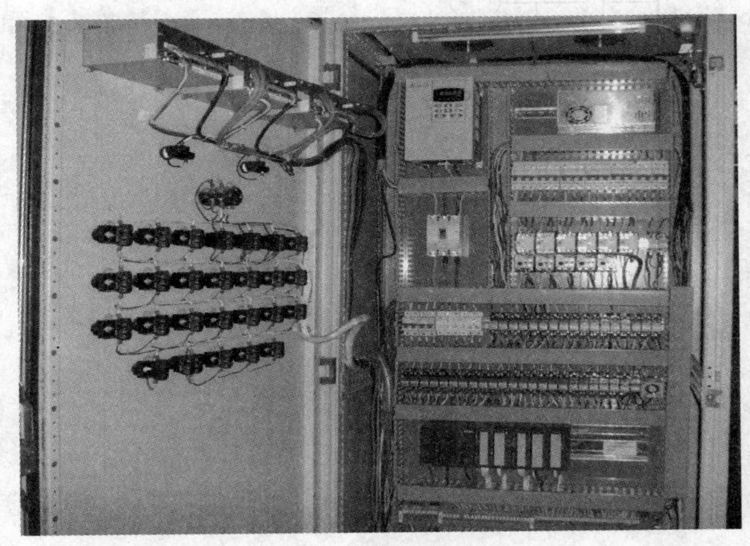

图 4-12　带有 PLC 和变频器的控制柜

负决定。变频器的 6 个数字输入端口，哪个作为电动机运行、停止控制，哪个作为多段速的频率控制，则可以由用户任意确定。一旦确定数字输入端口的控制功能，其内部参数的设置值必须与端口的控制功能相对应。MM440 变频器控制电动机三段速调速运行时，将 DIN3 端口设为电动机运行、停止控制；将 DIN1 和 DIN2 端口设为三段速的频率输入选择。三段速设置为：第一段，输出频率为 15Hz，电动机转速为 500r/min；第二段，输出频率为 25Hz，电动机转速为 700r/min；第三段，输出频率为 35Hz，电动机转速为 900r/min。本任务要求通过外部端子输入控制命令，使变频器在三种不同的频率上运行。

二、梯形图

参考梯形图程序如图 4-13 所示。

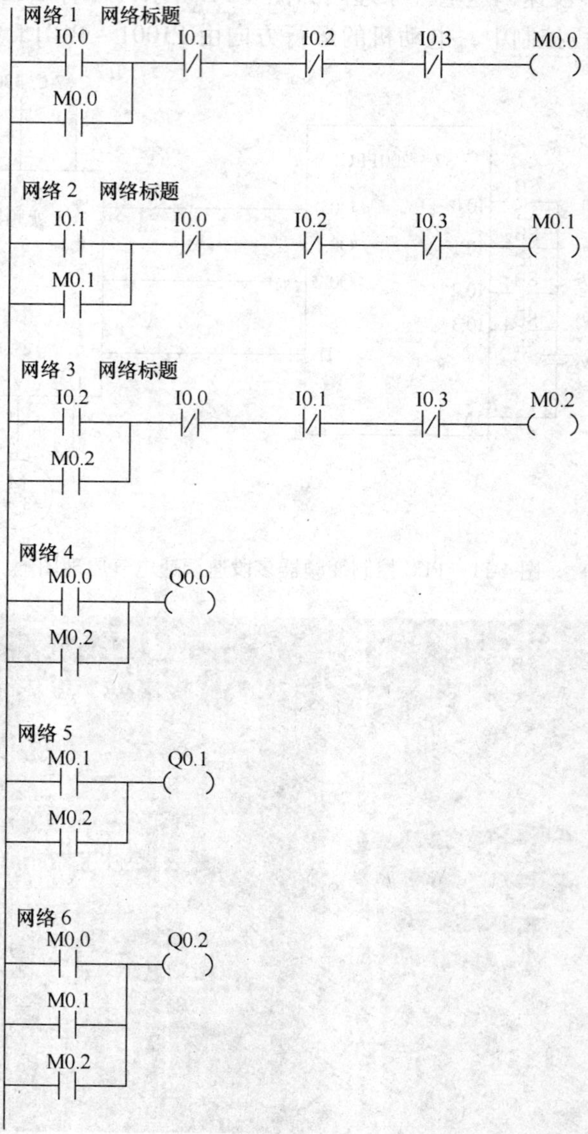

网络 1　网络标题
I0.0　I0.1　I0.2　I0.3　M0.0
M0.0

网络 2　网络标题
I0.1　I0.0　I0.2　I0.3　M0.1
M0.1

网络 3　网络标题
I0.2　I0.0　I0.1　I0.3　M0.2
M0.2

网络 4
M0.0　Q0.0
M0.2

网络 5
M0.1　Q0.1
M0.2

网络 6
M0.0　Q0.2
M0.1
M0.2

图 4-13　参考梯形图程序

三、PLC 的输入/输出分配

PLC 的输入/输出分配见表 4-17。

表 4-17　PLC 的输入/输出分配

输入端子名称	输入端外接器件	作　用	输出端子名称	输出端外接器件
I0.0	按钮 SB_1	15Hz 运行	Q0.0	变频器的 5 号端子
I0.1	按钮 SB_2	25Hz 运行	Q0.1	变频器的 6 号端子
I0.2	按钮 SB_3	35Hz 运行	Q0.2	变频器的 7 号端子
I0.3	按钮 SB_4	ON：接通正转，OFF：停止		

任务实施

一、工作前准备

（一）工具与仪表

电工通用工具 1 套，MF—47 型万用表 1 块，绝缘电阻表 1 块，频率计 1 块，测速表 1 块。

（二）器材

变频器 1 台；电动机 1 台；可编程序控制器 1 台；计算机 1 台；组合开关 1 个；编程电缆 1 根；电气控制板 1 块；导线若干（主电路 BVR1.5mm^2，控制电路 BVR0.75mm^2，接地线 BVR1.5mm^2）。

二、安装接线与训练

1）检查电器元件质量。

2）按接线图布线和接线，注意要按照布线安装工艺和步骤进行，参考图 4-11。

3）变频器参数的设置。

变频器参数的设置见表 4-18。

表 4-18　变频器参数的设置

参 数 号	出 厂 值	设 置 值	说　明
P0003	1	3	设用户访问级为专家级
P0004	0	0	参数过滤器：全部参数
P0700	2	2	选择命令源：由端子排输入
P0701	1	17	选择固定频率
P0702	1	17	选择固定频率
P0703	1	1	ON 接通正转，OFF 停止
P1000	2	3	选择固定频率设定值
P1001	0	15	设置固定频率 1（Hz）
P1002	0	25	设置固定频率 2（Hz）
P1003	0	35	设置固定频率 3（Hz）

4）操作控制。

按下按钮 SB_1、SB_2 和 SB_3，变频器输出的频率分别为 15Hz、25Hz 和 35Hz。按下按钮 SB_4，变频器停止运行，电动机停转。

评分标准

PLC 控制变频器多段速调速技能训练评分标准见表 4-19。

表 4-19　PLC 控制变频器多段速调速技能训练评分标准

考核内容	考核标准	配分	扣分	得分
安装前检查	1）电动机质量检查，每漏 1 处扣 5 分 2）电器元件漏检或错检，每处扣 2 分	10		
安装元件	1）不按接线图安装，扣 10 分 2）元件安装不紧固，每只扣 4 分 3）元件布置不整齐、不匀称、不合理，每只扣 3 分 4）损坏元件，扣 10 分	10		
布线	1）不按电路图接线，扣 10 分 2）布线不符合要求，每根扣 4 分 3）接点不符合要求，每个接点扣 1 分 4）损伤导线绝缘或线芯，每根扣 5 分 5）漏套或错套编码管，每处扣 5 分 6）漏接地线，扣 10 分	10		
编程	1）编写程序简单正确，调试动作功能正常者，加 5 分 2）对编程错误、或者不会编程，抄袭他人程序，程序错误不能运行，影响调试者，扣 5 分	15		
参数设定	1）参数设定正确，调试动作功能正常者，加 5 分 2）参数设定错误，不能运行和影响调试者，1 个扣 5 分	15		
通电运行	调试运行 第一次调试运行不成功，扣 10 分 第二次调试运行不成功，扣 20 分 第三次调试运行不成功，扣 30 分	30		
安全文明生产	违反安全文明生产规程，扣 1～10 分	10		
定额时间	每超过 5min，扣 5 分			
	合计	100		
	考核员签字　　　年　月　日			

课后任务

1. 改变变频器参数 P1001、P1002 和 P1003 的预设值，观察变频器多段速调速运行。
2. 查阅手册，能否实现更多的分段调速。

*任务六　基于 PLC 通信的变频器开环调速技能训练

任务描述

掌握 PLC 通信程序的编程、变频器的通信设置方法及电气控制板的制作与技能训练。

相关知识

USS 协议（Universal Serial Interface Protocol 通用串行接口协议）是 SIEMENS 公司所有传动产品的通用通信协议，它是一种基于串行总线进行数据通信的协议。USS 协议是主-从结构的协议，规定了在 USS 总线上可以有一个主站和最多 30 个从站；总线上的每个从站都有一个站地址（在从站参数中设定），主站依靠它识别每个从站；每个从站也只对主站发来的报文做出响应并回送报文，从站之间不能直接进行数据通信。

S7—200PLC 通过 USS 协议与变频器通信，使用 USS 指令库中已有的子程序和中断程序使变频器的控制更加简便；可以用 USS 指令控制变频器和读/写变频器的参数。用于变频器控制的编程软件需要安装 STEP 7-Micro/WIN 指令库（Libraries），库中的 USS Protocol 提供变频器控制指令。

1）USS_INIT 变频器初始化指令用于启用和初始化与变频器的通信。在使用任何其他 USS 指令之前，必须执行 USS_INIT 指令，且无错。该指令完成才能继续执行下一条指令。指令格式如图 4-14 所示。

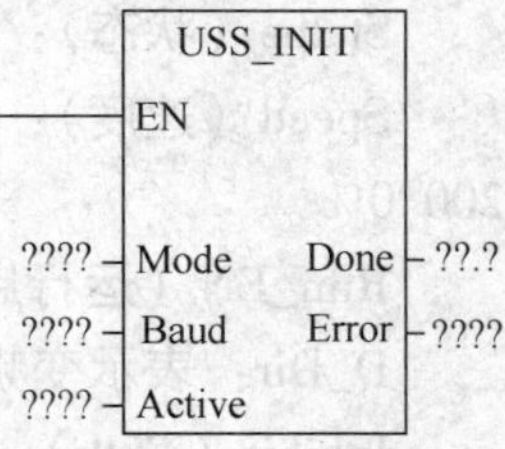

图 4-14　USS_INIT 变频器初始化指令

EN：使能输入端，应使用边沿脉冲信号调用指令。输入数据类型为 BOOL 型数据。

Mode：输入值为 1 时，端口 0 启用 USS 协议；输入值为 0 时，端口 0 用作 PPI 通信，并禁用 USS 协议。数据类型为字节型数据。

Baud（波特率）：PLC 与变频器通信波特率的设定。将波特率设为 1200bit/s、2400bit/s、4800bit/s、9600bit/s、19200bit/s、38400bit/s、57600bit/s 或 115200bit/s。数据类型为双字型数据。

Active：现用变频器的地址（站点号）。双字型的数据，双字的每一位控制一台变频器，当某位为 1 时，则该位对应的变频器为现用。bit0 为第 1 台，bit31 为第 32 台。如输入 0008H，则 bit3 位的对应的变频器 D3 为现用。

Done：当 USS_INIT 指令完成时，Done 输出为 1。BOOL 型数据。

Error：指令执行错误代码输出，字节型数据。

2）USS_CTRL 指令用于控制现用的变频器。已在 USS_INIT 指令的 Active（现用）参数中选择的变频器可以使用 USS_CTRL 指令。每台变频器只能用一条 USS_CTRL 指令。指令格式如图 4-15 所示。

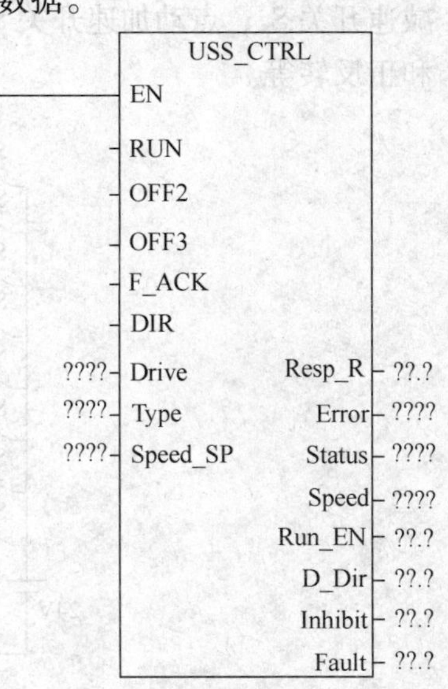

图 4-15　USS_CTRL 指令格式

EN：使能输入端，EN = 1 时，启用 USS_CTRL 指令。USS_CTRL 指令应当一直启用，所以 EN 端应一直为 1。

RUN（运行）：变频器运行/停止控制端。

当 RUN（运行）位为 1 时，变频器按指定的速度和方向开始运行。为了使变频器运行，该变频器在 USS_INIT 中必须被选为 Active（现用）。OFF2 和 OFF3 必须被设为 0。Fault（故障）和 Inhibit（禁止）必须为 0。当 RUN（运行）为 0 时，变频器减速直至停止。

OFF2：用于变频器自由停车。

OFF3：用于变频器迅速（带电气制动）停车。

F_ACK（故障确认）：用于确认变频器中的故障。当变频器已经清除故障，F_ACK 从 0 转为 1 时，通过该信号解除变频器报警。

DIR（方向）：电动机转向控制信号，通过控制该信号为 1 或 0 来改变电动机的转向。

Drive：输入变频器的地址。向该地址发送 USS_CTRL 命令。有效地址为 0 ~ 31。

Type：输入变频器的类型。将 MM 3（或更早版本）变频器的类型设为 0。将 MM 4 变频器类型设为 1。

Speed_SP（速度定点）：以百分比形式给出速度（频率）的给定输入。Speed_SP 的负值会使变频器逆向旋转。范围为 -200.0% ~200.0%。

Resp_R（收到应答）：确认从变频器收到应答。每次 S7—200 PLC 从变频器收到应答时，Resp_R 位接通后，进行一次扫描，USS_CTRL 的输出状态被更新。

Error（错误）：指令执行错误代码输出。

Status（状态）：变频器工作状态输出。

Speed（速度）：以百分比形式给出变频器的实际输出速度（频率）。范围为 -200.0% ~ 200.0%。

Run_EN（运行启用）：变频器运行/停止指示。1 表示运行，0 表示停止。

D_Dir：表示变频器的实际转向输出。

Inhibit（禁止）：变频器禁止状态输出（0 为不禁止，1 为禁止）。欲清除禁止位，故障位必须为 0，RUN（运行）、OFF2 和 OFF3 输入也必须为 0。

Fault（故障）：变频器故障输出，0 为变频器无故障，1 为变频器故障。

一、基于 PLC 通信的变频器开环调速电路

基于 PLC 通信的变频器开环调速电气原理图如图 4-16 所示。在 PLC 的输入侧设有起动开关 S_0、快速停车开关 S_1、自由停车开关 S_2、故障复位开关 S_3、正反转调换开关 S_4、点动减速开关 S_5、点动加速开关 S_6、全速开关 S_7 等分别控制电动机的起动、停止、加速、减速和正反转等。

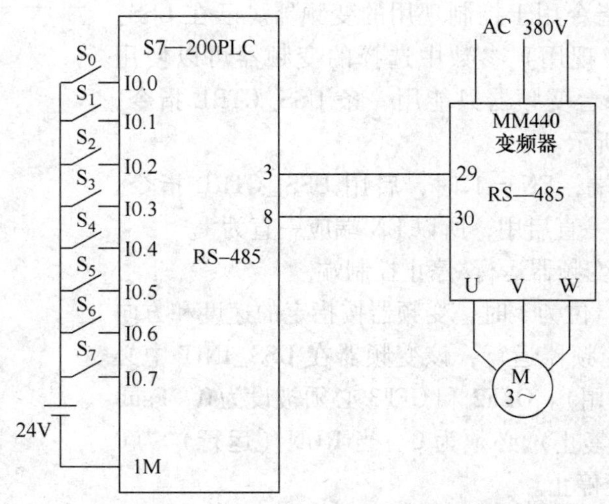

图 4-16　基于 PLC 通信的变频器开环调速电气原理图

二、梯形图

参考梯形图程序如图 4-17 所示。

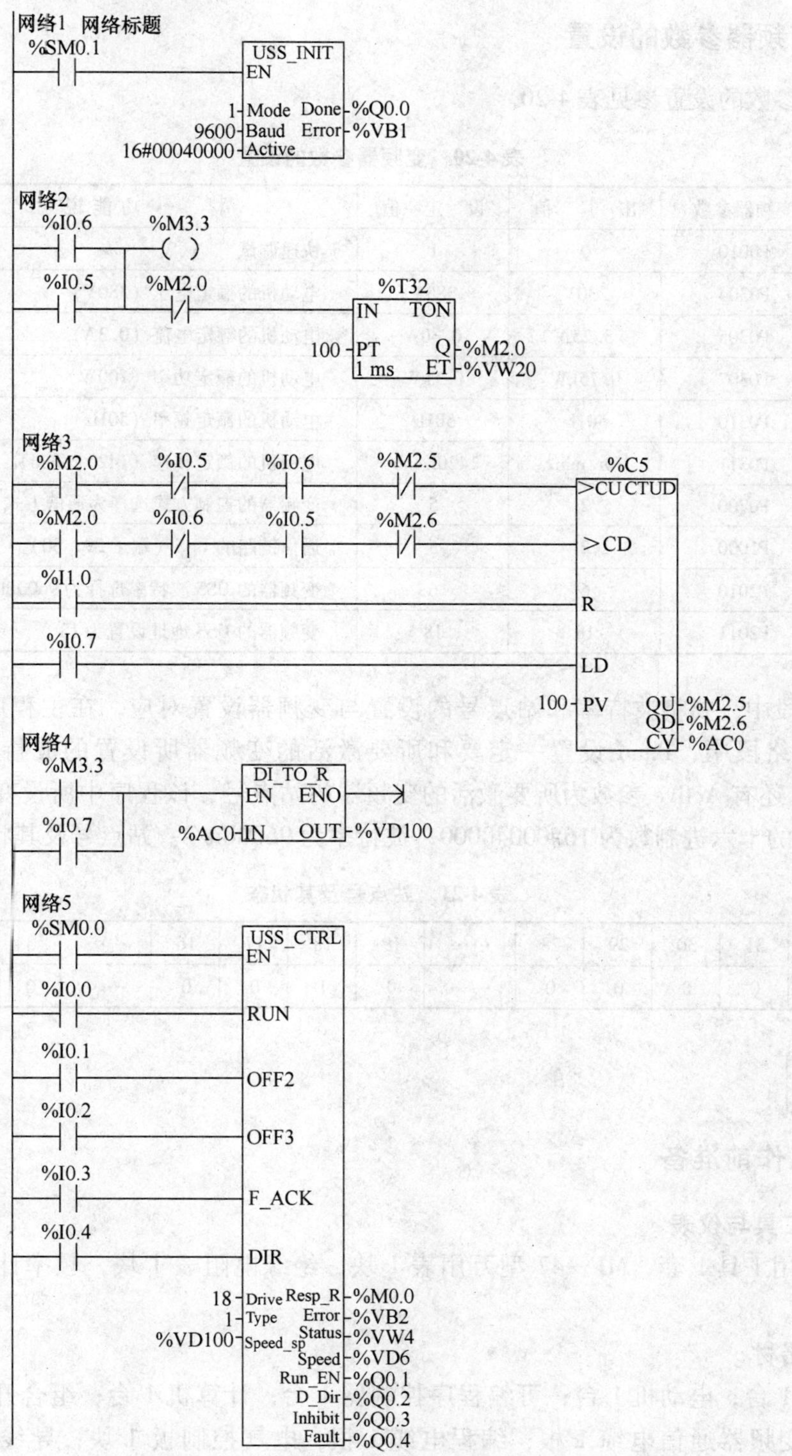

图 4-17　参考梯形图程序

此程序为 IEC 1131—3 模式，打开时应先新建一个程序文档，在“工具”菜单下单击“选项”，选择“常规”，在编程模式中选中 IEC 1131—3，然后退出，重新打开即可编辑。

注意：编辑完梯形图后，在“文件”菜单下，设置“库存储区”。

三、变频器参数的设置

变频器参数的设置参见表 4-20。

表 4-20　变频器参数的设置

序　号	变频器参数	出 厂 值	设 定 值	功 能 说 明
1	P0010	0	1	快速调试
2	P0304	230V	380V	电动机的额定电压（380V）
3	P0305	3. 25A	0. 30A	电动机的额定电流（0. 3A）
4	P0307	0. 75kW	0. 1kW	电动机的额定功率（100W）
5	P0310	50Hz	50Hz	电动机的额定频率（50Hz）
6	P0311	0r/min	1420r/min	电动机的额定转速（1420 r/min）
7	P0700	2	5	变频器的控制方式选择为通信方式
8	P1000	2	5	通信链路的 USS（端子 29、30）
9	P2010	6	6	变频器的 USS 波特率选择为 9600bit/s
10	P2011	18	18	变频器的 USS 地址设置为 18

在程序段中，要将波特率和站点号的设置与变频器设置对应，在主程序（MAIN）的 USS_INIT 网络段中，Baud 设置一定要和所要激活的变频器所设置的波特率一致（都为 9600bit/s），还有 Active 参数为所要激活的变频器的站点号，该程序中所设变频器站点号为 18 号，对应的十六进制数为 16#00040000，波特率为 9600bit/s。站点号及其状态见表 4-21。

表 4-21　站点号及其状态

变频器站号	31	30	29	28	……	19	18	17	16	……	3	2	1	0
站点状态	0	0	0	0	……	0	1	0	0	……	0	0	0	0

任务实施

一、工作前准备

（一）工具与仪表

电工通用工具 1 套，MF—47 型万用表 1 块，绝缘电阻表 1 块，频率计 1 块，测速表 1 块。

（二）器材

变频器 1 台；电动机 1 台；可编程序控制器 1 台；计算机 1 台；组合开关 4 个；S7—200 PLC 与变频器通信电缆 1 根；编程电缆 1 根；电气控制板 1 块；导线若干（主电路 BVR1. 5mm^2，控制电路 BVR0. 75mm^2，接地线 BVR1. 5mm^2）。

二、安装接线与训练

1）检查电器元件质量。

2）按接线图布线和接线，参考图4-16。

3）连接PLC和变频器。利用配套的通信电缆连接PLC和变频器的RS—485通信口。

4）将程序下载到PLC中，下载时将MAIN和PLC参数选上，程序下载完后，关闭PLC电源，待PLC所有指示灯灭5s后再重新打开PLC电源。

5）运行PLC。

6）按下开关S_0，起动变频器。

7）接通S_6时，变频器输出频率升高，当S_6断开时，频率停止升高。

8）接通S_5时，变频器输出频率降低，当S_5断开时，频率停止降低。

9）接通S_4时，变频器反转。

10）接通S_7后，变频器输出频率升高到上限频率。

11）接通S_1时，变频器停止运行。

S7—200 PLC输入端点的功能如下：I0.0为起动，I0.1为快速停车，I0.2为自由停车，I0.3为故障复位，I0.4为正、反转调换，I0.5为点动减速，I0.6为点动加速，I0.7为全速。

评分标准

基于PLC通信的变频器开环调速技能训练评分标准见表4-22。

表4-22 基于PLC通信的变频器开环调速技能训练评分标准

考核内容	考核标准	配分	扣分	得分
安装前检查	1）电动机质量检查，每漏1处扣5分 2）电器元件漏检或错检，每处扣2分	10		
安装元件	1）不按接线图安装，扣10分 2）元件安装不紧固，每只扣4分 3）元件布置不整齐、不匀称、不合理，每只扣3分 4）损坏元件，扣10分	10		
布线	1）不按电路图接线，扣10分 2）布线不符合要求，每根扣4分 3）接点不符合要求，每个接点扣1分 4）损伤导线绝缘或线芯，每根扣5分 5）漏套或错套编码管，每处扣5分 6）漏接地线，扣10分	10		
编程	1）编写程序简单正确，调试动作功能正常者，加5分 2）对编程错误、或者不会编程，抄袭他人程序，程序错误，不能运行，影响调试者，扣5分	15		
参数设定	1）参数设定正确，调试动作功能正常者，加5分 2）参数设定错误，不能运行和影响调试者，1个扣5分	15		

（续）

考核内容	考核标准	配　分	扣　分	得　分
通电运行	调试运行 第一次调试运行不成功，扣10分 第二次调试运行不成功，扣20分 第三次调试运行不成功，扣30分	30		
安全文明生产	违反安全文明生产规程，扣1～10分	10		
定额时间	每超过5min，扣5分			
	合计	100		
	考核员签字 年　月　日			

课后任务

1. 总结USS通信指令的使用方法。
2. 总结并记录PLC与外部设备连接的接线过程及注意事项。

项目五　触摸屏组态控制电动机电路调试技能训练

触摸屏作为一种新型的人机界面，是在操作人员和机器设备之间做双向沟通的桥梁，从一开始就受到关注，简单易用，强大的功能及优异的稳定性使它非常适用于工业环境，也可以用于日常生活之中，应用非常广泛。使用人机界面还可以使机器的配线标准化、简单化，同时也减少 PLC 控制所需的 I/O 点数，降低生产的成本。如自动停车设备、自动洗车机、生产线监控等，甚至可以用于智能大厦管理、会议室声光控制及温度调整等。

随着科技的飞速发展，越来越多的机器与现场操作都趋向于使用人机界面，PLC 控制器强大的功能及复杂的数据处理也呼唤一种功能与之匹配而操作又简单的人机界面的出现，触摸屏的应运而生无疑是自动化领域里的一个巨大革新。

本项目包括五个任务，具体进度、教学实施步骤及学时安排见表 5-1。

表 5-1　触摸屏组态控制电动机电路调试技能训练作业流程

实训任务	实训内容	教学实施步骤	学时
任务一　触摸屏组态控制三相异步电动机起、停电路调试技能训练	1. 分小组讨论，布置任务	1）触摸屏组态控制三相异步电动机起、停电路调试技能训练介绍，分组，布置任务，发放材料及元器件 2）熟悉原理图，设计接线图，编写程序 3）各小组收集有关资料，讨论及确定安装调试方案，并整理好记录 4）预习任务一内容	
	2. 教师点评与学生互动	1）各小组提交安装图和调试工艺方案（草稿），教师答疑 2）教师点评各小组讨论记录，分析存在的问题与处理方法	
	3. 完成工艺安装方案及调试	完成任务一内容	
	4. 答辩与评定成绩	1）学生答辩 2）教师点评 3）参照任务一评分标准	
任务二　触摸屏组态控制三相异步电动机正、反转电路调试技能训练	1. 分小组讨论，布置任务	1）触摸屏组态控制三相异步电动机正、反转电路调试技能训练介绍，分组，布置任务，发放材料及元器件 2）熟悉原理图，设计接线图，编写程序 3）各小组收集有关资料，讨论及确定安装方案，并整理好记录 4）预习任务二内容	
	2. 教师点评与学生互动	1）各小组提交安装图和调试工艺方案（草稿），教师答疑 2）教师点评各小组讨论记录，分析存在的问题与处理方法	

（续）

<table>
<tr><th>实训任务</th><th>实训内容</th><th>教学实施步骤</th><th>学时</th></tr>
<tr><td rowspan="2">任务二　触摸屏组态控制三相异步电动机正、反转电路调试技能训练</td><td>3. 完成工艺安装方案及调试</td><td>完成任务二内容</td><td rowspan="2"></td></tr>
<tr><td>4. 答辩与评定成绩</td><td>1）学生答辩
2）教师点评
3）参照任务二评分标准</td></tr>
<tr><td rowspan="4">任务三　触摸屏组态控制三相异步电动机运行时间电路调试技能训练</td><td>1. 分小组讨论，布置任务</td><td>1）触摸屏组态控制三相异步电动机运行时间电路调试技能训练介绍，分组，布置任务，发放材料及元器件
2）熟悉原理图，设计接线图，编写程序
3）各小组收集有关资料，讨论及确定安装调试方案，并整理好记录
4）预习任务三内容</td><td rowspan="4"></td></tr>
<tr><td>2. 教师点评与学生互动</td><td>1）各小组提交安装图和调试工艺方案（草稿），教师答疑
2）教师点评各小组讨论记录，分析存在的问题与处理方法</td></tr>
<tr><td>3. 完成工艺安装方案及调试</td><td>完成任务三内容</td></tr>
<tr><td>4. 答辩与评定成绩</td><td>1）学生答辩
2）教师点评
3）参照任务三评分标准</td></tr>
<tr><td rowspan="4">任务四　触摸屏组态控制直流电动机调速电路调试技能训练</td><td>1. 分小组讨论，布置任务</td><td>1）触摸屏组态控制直流电动机调速电路调试技能训练介绍，分组，布置任务，发放材料及元器件
2）熟悉原理图，设计接线图，编写程序
3）各小组收集有关资料，讨论及确定安装调试方案，并整理好记录
4）预习任务四内容</td><td rowspan="4"></td></tr>
<tr><td>2. 教师点评与学生互动</td><td>1）各小组提交安装图和调试工艺方案（草稿），教师答疑
2）教师点评各小组讨论记录，分析存在的问题与处理方法</td></tr>
<tr><td>3. 完成工艺安装方案及调试</td><td>完成任务四内容</td></tr>
<tr><td>4. 答辩与评定成绩</td><td>1）学生答辩
2）教师点评
3）参照任务四评分标准</td></tr>
<tr><td>任务五　触摸屏、PLC和变频器组态控制电动机调速电路调试技能训练</td><td>1. 分小组讨论，布置任务</td><td>1）触摸屏、PLC和变频器组态控制电动机调速电路调试技能训练介绍，分组，布置任务，发放材料及元器件
2）熟悉原理图，设计接线图，编写程序
3）各小组收集有关资料，讨论及确定安装调试方案，并整理好记录
4）预习任务五内容</td><td></td></tr>
</table>

（续）

实训任务	实训内容	教学实施步骤	学时
任务五　触摸屏、PLC和变频器组态控制电动机调速电路调试技能训练	2. 教师点评与学生互动	1）各小组提交安装图和调试工艺方案（草稿），教师答疑 2）教师点评各小组讨论记录，分析存在的问题与处理方法	
	3. 完成工艺安装方案及调试	完成任务五内容	
	4. 答辩与评定成绩	1）学生答辩 2）教师点评 3）参照任务五评分标准	

任务一　触摸屏组态控制三相异步电动机起、停电路调试技能训练

任务描述

1）了解触摸屏组态代替传统控制方式实现三相异步电动机起、停控制的方法。

2）通过触摸屏实现对电动机的起、停状态进行跟踪控制。

任务实施

一、工作前准备

（一）工具与仪表

电工通用工具1套，MF—47型万用表1块，绝缘电阻表1块，频率计1块，测速表1块。

（二）器材

变频器1台；电动机1台；可编程序控制器1台；计算机1台；触摸屏1台；组合开关1个；编程电缆1根；电气控制板1块；导线若干（主电路BVR1.5mm²，控制电路BVR0.75mm²，接地线BVR1.5mm²）。

二、安装接线与训练

1）检查电器元件质量。

2）按安装接线图布线和接线，参考图5-1。

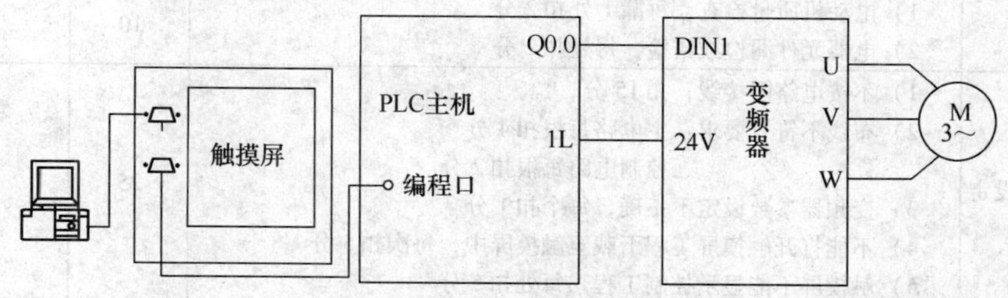

图5-1　电动机起、停控制电路接线图

3）设定变频器参数，当参数无法设置时，应先将各参数清零，具体设置方法可参考变

频器实训部分。参数设置完毕后，应断电保存参数。

4）打开“触摸屏组态控制三相异步电动机起停”工程，下载至触摸屏中，单击“触摸屏实训”选择界面中的“三相异步电动机起停运行”按钮，进入本实训界面，如图 5-2 所示。

5）触碰触摸屏界面中的“起动”按钮，控制电动机起动，触碰“停止”按钮，电动机停止运行；在电动机运行的同时，观察“电动机运行频率监视”栏中的检测频率是否与变频器实际频率一致。

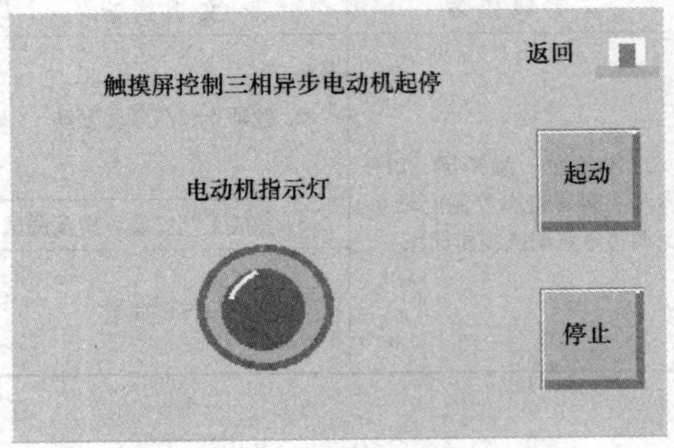

图 5-2 触摸屏界面

三、参数设置

P1000→1 P1082→50 P1120→5 P0700→2 P0701→10 P1058→30

四、梯形图

参考梯形图程序如图 5-3 所示。

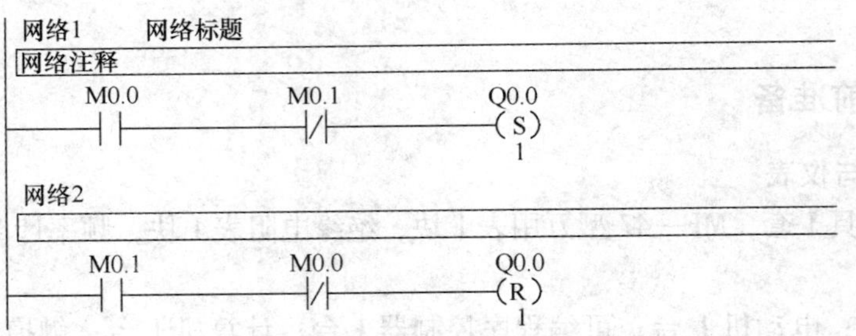

图 5-3 参考梯形图程序

评分标准

触摸屏组态控制三相异步电动机起、停电路调试技能训练评分标准见表 5-2。

表 5-2 触摸屏组态控制三相异步电动机起、停电路调试技能训练评分标准

考核内容	考核标准	配 分	扣 分	得 分
安装前检查	1）电动机质量检查，每漏 1 处扣 2 分 2）电器元件漏检或错检，每处扣 2 分	10		
接线与参数设定	1）不按电路图接线，扣 15 分 2）布线不符合要求：主电路每根扣 4 分 控制电路每根扣 2 分 3）变频器参数设定不正确，每个扣 1 分 4）不能打开触摸屏工程下载至触摸屏中，每次扣 5 分 5）触摸屏不能显示控制工程，每处扣 5 分	25		
编程	1）编写程序简单正确，调试动作功能正常者，加 5 分 2）对编程错误或者不会编程，抄袭他人程序，程序错误不能运行，影响调试者，扣 5 分	25		

（续）

考核内容	考核标准	配分	扣分	得分
通电调试	编写程序输入机内调试运行 第一次试车不成功，扣10分 第二次试车不成功，扣20分 第三次试车不成功，扣30分	30		
安全文明生产	违反安全文明生产规程，扣1~10分	10		
定额时间	每超过5min，扣5分			
	合计	100		
	考核员签字 年　月　日			

任务二　触摸屏组态控制三相异步电动机正、反转电路调试技能训练

任务描述

1）了解触摸屏组态代替传统控制方式实现三相异步电动机正、反转控制的方法。

2）通过触摸屏实现对电动机的正、反转状态进行跟踪控制。

任务实施

一、工作前准备

（一）工具与仪表

电工通用工具1套，MF—47型万用表1块，绝缘电阻表1块，频率计1块，测速表1块。

（二）器材

变频器1台；电动机1台；可编程序控制器1台；计算机1台；触摸屏1台；组合开关1个；编程电缆1根；电气控制板1块；导线若干（主电路BVR1.5mm²，控制电路BVR0.75mm²，接地线BVR1.5mm²）。

二、安装接线与训练

1）检查电器元件质量。

2）按安装接线图布线和接线，参考图5-4。

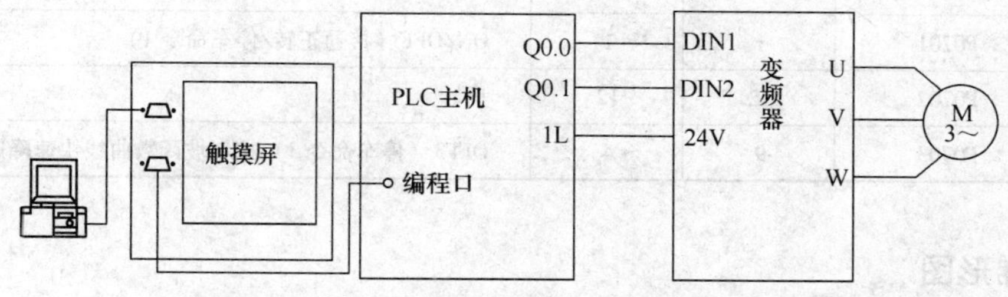

图5-4　电动机正、反转控制电路接线图

3）设定变频器参数。当参数无法设置时，应先将各参数清零，具体设置方法可参考变频器实训部分。参数设置完毕后，应断电保存参数。

4）打开“触摸屏组态控制三相异步电动机正反转电路”工程，下载至触摸屏中，单击“触摸屏实训”选择界面中的“三相异步电动机正、反转运行”按钮，进入本实训界面，如图5-5所示。

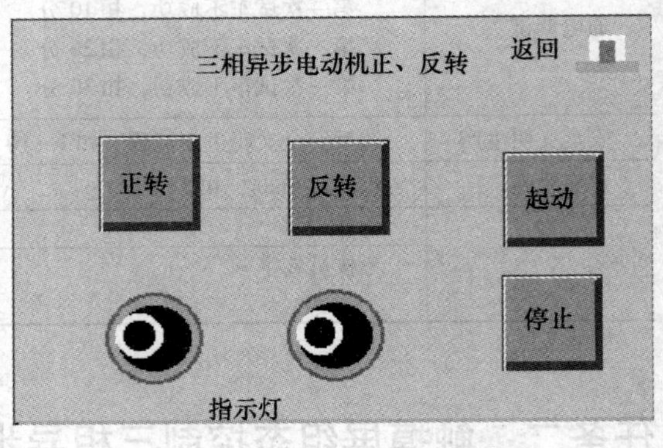

图5-5 触摸屏界面

5）触碰触摸屏界面中的“起动”按钮，控制电动机起动；触碰“正转”按钮，电动机正转运行；触碰“反转”按钮，电动机反转运行；触碰“停止”按钮，电动机停止运行。在电动机运行的同时，观察电动机运行状态指示灯，电动机正转时，正传指示灯（红灯）亮；电动机反转时，反转指示灯（绿灯）亮。

三、参数设置

参数设置见表5-3。

表5-3 参数设置

序　号	变频器参数	出厂值	设定值	功能说明
1	P0304	230V	380V	电动机的额定电压（380V）
2	P0305	3.25A	0.35A	电动机的额定电流（0.35A）
3	P0307	0.75kW	0.06kW	电动机的额定功率（60W）
4	P0310	50Hz	50Hz	电动机的额定频率（50Hz）
5	P0311	0r/min	1430r/min	电动机的额定转速（1430r/min）
6	P0700	2	2	选择命令源（由端子排输入）
7	P1000	2	1	用操作面板（BOP）控制频率的升降
8	P1080	0Hz	0Hz	电动机的最小频率（0Hz）
9	P1082	50Hz	50Hz	电动机的最大频率（50Hz）
10	P1120	10s	10s	斜坡上升时间（10s）
11	P1121	10s	10s	斜坡下降时间（10s）
12	P0701	1	1	ON/OFF（接通正转/停车命令1）
13	P0702	12	12	反转
14	P0703	9	4	OFF3（停车命令3）按斜坡函数曲线快速降速停车

四、梯形图

参考梯形图程序如图5-6。

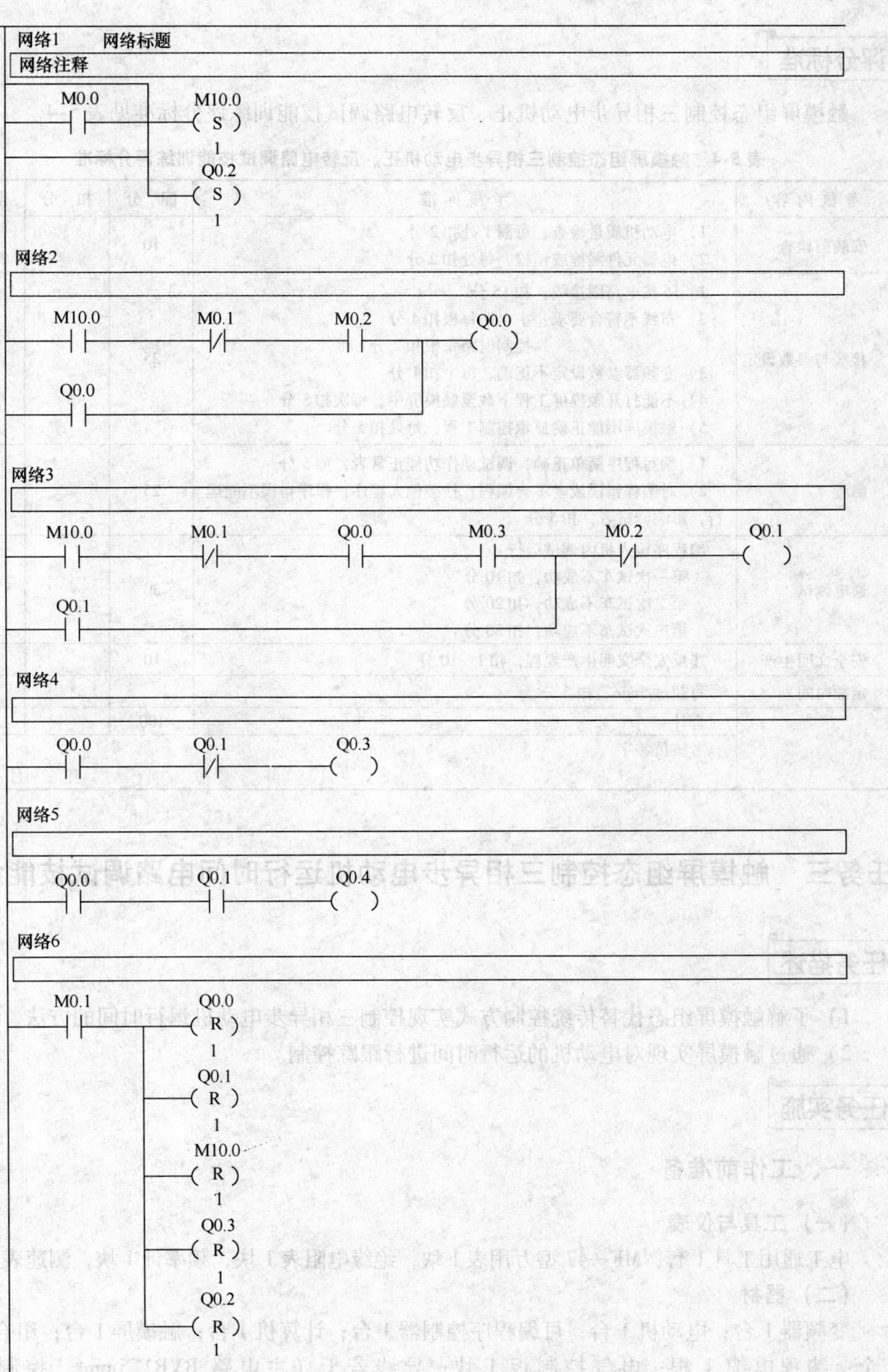

网络1　网络标题
网络注释
M0.0
M10.0
S
1
Q0.2
S
1
网络2
M10.0
M0.1
M0.2
Q0.0
Q0.0
网络3
M10.0
M0.1
Q0.0
M0.3
M0.2
Q0.1
Q0.1
网络4
Q0.0
Q0.1
Q0.3
网络5
Q0.0
Q0.1
Q0.4
网络6
M0.1
Q0.0
R
1
Q0.1
R
1
M10.0
R
1
Q0.3
R
1
Q0.2
R
1

图 5-6　参考梯形图程序

评分标准

触摸屏组态控制三相异步电动机正、反转电路调试技能训练评分标准见表5-4。

表5-4 触摸屏组态控制三相异步电动机正、反转电路调试技能训练评分标准

考核内容	考核标准	配分	扣分	得分
安装前检查	1）电动机质量检查，每漏1处扣2分 2）电器元件漏检或错检，每处扣2分	10		
接线与参数设定	1）不按电路图接线，扣15分 2）布线不符合要求：主电路每根扣4分 控制电路每根扣2分 3）变频器参数设定不正确，每个扣1分 4）不能打开触摸屏工程下载至触摸屏中，每次扣5分 5）触摸屏不能正确显示控制工程，每处扣5分	25		
编程	1）编写程序简单正确，调试动作功能正常者，加5分 2）对编程错误或者不会编程，抄袭他人程序，程序错误不能运行，影响调试者，扣5分	25		
通电调试	编程序输入机内调试运行 第一次试车不成功，扣10分 第二次试车不成功，扣20分 第三次试车不成功，扣30分	30		
安全文明生产	违反安全文明生产规程，扣1~10分	10		
定额时间	每超过5min，扣5分			
	合计	100		
	考核员签字 年 月 日			

任务三 触摸屏组态控制三相异步电动机运行时间电路调试技能训练

任务描述

1）了解触摸屏组态代替传统控制方式实现控制三相异步电动机运行时间的方法。

2）通过触摸屏实现对电动机的运行时间进行跟踪控制。

任务实施

一、工作前准备

（一）工具与仪表

电工通用工具1套，MF—47型万用表1块，绝缘电阻表1块，频率计1块，测速表1块。

（二）器材

变频器1台；电动机1台；可编程序控制器1台；计算机1台；触摸屏1台；组合开关1个；编程电缆1根；电气控制板1块；导线若干（主电路BVR1.5mm^2，控制电路BVR0.75mm^2，接地线BVR1.5mm^2）。

二、安装接线与训练

1）检查电器元件质量。

2）按安装接线图布线和接线，参考图5-7。

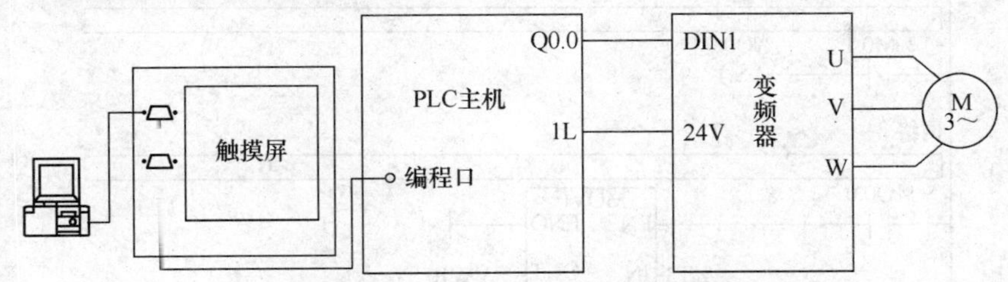

图5-7　电动机运行时间控制电路接线图

3）设定变频器参数，当参数无法设置时，应先将各参数清零，具体设置可参考变频器实训部分。参数设置完毕后，应断电保存参数。

4）打开“触摸屏组态控制三相异步电动机运行时间电路”工程，下载至触摸屏中，单击“触摸屏实训”选择界面中的“三相异步电动机运行时间”按钮，进入本实训界面，如图5-8所示。

5）触碰触摸屏界面中的“起动”按钮，控制电动机起动；触碰“电动机运行时间”框，设置电动机运行时间，当运行时间完成后，电动机停止运行；触碰“停止”按钮，电动机也停止运行。

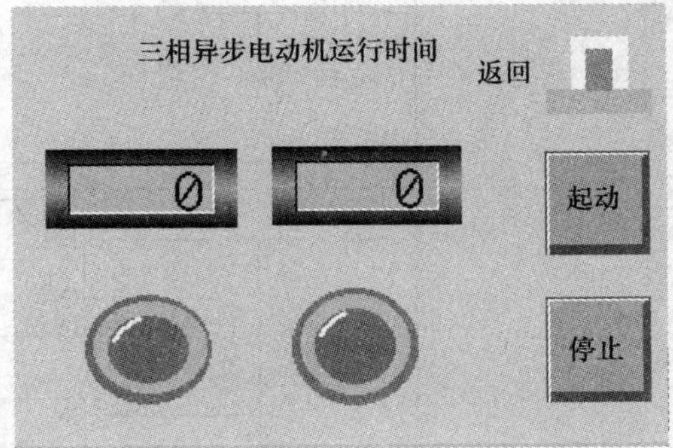

图5-8　触摸屏界面

三、参数设置

参数设置见表5-5。

表5-5　参数设置

序　号	变频器参数	出　厂　值	设　定　值	功能说明
1	P0304	230V	380V	电动机的额定电压（380V）
2	P0305	3.25A	0.35A	电动机的额定电流（0.35A）
3	P0307	0.75kW	0.06kW	电动机的额定功率（60W）
4	P0310	50Hz	50Hz	电动机的额定频率（50Hz）
5	P0311	0	1430r/min	电动机的额定转速（1430r/min）
6	P0700	2	2	选择命令源（由端子排输入）
7	P1000	2	1	用操作面板（BOP）控制频率的升降
8	P1080	0	0	电动机的最小频率（0Hz）
9	P1082	50Hz	50Hz	电动机的最大频率（50Hz）
10	P1120	10s	10s	斜坡上升时间（10s）
11	P1121	10s	10s	斜坡下降时间（10s）
12	P0701	1	1	ON/OFF（接通正转/停车命令1）
13	P0702	12	12	反转
14	P0703	9	4	OFF3（停车命令3）按斜坡函数曲线快速降速停车

四、梯形图

参考梯形图程序如图 5-9 所示。

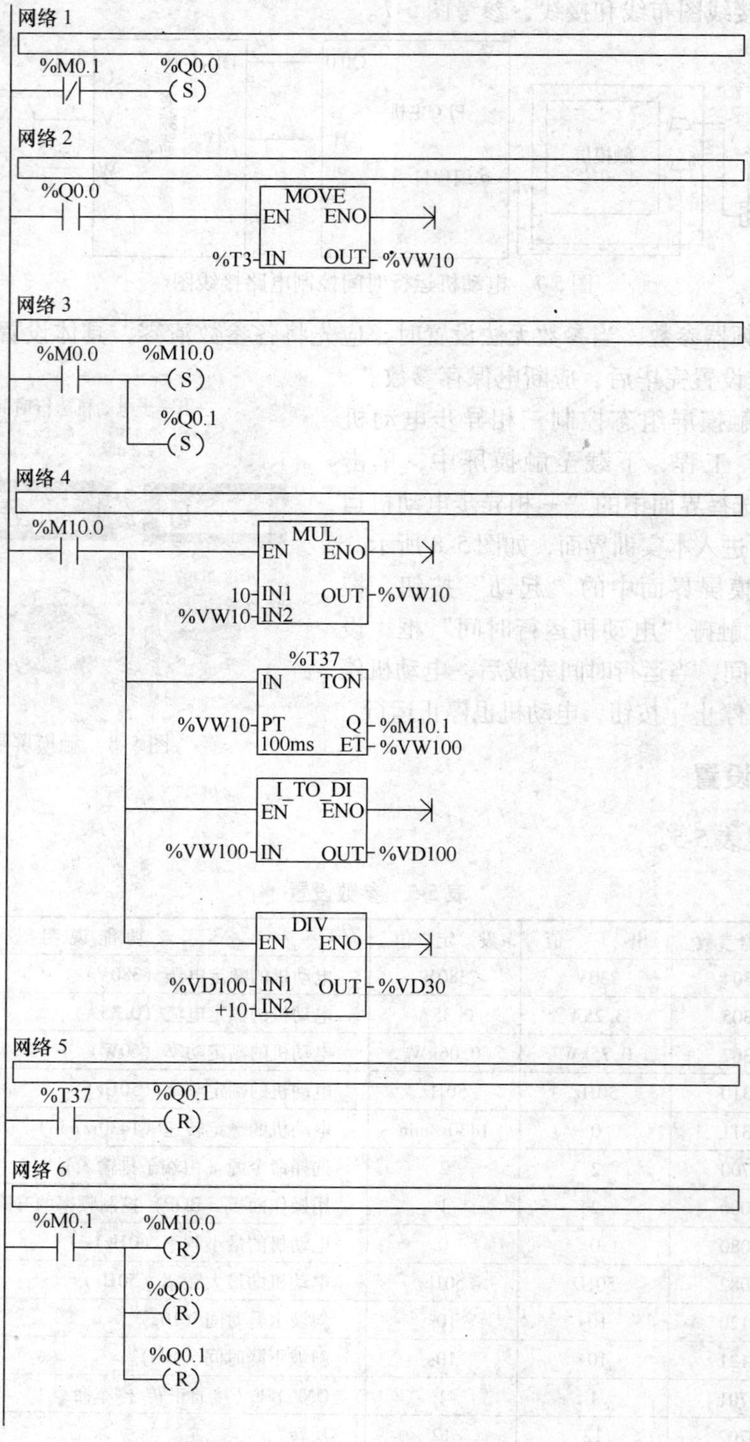

网络 1

%M0.1 —|/|— %Q0.0 —(S)

网络 2

%Q0.0 —| |— MOVE: EN ENO; %T3-IN OUT-%VW10

网络 3

%M0.0 —| |— %M10.0 —(S); %Q0.1 —(S)

网络 4

%M10.0 —| |—
MUL: EN ENO; 10-IN1 OUT-%VW10; %VW10-IN2
%T37: IN TON; %VW10-PT Q-%M10.1; 100ms ET-%VW100
I_TO_DI: EN ENO; %VW100-IN OUT-%VD100
DIV: EN ENO; %VD100-IN1 OUT-%VD30; +10-IN2

网络 5

%T37 —| |— %Q0.1 —(R)

网络 6

%M0.1 —| |— %M10.0 —(R); %Q0.0 —(R); %Q0.1 —(R)

图 5-9 参考梯形图程序

评分标准

触摸屏组态控制三相异步电动机运行时间电路的调试技能训练评分标准见表5-6。

表5-6　触摸屏组态控制三相异步电动机运行时间电路的调试技能训练评分标准

考核内容	考核标准	配分	扣分	得分
安装前检查	1）电动机质量检查，每漏1处扣2分 2）电器元件漏检或错检，每处扣2分	10		
接线与参数设定	1）不按电路图接线，扣15分 2）布线不符合要求：主电路每根扣4分 控制电路每根扣2分 3）变频器参数设定不正确，每个扣1分 4）不能打开触摸屏工程，下载至触摸屏中，每次扣5分 5）触摸屏不能正确显示控制工程，每处扣5分	25		
编程	1）编写程序简单正确，调试动作、功能正常者，加5分 2）对编程错误或者不会编程，抄袭他人程序，程序错误不能运行，影响调试者，扣5分	25		
通电调试	编写程序输入机内调试运行 第一次试车不成功，扣10分 第二次试车不成功，扣20分 第三次试车不成功，扣30分	30		
安全文明生产	违反安全文明生产规程，扣1~10分	10		
定额时间	每超过5min，扣5分			
	合计	100		
	考核员签字 年　月　日			

任务四　触摸屏组态控制直流电动机调速电路调试技能训练

任务描述

1）了解触摸屏组态代替传统控制方式实现控制直流电动机运行速度的方法。

2）通过触摸屏组态实现对直流电动机的运行速度进行跟踪控制。

任务实施

一、工作前准备

（一）工具与仪表

电工通用工具1套，MF—47型万用表1块，绝缘电阻表1块，频率计1块，测速表1块。

（二）器材

变频器1台；电动机1台；可编程序控制器1台；计算机1台；触摸屏1台；组合开关

1 个；编程电缆 1 根；电气控制板 1 块；导线若干（主电路 BVR1.5mm^2，控制电路 BVR0.75mm^2，接地线 BVR1.5mm^2）。

二、安装接线与训练

1）检查电器元件质量。

2）按安装接线图布线和接线，参考图 5-10。

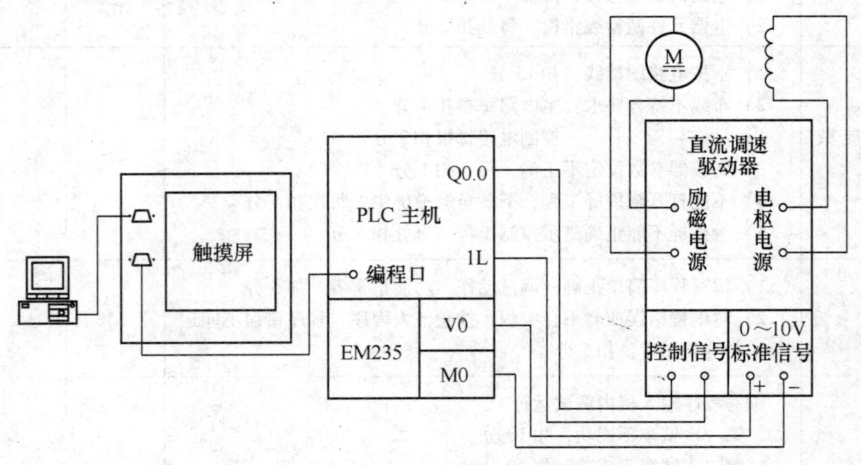

图 5-10　直流电动机调速电路接线图

3）按照系统接线图连接触摸屏、PLC、直流电动机驱动器和直流电动机。连接完毕检查无误后，将 PLC 通电，下载程序至 PLC 中。

4）打开“触摸屏组态控制直流电动机调速电路”工程，下载至触摸屏中，单击“触摸屏实训”选择界面中的“直流电动机调速”按钮，进入本实训界面，如图 5-11 所示。

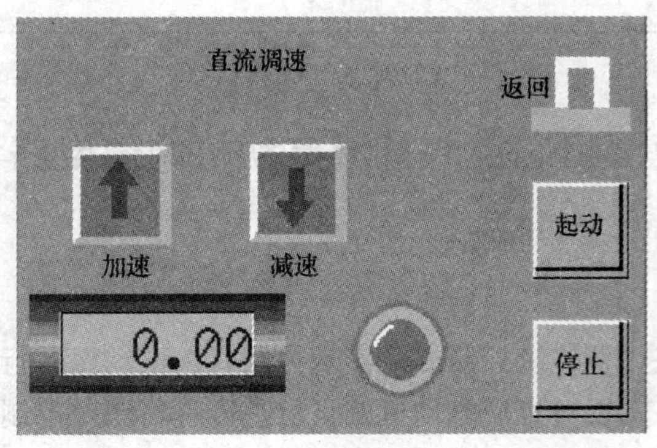

图 5-11　触摸屏界面

5）触碰触摸屏界面中的“起动”按钮，控制电动机起动；触碰“加速”按钮，使电动机转速增加；触碰“减速”按钮，使电动机转速减小；触碰“停止”按钮，控制电动机停止运行。在电动机运行的同时，观察“控制电压显示”栏中的电压值是否与驱动器实际电压一致。

三、梯形图

参考梯形图程序如图 5-12 所示。

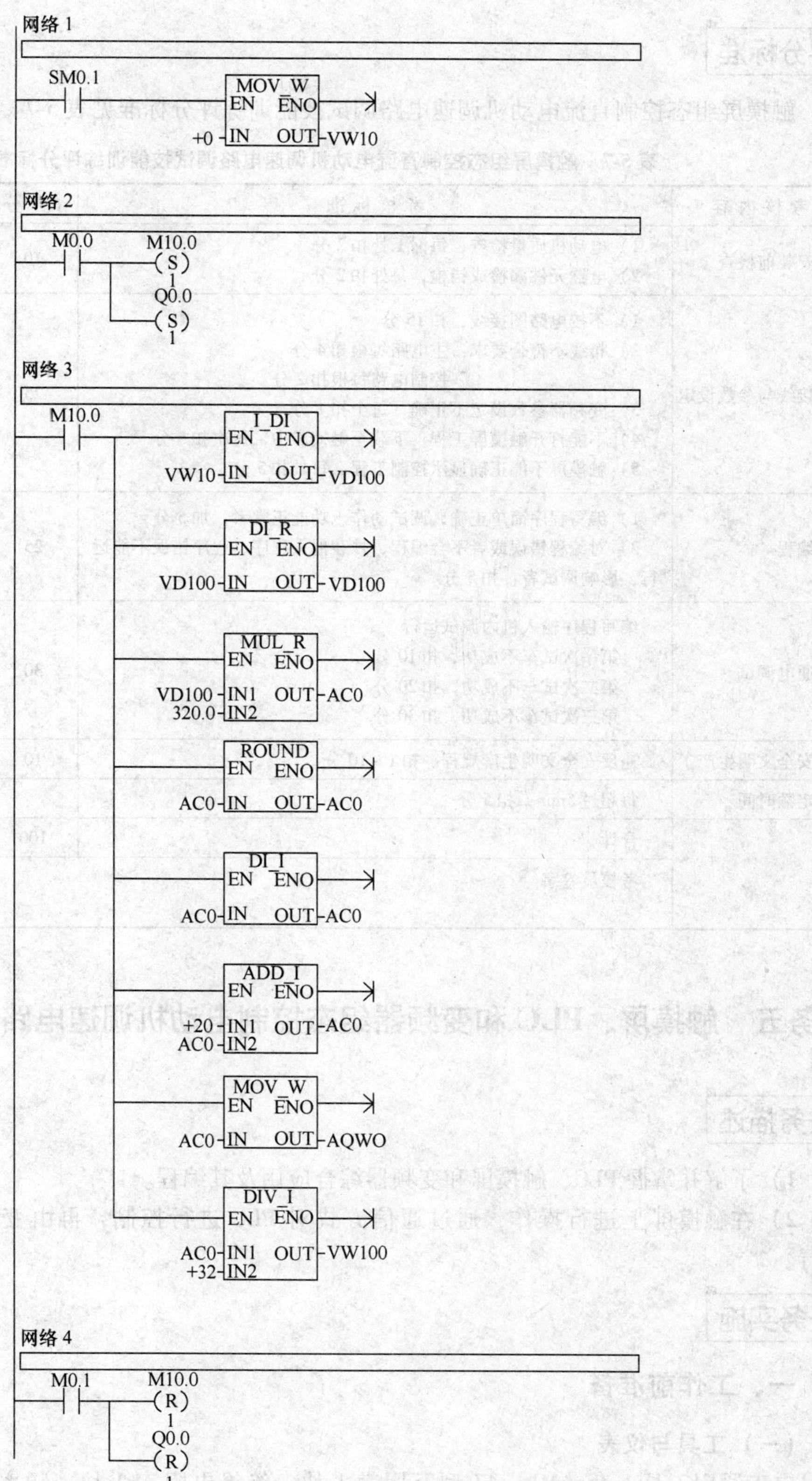

图 5-12　参考梯形图程序

评分标准

触摸屏组态控制直流电动机调速电路调试技能训练评分标准见表5-7。

表5-7 触摸屏组态控制直流电动机调速电路调试技能训练评分标准

考核内容	考核标准	配 分	扣 分	得 分
安装前检查	1）电动机质量检查，每漏1处扣2分 2）电器元件漏检或错检，每处扣2分	10		
接线与参数设定	1）不按电路图接线，扣15分 2）布线不符合要求：主电路每根扣4分 控制电路每根扣2分 3）变频器参数设定不正确，每个扣1分 4）不能打开触摸屏工程，下载至触摸屏中，每次扣5分 5）触摸屏不能正确显示控制工程，每处扣5分	25		
编程	1）编写程序简单正确，调试动作、功能正常者，加5分 2）对编程错误或者不会编程，抄袭他人程序，程序错误不能运行，影响调试者，扣5分	25		
通电调试	编写程序输入机内调试运行 第一次试车不成功，扣10分 第二次试车不成功，扣20分 第三次试车不成功，扣30分	30		
安全文明生产	违反安全文明生产规程，扣1～10分	10		
定额时间	每超过5min，扣5分			
	合计	100		
	考核员签字 年 月 日			

任务五 触摸屏、PLC和变频器组态控制电动机调速电路调试技能训练

任务描述

1）了解并掌握PLC、触摸屏和变频器综合应用及其编程。

2）在触摸屏上进行操作，通过通信方式对PLC进行控制，再由变频器控制电动机运行。

任务实施

一、工作前准备

（一）工具与仪表

电工通用工具1套，MF—47型万用表1块，绝缘电阻表1块，频率计1块，测速表1块。

（二）器材

变频器 1 台；电动机 1 台；可编程序控制器 1 台；计算机 1 台；触摸屏 1 台；组合开关 1 个；编程电缆 1 根；电气控制板 1 块；导线若干（主电路 BVR1.5mm^2，控制电路 BVR0.75mm^2，接地线 BVR1.5mm^2）。

二、安装接线与训练

1）检查电器元件质量。

2）按安装接线图布线和接线，参考图 5-13。

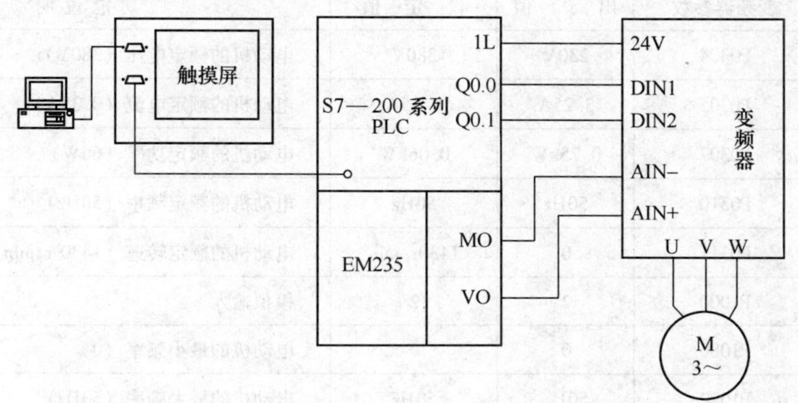

图 5-13　触摸屏、PLC 和变频器组态接线图

3）检查实训设备中的器材及调试程序。

4）按照接线图完成 PLC 与实训模块之间的接线，认真检查，确保正确无误。

5）设定变频器参数，当参数无法设置时，应先将各参数清零，具体设置可参考变频器实训部分。参数设置完毕后，应断电保存参数。

6）打开“触摸屏、PLC 和变频器组态控制电动机调速电路”工程，下载至触摸屏中，单击“触摸屏实训”选择界面中的“变频器调速”按钮，进入本实训界面，如图 5-14 所示。

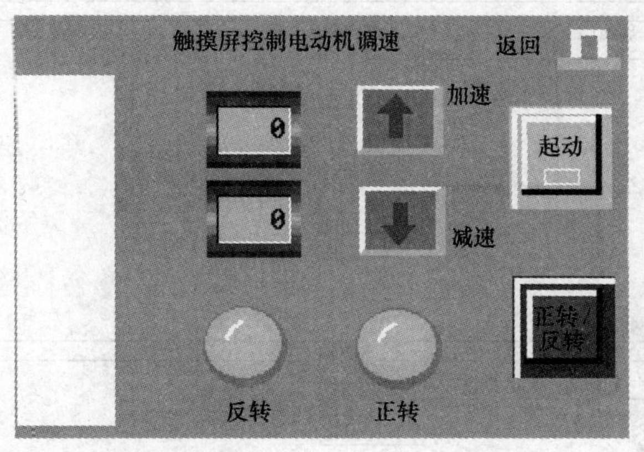

图 5-14　触摸屏界面

7）在触摸屏上单击“起动”按钮，变频器开始起动运行。

8）在触摸屏上单击“加速”按钮，变频器开始加速运行。

9）在触摸屏上单击“减速”按钮，变频器开始减速运行。

10）在触摸屏上单击“停止”按钮，变频器停止运行。

三、参数设置

参数设置见表5-8。

表5-8　参数设置

序　号	变频器参数	出 厂 值	设 定 值	功 能 说 明
1	P0304	230V	380V	电动机的额定电压（380V）
2	P0305	3.25A	0.35A	电动机的额定电流（0.35A）
3	P0307	0.75kW	0.06kW	电动机的额定功率（60W）
4	P0310	50Hz	50Hz	电动机的额定频率（50Hz）
5	P0311	0	1430r/min	电动机的额定转速（1430 r/min）
6	P1000	2	2	模拟输入
7	P1080	0	0	电动机的最小频率（0）
8	P1082	50Hz	50Hz	电动机的最大频率（50Hz）
9	P1120	10s	10s	斜坡上升时间（10s）
10	P1121	10s	10s	斜坡下降时间（10s）
11	P0701	1	1	ON/OFF（接通正转/停车命令1）

四、梯形图

参考梯形图程序如图5-15所示。

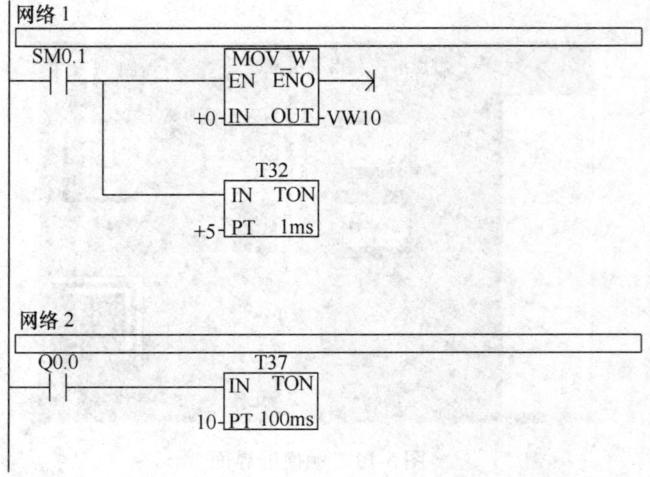

图5-15　参考梯形图程序

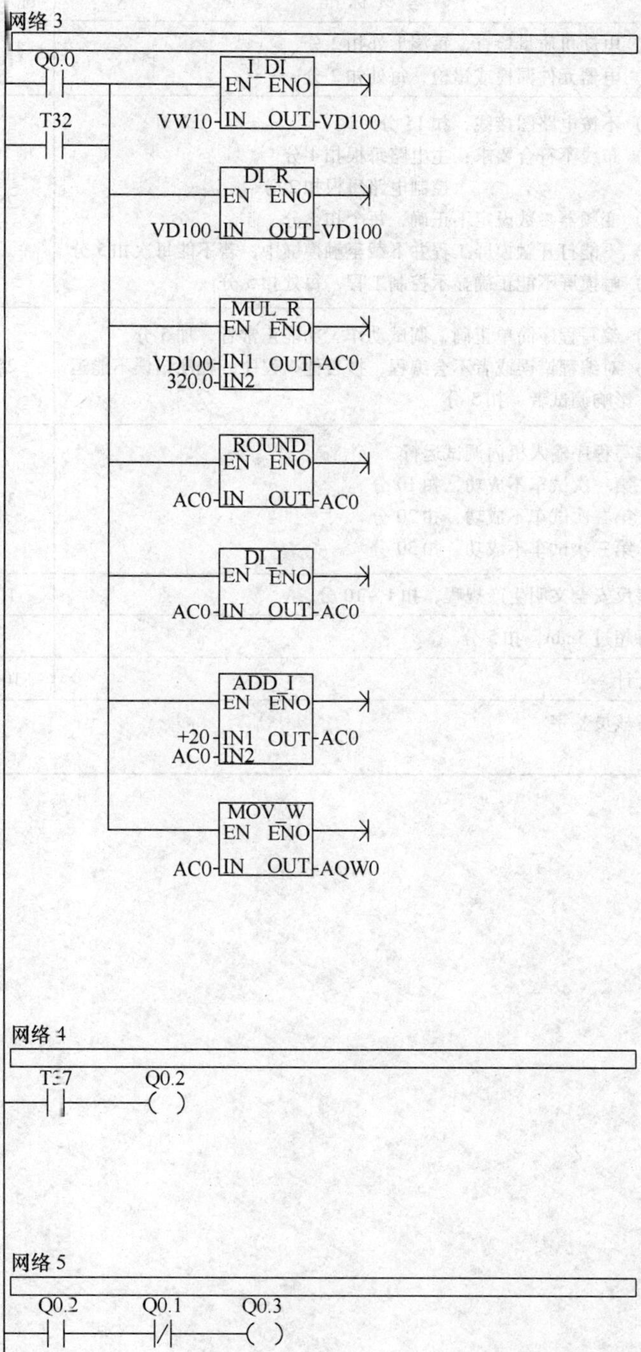

网络 3
Q0.0
T32
I_DI
EN ENO
VW10-IN OUT-VD100
DI_R
EN ENO
VD100-IN OUT-VD100
MUL_R
EN ENO
VD100-IN1 OUT-AC0
320.0-IN2
ROUND
EN ENO
AC0-IN OUT-AC0
DI_I
EN ENO
AC0-IN OUT-AC0
ADD_I
EN ENO
+20-IN1 OUT-AC0
AC0-IN2
MOV_W
EN ENO
AC0-IN OUT-AQW0

网络 4
T37
Q0.2

网络 5
Q0.2
Q0.1
Q0.3

图 5-15　参考梯形图程序（续）

评分标准

触摸屏、PLC、变频器组态控制电动机调速电路的调试技能训练评分标准见表 5-9。

表 5-9　触摸屏、PLC、变频器组态控制电动机调速电路的调试技能训练评分标准

考核内容	考核标准	配分	扣分	得分
安装前检查	1）电动机质量检查，每漏 1 处扣 2 分 2）电器元件漏检或错检，每处扣 2 分	10		
接线与参数设定	1）不按电路图接线，扣 15 分 2）布线不符合要求：主电路每根扣 4 分 控制电路每根扣 2 分 3）变频器参数设定不正确，每个扣 1 分 4）不能打开触摸屏工程并下载至触摸屏中，若不能每次扣 5 分 5）触摸屏不能正确显示控制工程，每处扣 5 分	25		
编程	1）编写程序简单正确，调试动作、功能正常者，加 5 分 2）对编程错误或者不会编程，抄袭他人程序，程序错误不能运行，影响调试者，扣 5 分	25		
通电调试	编写程序输入机内调试运行 第一次试车不成功，扣 10 分 第二次试车不成功，扣 20 分 第三次试车不成功，扣 30 分	30		
安全文明生产	违反安全文明生产规程，扣 1 ~ 10 分	10		
定额时间	每超过 5min，扣 5 分			
	合计	100		
	考核员签字 年　月　日			

项目六　电气控制柜的设计、安装、调试与检修技能训练

本项目包括两个任务，具体进度、教学实施步骤及学时安排见表6-1。

表6-1　电气控制柜的设计、安装、调试与检修技能训练作业流程

实训任务	实训内容	教学实施步骤	学时
任务一　典型机床电气控制柜的设计、安装、调试与检修技能训练	1. 分小组讨论，布置任务	1）典型机床电气控制柜的设计、安装、调试与检修技能训练介绍，分组，布置任务，完成原理图、材料明细表、电器元件布置图、接线图及主、控制电路线号表 2）各小组收集有关资料，讨论及确定安装方案，并整理好记录 3）预习任务一内容	
	2. 教师点评与学生互动	1）各小组提交安装图和调试工艺方案（草稿），教师答疑 2）教师点评各小组讨论记录，分析存在的问题与处理方法	
	3. 完成工艺安装方案及调试	完成任务一内容	
	4. 答辩与评定成绩	1）学生答辩 2）教师点评 3）参照任务一评分标准	
任务二　PLC技术改造典型机床电气控制柜的设计、安装、调试与检修技能训练	1. 分小组讨论，布置任务	1）PLC技术改造典型机床电气控制柜的设计、安装、调试与检修技能训练介绍，分组，布置任务 2）PLC技术改造典型机床电气控制柜电路原理设计 3）完成原理图、材料明细表、电器元件布置图、I/O接线图及主、控电路线号表，编写PLC梯形图及语句表 4）各小组收集有关资料，讨论及确定安装方案，并整理好记录 5）预习任务二内容	
	2. 教师点评与学生互动	1）各小组提交原理图、安装图、工艺方案、PLC梯形图及语句表（草稿），教师答疑 2）教师点评各小组讨论记录，分析存在的问题和处理方法	
	3. 完成工艺安装方案及调试	完成任务二内容	
	4. 答辩与评定成绩	1）学生答辩 2）教师点评 3）参照任务二评分标准	

任务一　典型机床电气控制柜的设计、安装、调试与检修技能训练

任务描述

根据铣床传动电路原理，设计、安装并调试电气控制模拟设备（柜）。铣床实物图如图6-1所示。

图6-1　铣床实物图

相关知识

一、设计要求

（一）原理图

在原有电气图的基础上根据现在的设计思路改造产生适合学生技能训练的新的原理图，从而提高学生的设计能力。PLC控制柜原理图包括主电路原理图、I/O接线原理图，要求电路图设计正确、控制元件少、简单明了，元件图形符号及线号标注正确无误、符合规范，绘图清晰标准。

（二）明细表、I/O图

明细表要求注明元件序号、名称、所选的元件规格及型号、数量，要求规范。确保采购人员能够看懂，并能很快采购，不耽误工期。I/O图要求对所使用的PLC性能情况以及输入、输出点数和地址号标注清楚，以便于控制柜的布线。

（三）电器元件布置图的设计要求

主要考虑到布线和维修方便，依据主电路的先后顺序进行元件排列，整齐又美观，对于电子元器件要注意远离发热源，并在图样上标注各元件的符号及尺寸位置，便于元件的安装。

（四）接线图

接线图是在原理图与电器元件布置图的基础上产生的，它主要标注各元件接线端的线号

及每个元件、每块电气控制板之间连接线的来龙去脉，从而便于接线员接线。

（五）线号

线号是电气控制柜制作与维修时检查线路的依据，要求标注正确无误，并根据接线图标注所需的线号，以及根据导线粗细选择合适的套线管尺寸，一般选择套线管要慎重，不宜过大和过小，并注明主控制电路线号套线管的管径及各线号的数量，以便线号员操作。

二、操作步骤与安装工艺要求

（一）熟悉原理图

1）具有独立识图的能力。

2）弄清机床机械与电气元件之间的配合关系。

3）掌握各电动机拖动对象及机床的机械手柄与电器元件的互锁关系。

（二）拆除原有装置

1）在弄清各元件和配电盘之间的关系以后，方可进行。

2）拆除时，认真细心，不使元件损坏，可做适当标记。

3）检查拆下的所有元件质量的好坏，若有损坏的需更换。

4）擦洗、清理配电盘表面的灰尘污垢。

（三）控制柜安装

1. 元件检查

根据元件明细表检查元件的数量，每个元件的规格、型号是否一致，外表有无损坏，活动部分是否灵活，螺钉是否齐全，常闭、常开触点是否接触良好等。

2. 元件的安装与固定

根据电器元件布置图将元件经定位、打孔、攻螺纹，固定在电气控制柜底盘上，定位时要准确无误，经样冲冲孔、选用合适的钻头钻孔、攻螺纹，然后用螺杆将元件固定在底盘上。

（四）布线（盘内、盘外）

1. 盘内布软线的方法（行线槽布线）

1）根据接线图制作线号，由原理图提供线号并学会使用打号机打号。打号机使用说明见附录D。

2）打线号时根据使用导线粗细选择套线管，套线管不宜过紧或过松，一般略粗于导线即可。

3）选择好导线的接线端头的种类，根据布线图接线。

4）主电路和控制电路导线颜色要区分，盘内所有连接线应全部进入行线槽，行线槽外部的线应相互平行，距离基本均等，转角略有弧形原则。接线端压线螺钉要紧固，裸露线不得超过3mm，每个接线端头只允许压接两根线。每根导线两侧要做冷压端头连接。并套线号管长短一致、排列整齐、套管标注线号清楚、容易读出。

2. 盘外连线

盘外线经接线端子排排列整齐，露在外部的连线用尼龙扎带扎靠牢固、顺畅、紧凑。

（五）通电前检查

根据接线图对所接线路先主电路后控制电路进行全面检查，查看有无缺线、漏线，线号是否清楚可见、容易读出，露在外部的连线是否整齐、美观、匀称。用万用表检查三相进线端是否有短路现象，为通电调试做好准备。

三、通电调试

1）编写调试报告。

2）按编写的调试报告顺序进行调试，严禁一人通电试车，小组成员相互配合按步骤依次合闸调试。

3）在调试中，发现异常现象应立即切断电源，待查清问题、排除故障后，方可继续进行调试。

四、故障分析与检修

在完成调试任务后方可进行故障分析与检修，人为制造常见故障进行训练。

五、编写产品说明书

1）产品动作功能说明。
2）绘制电气原理图。
3）编写电器元件明细表。
4）绘制电器元件布置图。
5）绘制接线图。

任务实施

训练内容、步骤、具体参照实训项目六作业流程表。

一、铣床电气控制柜的安装、调试进程

铣床电气控制柜的设计、安装、调试与检修技能训练进程表见表6-2。

表6-2 铣床电气控制柜的设计、安装、调试与检修技能训练进程表

周　数	第 一 周			第 二 周			第 三 周		
项目	硬件设计			元件安装与布线			通电调试与检修		
具体内容	电气原理图	电器元件明细表和电器元件布置图	接线图、线号整理清单	元件检查与安装	板内布线	板外连线	检查	调试	排除故障
配分	5	5	10	15	30	5	5	10	15
时间分配/学时	9	6	15	12	12	6	6	12	12

注：表中学时数仅供参考。

二、电气原理设计改造要求

在铣床控制电路的基础上进行以下改造：

1）将铣床原有的两套控制按钮改为一套。

2）增加以下动作指示灯：

HL_1——电气控制柜来电指示。

HL_2——电气控制柜合闸指示。

HL_3——主轴起动运行指示。

HL_4——工作台向左运行指示。

HL_5——工作台向右运行指示。

HL_6——工作台向前、向下运行指示。

HL_7——工作台向后、向上运行指示。

3）其余电路不变。

三、安装内容及步骤

1）根据铣床动作功能改造要求设计新的原理图、电器元件布置图、接线图和明细表。

2）按电器元件布置图，将元件固定在电气控制柜的底盘上。

3）按接线图，进行上、下盘行线槽布线。

4）外围线路连接。

5）电气控制柜安装完毕后进行检查。

四、通电试车

参照电气控制柜设计安装工艺要求进行通电调试。

五、训练考核

参照电气控制柜设计安装工艺要求进行故障分析与检修。

六、编写产品说明书

参照电气控制柜设计安装工艺要求编写产品说明书。

评分标准

铣床电气控制柜的设计、安装与检修技能训练评分标准见表6-3。

表6-3　铣床电气控制柜的设计、安装与检修技能训练评分标准

考核内容	考核标准	配分	扣分	得分
电气图	原理图、电器元件布置图、接线图、电器元件明细表、I/O分配图和线号清单是否完成，每缺1项扣5分，完成好的可加2分	20		
安装前检查	1）电动机质量检查，每漏1处扣3分 2）电器元件漏检或错检，每处扣3分	10		

（续）

考核内容	考核标准	配分	扣分	得分
安装元件	1）不按接线图安装，扣10分 2）元件安装不紧固，每只扣4分 3）元件布置不整齐、不匀称、不合理，每只扣3分 4）损坏元件，扣10分	10		
布线	1）不按电路图接线，扣15分 2）布线不符合要求：主电路每根扣4分 控制电路每根扣2分 3）接线不符合要求，每处扣1分 4）损伤导线绝缘或线芯，每根扣5分 5）漏套或错套编码管，每处扣5分 6）漏接地线，扣10分	15		
通电试车	1）热继电器未整定或整定错误，扣2分 2）配错熔体，每个扣1分 3）调试运行 第一次试车不成功，扣5分 第二次试车不成功，扣10分 第三次试车不成功，扣15分	20		
故障分析与检修	1）分析方法、思路不正确，每处扣3分 2）少排除一处故障，扣5分	15		
安全文明生产	违反安全文明生产规程，扣1~10分	10		
定额时间	每超过5min，扣5分			
	合计	100		
	考核员签字 年　月　日			

课后实践

示例：完成铣床电气控制柜。图6-2、图6-3、图6-4为铣床电气控制柜安装、布线调试现场。

1）X62W型万能铣床控制电路原理，参考图6-5。

2）元件材料明细表（参考表6-4）。

3）X62W型万能铣床控制电路接线图（参见图6-6、图6-7）。

4）完成通电调试报告。

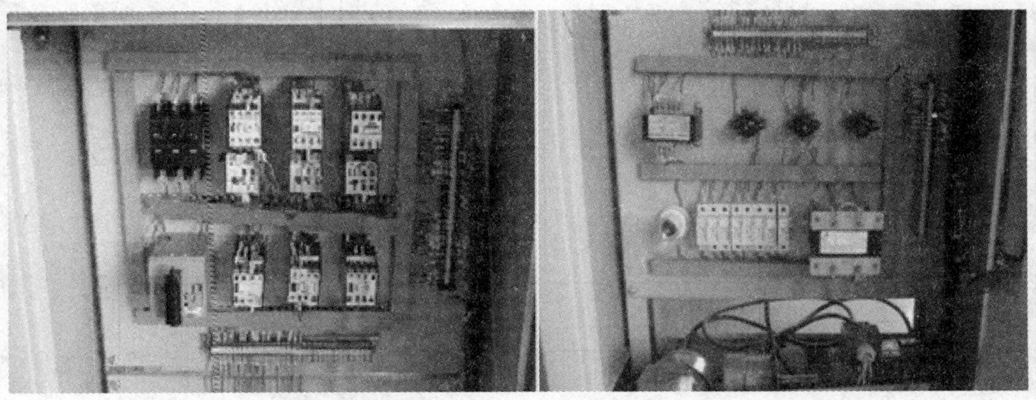

图 6-2　铣床电气控制柜的安装、布线

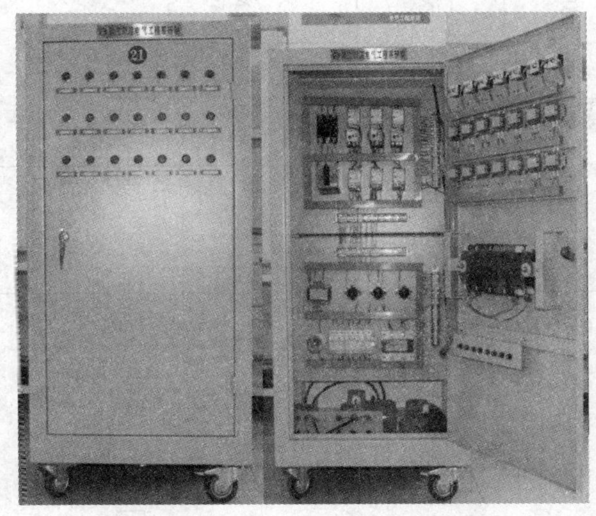

图 6-3　实训安装完成的铣床电气控制柜

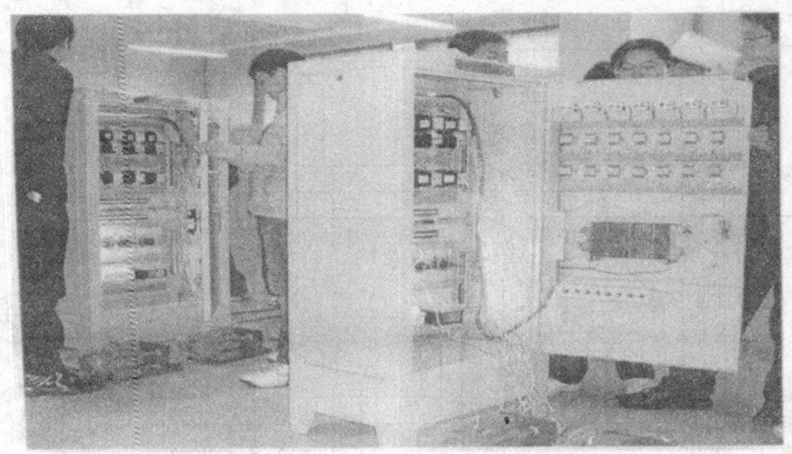

图 6-4　通电调试铣床电气控制柜现场

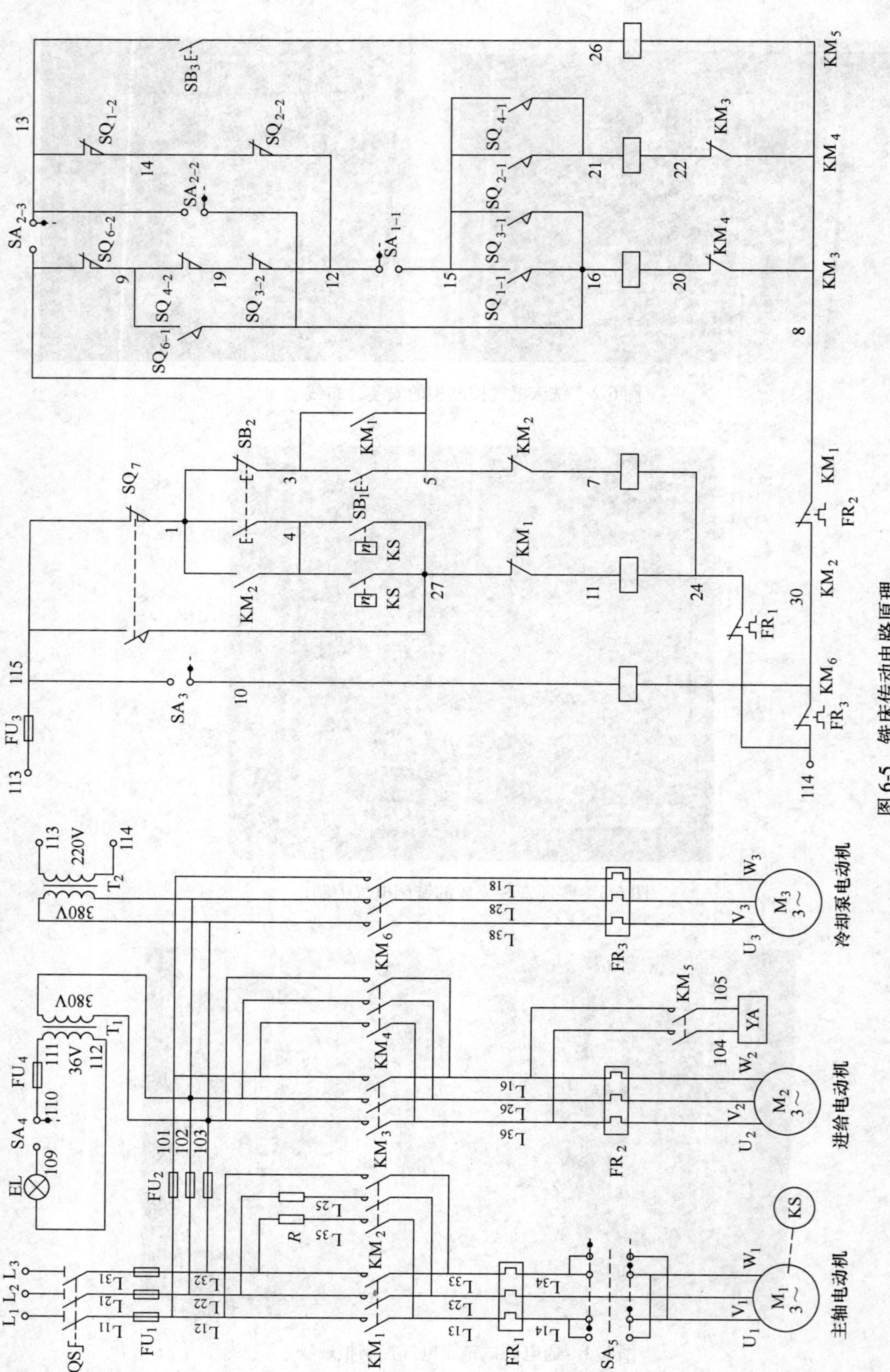

图 6-5 铣床传动电路原理

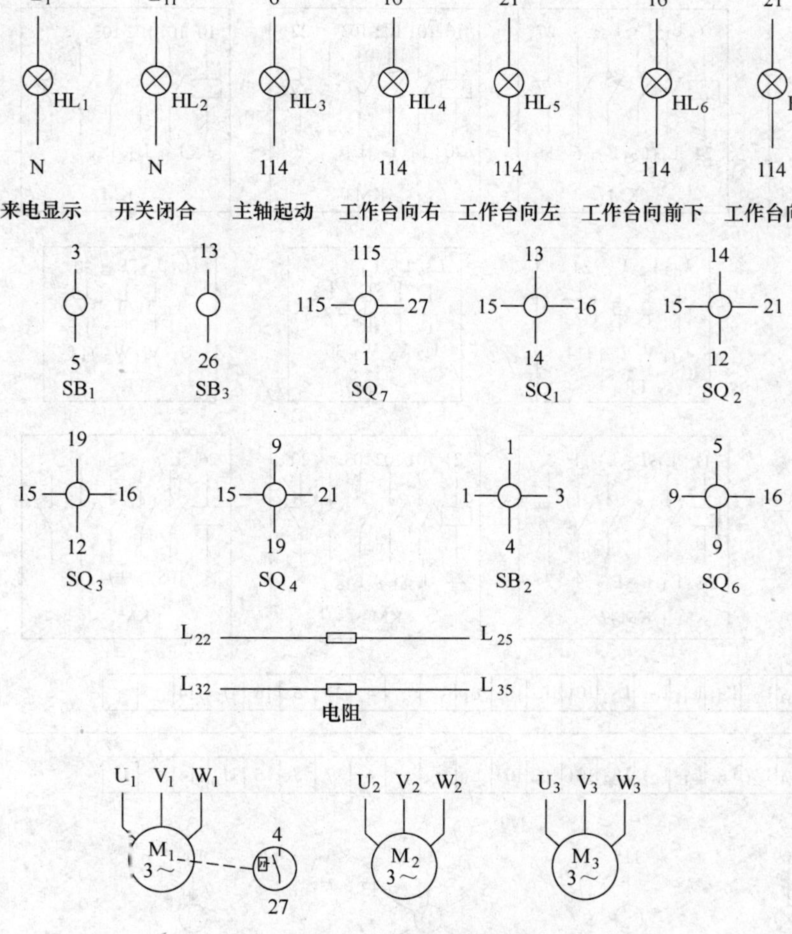

图 6-6　铣床传动电路接线图（一）

表 6-4　元件材料明细表

序　号	元件名称	符　号	元件型号	规　格	数　量	备　注
1	交流接触器	KM_1、KM_2				
2	交流接触器	KM_3 ~ KM_6				
3	热继电器	FR_1 ~ FR_3				
4	熔断器	FU_1、FU_2				
5	熔断器	FU_3、FU_4				
6	变压器	T				
7	信号指示灯	HL				
8	按钮	SB				
9	主轴电动机	M_1				
10	进给电动机	M_2				
11	油泵电动机	M_3				
12	熔丝					
13	接线端子					
14	行线槽					

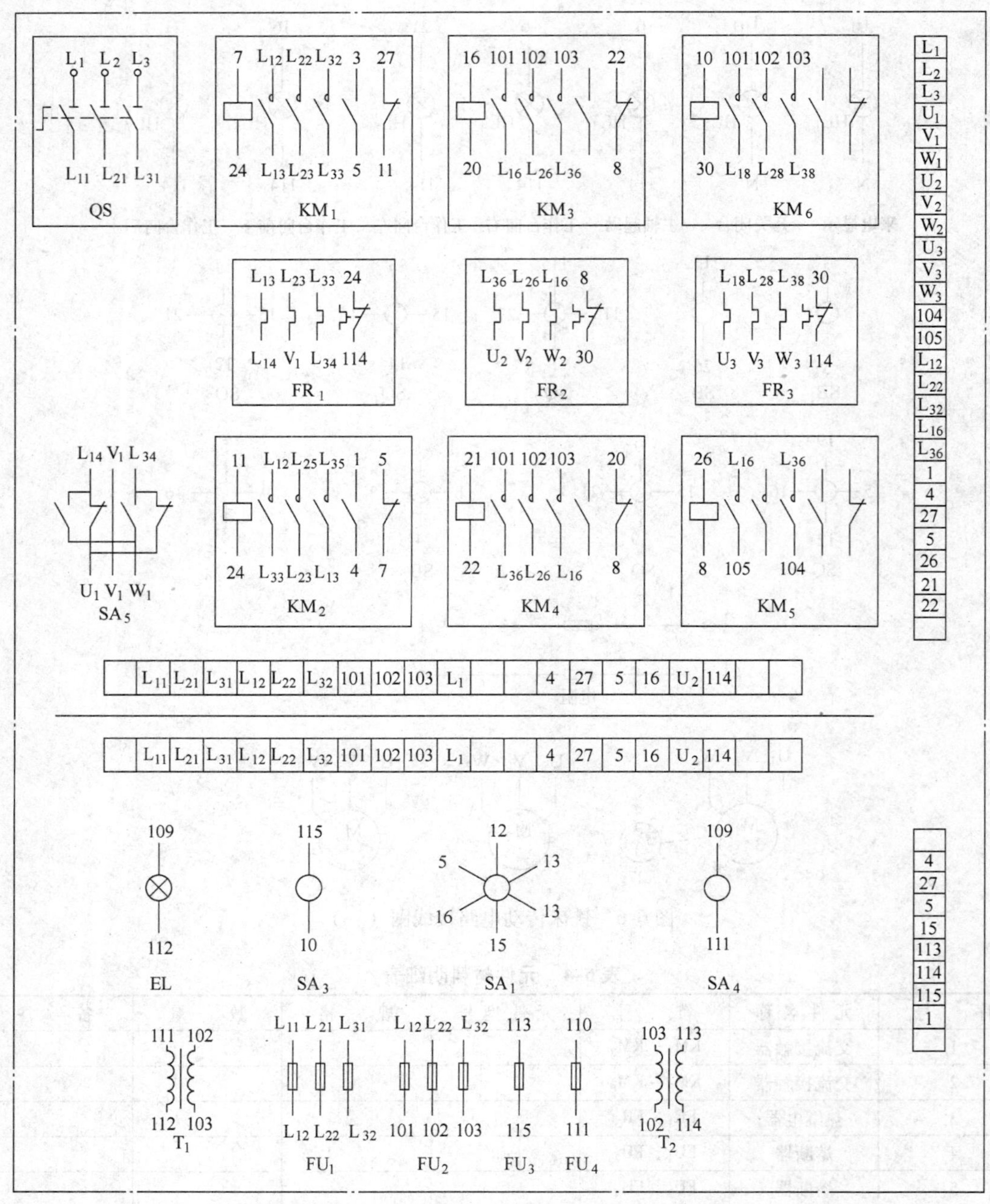

图 6-7　铣床传动电路接线图（二）

任务二　PLC 技术改造典型机床电气控制柜的设计、安装、调试与检修技能训练

任务描述

设计、安装、调试与检修典型机床 PLC 技术改造的电气控制柜，镗床实物如图 6-8

所示。

图 6-8　镗床实物

任务实施

一、镗床 PLC 技术改造进程

镗床 PLC 技术改造进程表见表 6-5。PLC 技术改造镗床电气控制柜实物如图 6-9 所示。

表 6-5　镗床 PLC 技术改造进程表

周　数	第　一　周			第二、三周			第　四　周		
项目	硬件设计			元器件安装与布线			PLC 编程与调试		
具体内容	电气原理图	电器元件明细表和 I/O 分配表	PLC 接线图和线号清单	元件检查与安装	布线	检查	编程	调试	排除故障
分数配置	5	5	10	15	30	5	5	10	15
时间分配/学时	9	6	15	12	42	6	12	12	6

注：表中学时数仅供参考。

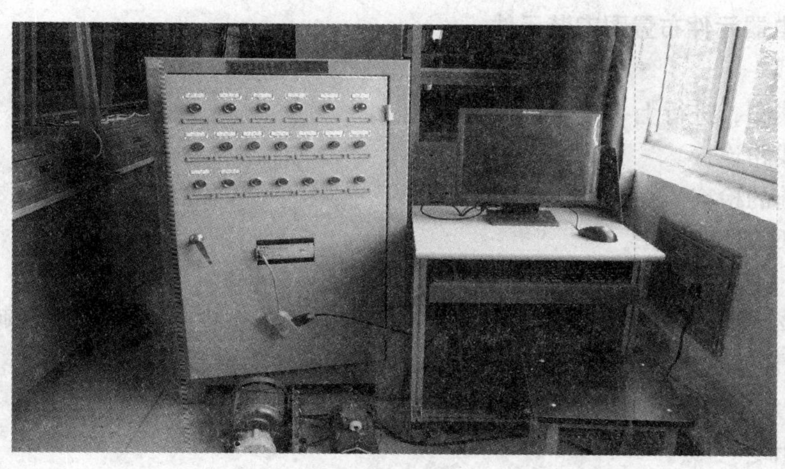

图 6-9　PLC 技术改造镗床电气控制柜

二、镗床电气控制电路的 PLC 技术改造与设计

（1）镗床主轴部分（双速电动机 5.5kW 380V“三角形联结 1460r/min”“双星形联结 2880r/min”）

1）点动 ↗正转 ↘反转

2）变速冲动丫→△→延时→丫（高速→低速→延时→高速）

△→延时→△　（低速→延时→低速）

3）长动 ↗正转 ↘反转

△→延时→丫运行（低速→延时→高速）

4）总停

（2）镗床快速移动部分（电动机 2.2kW 380V 星形联结）

点动 ↗正转 ↘反转

（3）各种运行指示

（4）设计完成梯形图和语句表

（5）调试运行

（6）写出操作说明书（实训报告）

（7）编程考核

三、具体安装内容工艺要求

（一）设计要求

根据镗床 PLC 技术改造要求设计新的原理图、电器元件布置图、I/O 接线图、电器元件明细表。

（二）按电器元件布置图安装元件。

（三）布线

1）按接线图，进行上、下盘行线槽布线。

2）外围线路连接。

3）通电前的检查。

（四）PLC 编程与调试

1. 编程

依据镗床动作要求配合电气线路图编写出梯形图语句表程序，编写前必须熟悉 OMRON 基本指令，同时也要熟悉所选择使用 PLC 的 I/O 地址号和编程器的使用方法。程序编好后要经过分析研究，确保正确后方可输入程序。

2. 通电调试

对于镗床 PLC 改造电气控制柜调试时，既有强电调试，又有 PLC 程序调试，二者合一，

使得各动作功能协调完成。另外由于 PLC 动作快于继电器—接触器触点动作，所以，接触器继续进行触点互锁，对于输入的开关量元件，触点选用常开触点，从而延长 PLC 的使用寿命。通电前，用万用表检查电源输入端有无短路，合闸后逐级调试，直至各动作功能完成，满足设计要求以及生产加工要求。

四、故障分析与检修

在完成调试任务后方可进行故障分析与检修，人为制造常见故障并进行训练。

五、写出操作说明书

最后，编写操作说明书，(实习报告)。

评分标准

PLC 技术改造镗床电气控制柜的设计、安装、调试与检修技能训练评分标准见表 6-6。

表 6-6　PLC 技术改造镗床电气控制柜的设计、安装、调试与检修技能训练评分标准

考核内容	考核标准	配分	扣分	得分
电气图	原理图、电器元件布置图、接线图、电器元件明细表、I/O 分配图、线号清单是否完成，每缺 1 项扣 5 分，完成好的成绩可加 2 分	20		
安装前检查	1）电动机质量检查，每漏 1 处扣 3 分 2）电器元件漏检或错检，每处扣 3 分	10		
安装元件	1）不按接线图安装，扣 10 分 2）元件安装不紧固，每只扣 4 分 3）元件布置不整齐、不匀称、不合理，每只扣 3 分 4）损坏元件，扣 10 分	10		
布线	1）不按电路图接线，扣 15 分 2）布线不符合要求：主电路每根扣 4 分 控制电路每根扣 2 分 3）接点不符合要求，每个接点扣 1 分 4）损伤导线绝缘或线芯，每根扣 5 分 5）漏套或错套编码管，每处扣 5 分 6）漏接地线，扣 10 分	15		
编程	1）编写程序简单正确，调试动作、功能正常者，加 5 分 2）对编程错误、或者不会编程，抄袭他人程序，程序错误不能运行，影响调试者，扣 5 分	5		
通电试车	1）热继电器未整定或整定错误，扣 2 分 2）配错熔体，每个扣 1 分 3）调试运行 第一次试车不成功，扣 10 分 第二次试车不成功，扣 20 分 第三次试车不成功，扣 30 分	20		
故障分析与检修	1）分析方法、思路不正确，每处扣 3 分 2）少排一处故障，扣 5 分	15		

（续）

考核内容	考核标准	配　分	扣　分	得　分
安全文明生产	违反安全文明生产规程，扣1~10分	5		
定额时间	每超过5min，扣5分			
	合计	100		
	考核员签字 年　月　日			

扩展提高

一、预习

预习附录B内容。

二、编程器简单使用说明

1. 工作方式选择开关

PROGRAM——编程

MONITOR——运行监控

RUN——运行

2. 编程

进入PROGRAM状态，按“CLR”键，编程器发出清脆的响声，在显示屏上显示出00000，表示地址从00000开始。

3. 程序写入

PC处于PROGRAM状态下可输入程序，要先建立程序地址，然后使用指令键和数字键即可输入指令，每输完一条指令后，都要按一次“WRITE”键。

4. 程序读出

该操作用于检查用户程序存储器内容，可在RUN、MONITOR和PROGRAM方式下进行。

5. 程序检查

程序检查只能在PROGRAM状态下进行，按“CLR→SRCH”键，再按下检查级0、1或2后开始程序检查。如出现程序错误，再按“SRCH”键一次，就会显示下一个错误，若设有END指令，则继续检查直到结束指令。

6. 指令插入

本操作只能在PROGRAM状态下进行，其目的是把一条指令插入到已存入存储器的程序中，本操作使用“INS”键。

找到语句插入点，按“CLR”→输入语句地址→输入插入语句→按“INS”键→“↓”即可。

7. 指令删除

在PROGRAM状态下进行，删除指令使用“DEL”键，找到删除语句→按“DEL”键→“↑”即可。

8. 程序删除

删除内存中的原有程序。按“CLR→$\frac{\text{PLAY}}{\text{SET}}$→NOT→$\frac{\text{REC}}{\text{RESET}}$”，再按“MEMORY”即可。

9. CPMIA. 40 点 I/O 型地址号

输入点：（24 点）00000～00011　00100～00111。

输出点：（16 点）01000～01007　01100～01107。

内部辅助继电器区有 32 个通道，200～231，共计 512 个。定时器 TIM 000～TIM 127 共计 128 个。

10. SYSMAC C28P 点 I/O 型地址号

输入点数：（16）0000——0015

输出点数：（12）0500——0511

课后实践

示例：完成镗床 PLC 技术改造。

示例如下：图 6-10 为镗床 PLC 技术改造主电路原理图，图 6-11 为安装、通电调试现场，图 6-12、图 6-13、图 6-14、图 6-15 为 PLC I/O 接线图、PLC 元件接线图和梯形图等。表 6-7、表 6-8、表 6-9 为元件明细表、地址列表、地址对照表等。

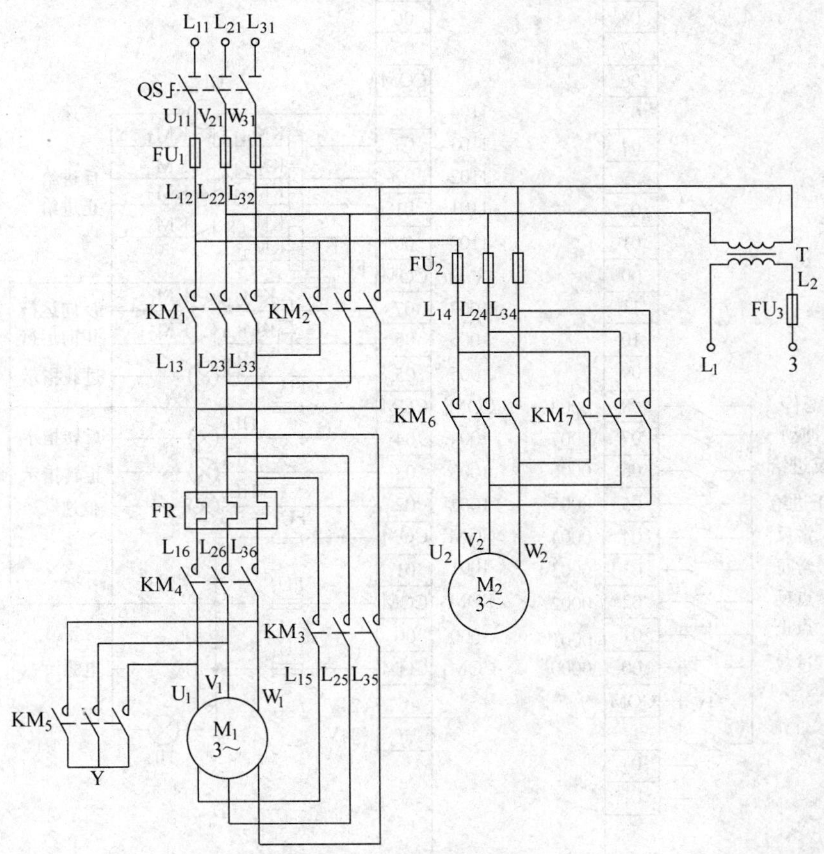

图 6-10　镗床 PLC 技术改造主电路原理图

图 6-11 镗床 PLC 技术改造电气控制柜通电调试现场

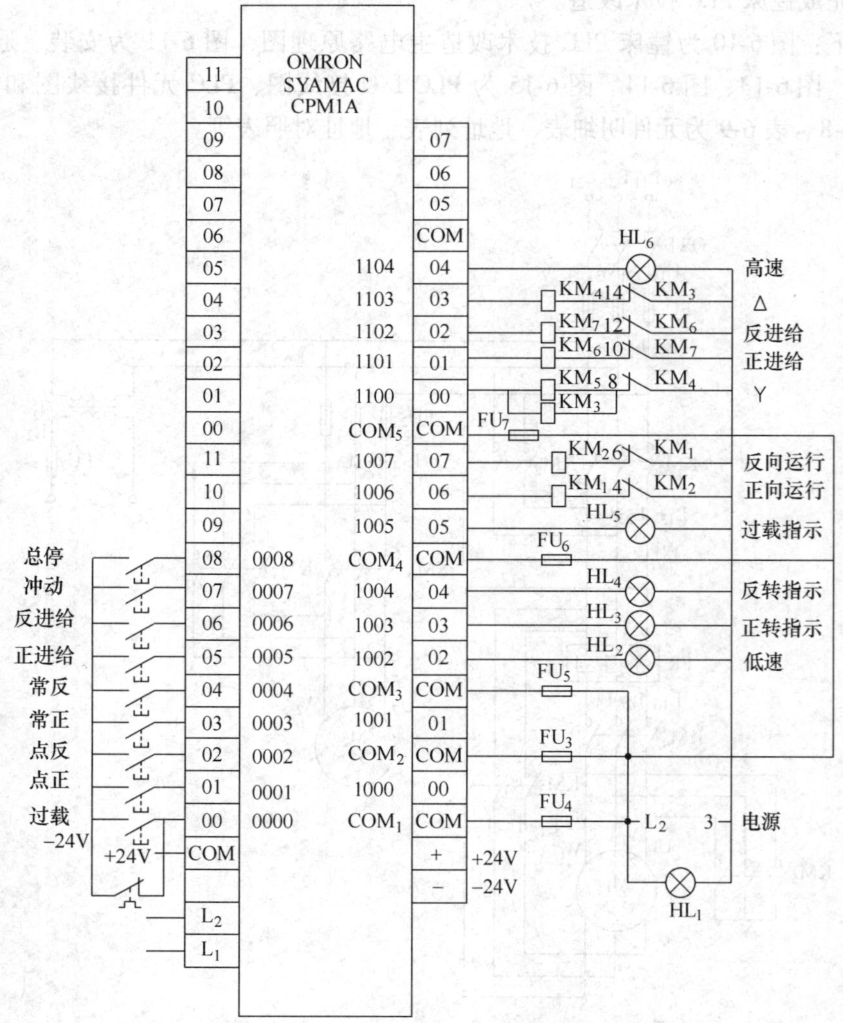

图 6-12 镗床 PLC 技术改造 I/O 接线图

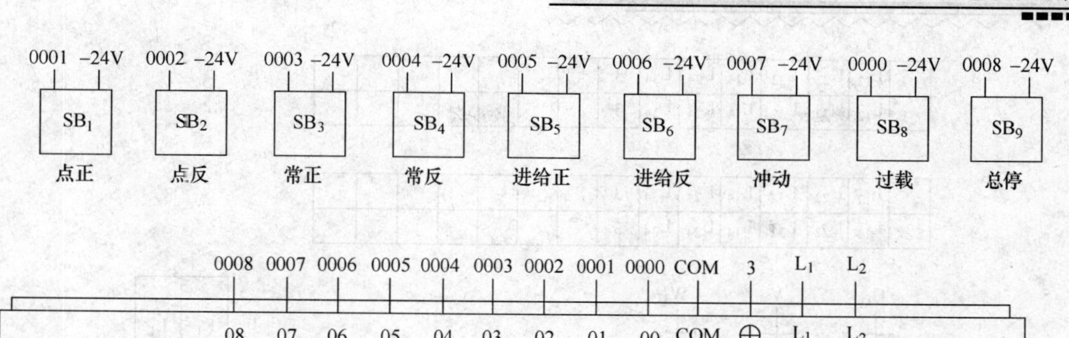

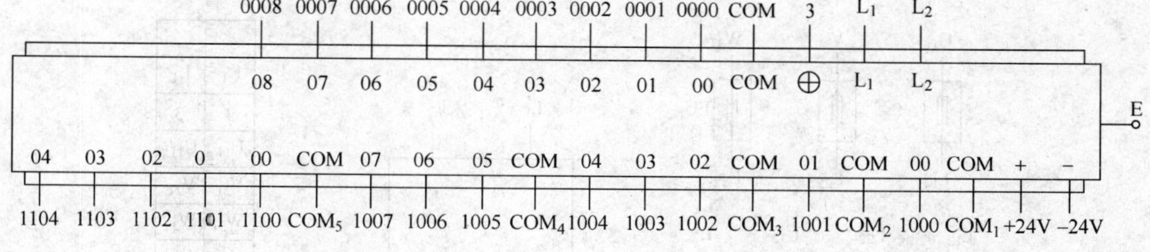

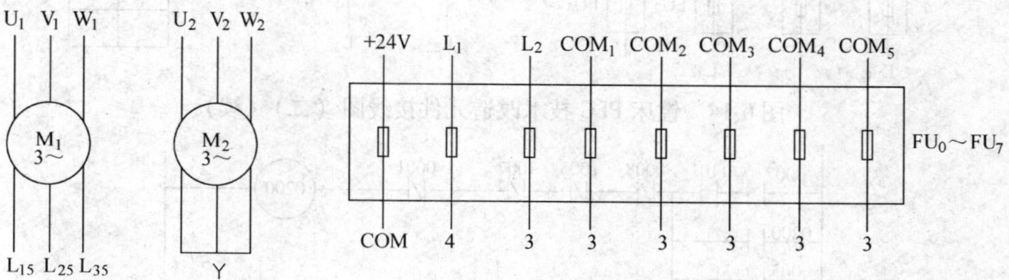

图 6-13　镗床 PLC 技术改造元件接线图（一）

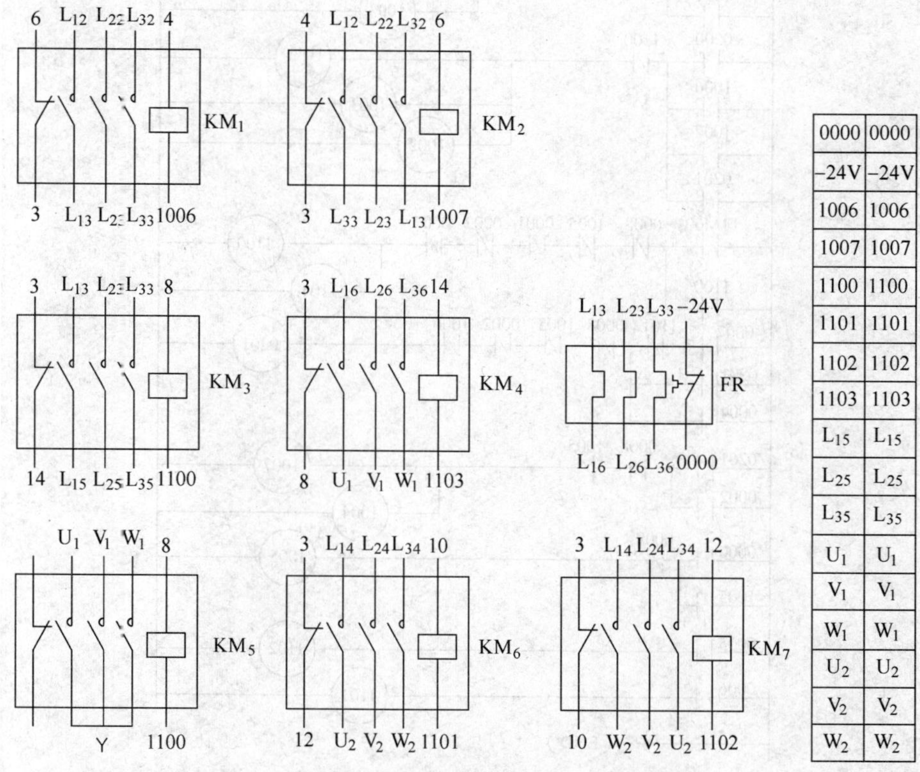

0000	0000
−24V	−24V
1006	1006
1007	1007
1100	1100
1101	1101
1102	1102
1103	1103
L_{15}	L_{15}
L_{25}	L_{25}
L_{35}	L_{35}
U_1	U_1
V_1	V_1
W_1	W_1
U_2	U_2
V_2	V_2
W_2	W_2

图 6-14　镗床 PLC 技术改造元件接线图（二）

	L_{12}	L_{22}	L_{32}	L_{14}	L_{24}	L_{34}	3							
	L_{12}	L_{22}	L_{32}	L_{14}	L_{24}	L_{34}	3							

	L_{12}	L_{22}	L_{32}	L_{14}	L_{24}	L_{34}	3							
	L_{12}	L_{22}	L_{32}	L_{14}	L_{24}	L_{34}	3							

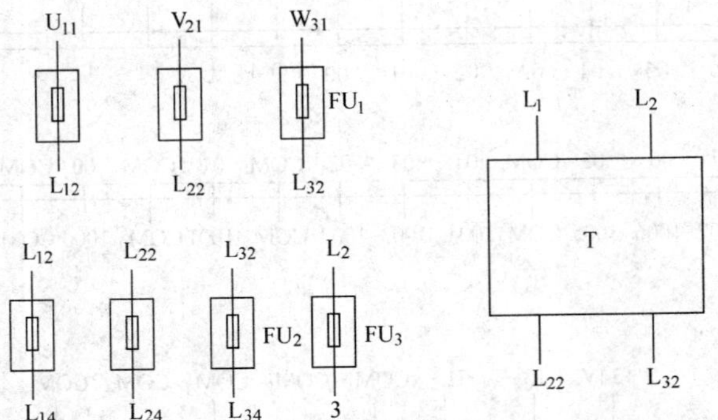

L_1	L_1
3	3
U_{11}	U_{11}
V_{21}	V_{21}
W_{31}	W_{31}

图 6-14　镗床 PLC 技术改造元件接线图（二）（续）

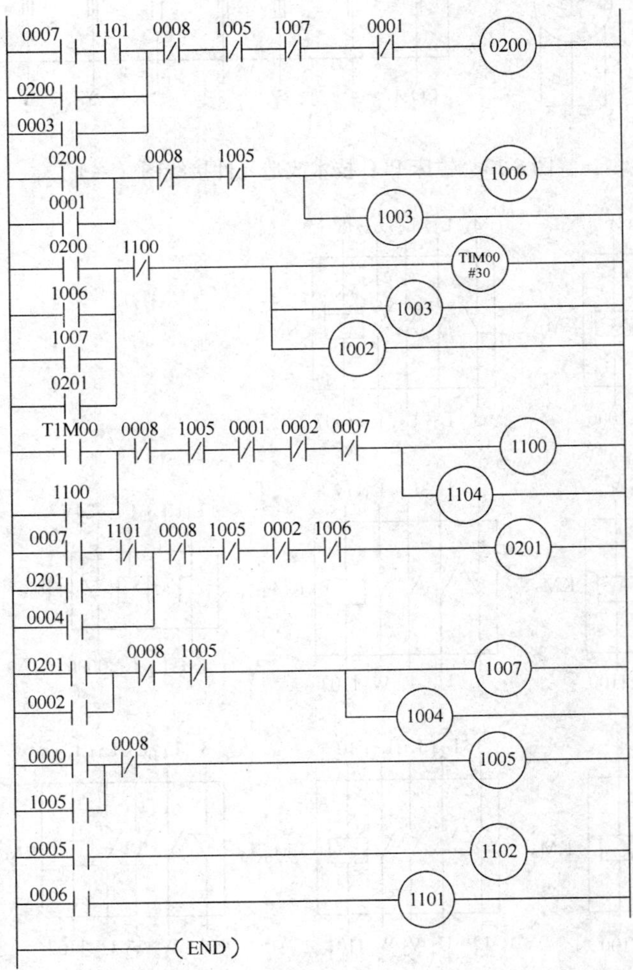

图 6-15　梯形图程序

表 6-7　元件材料明细表（自己动手完成）

序　号	元件名称	符　号	元件型号	规　格	数　量	备　注
1	交流接触器	$KM_1 \sim KM_5$				
2	交流接触器	KM_6、KM_7				
3	热继电器	FR				
4	熔断器	FU_1				
5	熔断器	FU_2、FU_3				
6	变压器	T				
7	信号指示灯	HL				
8	按钮	SB				
9	编程器	PLC				
10	电动机	M_1、M_2				
11	熔丝					
12	接线端子					
13	行线槽					

表 6-8　PLC 程序语句地址列表（自己动手完成）

序　号	语　句	地　址	序　号	语　句	地　址
1			21		
2			22		
3			23		
4			24		
5			25		
6			26		
7			27		
8			28		
9			29		
10			30		
11			31		
12			32		
13			33		
14			34		
15			35		
16			36		
17			37		
18			38		
19			39		
20			40		

（续）

序号	语句	地址	序号	语句	地址
41			49		
42			50		
43			51		
44			52		
45			53		
46			54		
47			55		
48			56		

表 6-9 现场信息与 PLC 地址对照表

类别	名称	现场信息	PLC 地址
输入信号	正转点动按钮	SB_1	0001
	反转点动按钮	SB_2	0002
	正转起动按钮	SB_3	0003
	反转起动按钮	SB_4	0004
	快移正转按钮	SB_5	0005
	快移反转按钮	SB_6	0006
	变速冲动按钮	SB_7	0007
	总停按钮	SB_8	0008
	过载测试按钮	SB_9	0000
输出信号	电源指示	HL_1	COM_1
	高速指示	HL_2	1104
	低速指示	HL_3	1002
	正转指示	HL_4	1003
	反转指示	HL_5	1004
	过载指示	HL_6	1005
	主轴正向运行接触器	KM_1	1006
	主轴反向运行接触器	KM_2	1007
	主轴△联结接触器	KM_3	1103
	主轴Y联结接触器	KM_6	1100
	正向快移接触器	KM_4	1101
	反向快移接触器	KM_5	1102

*项目七　维修电工实操训练

相关知识

一、电气控制电路维修常识

（一）日常维护

电力拖动电路和机床的日常维护对象有电动机、控制电路、保护电路及电气线路等，维护时着重检查以下内容。

1. 检查电动机

定期检查电动机每相绕组之间、绕组对地之间的绝缘电阻，电动机自身运行是否灵活，空载电流与负载电流是否正常，运行中的温升和响应是否在合理范围内，传动装置是否配合恰当，轴承是否磨损、缺油或油质不良以及电动机外壳是否清洁等。

2. 检查控制电路和保护电路

检查触点系统吸合是否良好，触点接触面有无烧蚀、毛刺和穴坑，各种弹簧是否疲劳，电磁线圈是否过热，灭弧装置是否损坏以及电器的有关整定值是否正确等。

3. 检查电气线路

检查电气线路接头与端子板、电器接线柱的连接是否牢靠，有无断落、松动、腐蚀、严重氧化的情况；检查线路绝缘是否良好及线路上是否有油污或污物等。

4. 检查限位开关

检查限位开关是否能起限位保护作用，重点检查滚轮传动机构和触点是否工作正常。

（二）常见的故障检查和排除

1. 检查前的调查

电路出现故障，切忌盲目乱动，在检查前，应对故障发生的情况作尽可能详细地检查和调查。

1）问：询问操作人员故障发生前后电路和设备的工作情况，故障发生时有无异响、冒烟、火花和异常振动；故障发生前有无使设备频繁起动、制动、正反转和过载。

2）听：在电路和设备还能勉强运行而又不至扩大故障的前提下，可通电运行设备，倾听有无异声，如有应尽快判断异响的部位后迅速停车。

3）看：触点是否烧蚀，线头是否松动，线圈是否发热烧焦，熔体是否熔断，脱扣器是否脱扣等。

4）摸：切断电源后立即检查并触摸线圈、触点等发热部分，看温度是否正常。

5）嗅：检查有无元件发热和烧焦的异味。

2. 根据电路、设备的结构及工作原理查找故障范围

首先弄清楚被检修电路、设备的结构和工作原理。在查找故障时，先从主电路入手，检查拖动该设备的几台电动机是否正常；然后逆着电流方向检查主电路的触点系统、热元件、熔断器、隔离开关及线路是否有故障；接着根据主电路与二次电路之间的控制关系，检查控制电路的线路接头、自锁或联锁触点及电磁线圈是否正常；检查制动装置、传动机构中工作不正常的范围，从而找出故障部位。若能通过直接检查发现故障点，如线头脱落、触点及线圈烧毁等，则可加快检修速度。

3. 从控制电路动作顺序检查故障范围

通过直接观察无法找到故障点时，在不会造成设备损坏的前提下，最好是切断主电路电源，让电动机停止运行。通电检查控制电路的动作顺序，观察各元件的动作情况，如某元件应该动作而不动作、不该动作而动作、动作不正常、行程不到位、虽然吸合但接触电阻大或过大以及有异响等现象，从而判断可能的故障点。当控制电路经检查确定工作正常后，再接通主电路，检查控制电路对主电路的控制情况，最后检查主电路的供电环节是否有问题。

4. 利用仪表检修

在电气维修中，对于线路的通断、电动机的绕组的直流电阻、触点的接触电阻等是否正常，可用万用表相应的电阻档检查；对于电动机三相空载电流和负载电流是否平衡、大小是否正常，可以用钳形电流表或其他电流表检查；对于三相电流、电压是否与正常值一致，对电气设备的有关工作电压、线路部分电压等可用万用表检查；对线路、绕组的有关绝缘电阻，可用绝缘电阻表检查。

利用仪表检查电路或电气设备的故障，有速度快、判断准确、故障参数可量化等优点，所以在电气维修中，应充分发挥仪表检查故障的作用。

5. 机械故障的检查

在电力拖动和机床电路中，有些动作是电信号发出指令，由机械机构执行驱动的。如果机械部分的联锁机构、传动装置及其他动作部分发生故障，即使电路完全正常，设备也不能正常运行。在检修中，应注意机械故障的特征和表象，探索故障发生的规律，找出故障点，并排除故障。

在电力拖动和机床电路中，可能发生故障的线路和电器较多，有的明显，有的隐蔽，有的简单，容易排除，有的复杂，难于检查。在检查故障时，应该灵活应对。利用以上所述几种检修方法，可以及时排除故障，确保生产正常进行。检修中注意做好书面记录，积累有关资料，不断总结经验，提高检修能力。

（三）X62W 型万能铣床控制电路的故障分析与检修

X62W 型万能铣床的主轴运动，是由主轴电动机 M_1 拖动，采用齿轮变换实现调速。电气原理上保证了上述要求，而且在变速过程中采用了电动机的冲动与制动。

X62W 型万能铣床的进给运动是工作台导轨的左右、上下及前后进给，用手柄选择运动方向，使电动机正、反向运行，通过电气和机械的配合来实现。同样，工作台的进给速度也需要变速，变速也是采用变速齿轮来实现的，电气控制原理与主轴变速相似。

由于 X62W 型万能铣床的机械操纵与电气控制配合十分密切，因此调试与维修时，不仅要熟悉其电气原理，同时还要对机床的操作与机械结构、特别是机电配合有足够的了解。

X62W 型万能铣床常见电气故障的分析与处理见表 7-1（参照图 6-5）。

表 7-1　X62W 型万能铣床的常见电气故障与处理方法

故障现象	造成原因	处理方法
主轴停车时没有停车，或出现短时的反向运行	1）速度继电器的常开触点不能按运行方向正常闭合，如推动触点的胶木摆杆断裂、损坏，轴伸圆锥销扭弯、磨损或弹性连接元件损坏以及螺钉、销钉松脱或打滑 2）速度继电器触点弹簧调得过紧，使反向制动电路过早被切断，制动效果不明显 3）速度继电器永久磁铁转子的磁性消失，制动效果不明显 4）当速度继电器弹簧调得过松时，使触点分断过迟，在反接的惯性作用下，电动机停止后，仍有短时反转现象	1）检查速度继电器常开触点，更换胶木摆杆、圆锥销及螺钉、销钉等 2）调整速度继电器的触点弹簧，直到制动效果明显为止 3）检查速度继电器永久磁铁的磁性，使故障及时排除 4）调整速度继电器的触点弹簧，直到无反转现象
工作台各方向都不能进给	1）进给电动机 M_2 不能起动，电动机接线脱落或电动机绕组断线 2）经常搬动操作手柄，开关受到冲击，限位开关 SQ_1、SQ_2、SQ_3、SQ_4 位置发生变动或损坏 3）变速冲动开关 SQ_{6-2} 未复位，不能闭合或接触不良	1）检查电动机 M_2 是否完好，对于接线脱落或绕组断线予以修复 2）调整限位开关的位置或更换限位开关 3）调整变速冲动开关 SQ_{6-2} 的位置，检查触点情况，并予以修复或更换
主轴电动机不能起动	1）起动按钮损坏，接线松脱，接触不良或线圈断路 2）变速冲动开关 SQ_{7-2} 的触点接触不良，开关位置移动或撞坏	1）更换按钮，紧固接线，检查与修复线圈 2）检查冲动开关 SQ_7 的触点，调整开关位置，并予以修复或更换
主轴电动机不能冲动（瞬时运行）	限位开关 SQ_{7-1} 频繁受到冲击，从而使开关位置改变，开关底座被撞碎或接触不良	修理或更换开关，调整开关动作行程
进给电动机不能冲动	限位开关 SQ_{6-1} 频繁受到冲击，从而使开关位置改变，开关底座被撞碎或接触不良	更换或修理开关，调整开关动作行程
工作台能向左、向右进给，但不能向前、向后、向上、向下进给	1）限位开关 SQ_1、SQ_2 经常被压合，使螺钉松动、开关移位、触点接触不良、开关机构卡住及线路断开 2）限位开关 SQ_{3-2} 或 SQ_{4-2} 被压开，使进给接触器 KM_3、KM_4 的通电回路均被断开	1）检查与调整 SQ_1 和 SQ_2，并予以修复或更换 2）检查 SQ_{3-2} 或 SQ_{4-2}，并予以修复或更换
工作台能向前、向后，向上、向下进给、但不能向左、向右进给	1）限位开关 SQ_3、SQ_4 经常被压合，使螺钉松动、开关移位、触点接触不良、开关机构卡住及线路断开 2）限位开关 SQ_1 或 SQ_2 被压开，使进给接触器 KM_3、KM_4 的通电回路均被断开	1）检查与调整 SQ_3 或 SQ_4，并予以修复或更换 2）检查 SQ_1 或 SQ_2，并予以修复或更换
工作台不能快速移动	1）牵引电磁铁 YA 由于冲击力大，操作频繁，经常造成线圈骨架磨损严重，产生毛刺或损伤线圈绝缘层，引起匝间短路和烧毁线圈 2）线圈受到振动，接线松脱 3）控制回路电源故障或 KM_5 线圈断路、短路烧毁 4）快速按钮 SB_5 或 SB_6 接线松动、脱落	1）更换牵引电磁铁 YA，重新绕制线圈或予以更换线圈 2）紧固线圈接线 3）检查控制回路电源及 KM_5 线圈情况，并予以修复或更换 4）检查快速按钮 SB_5 或 SB_6 接线，并予以紧固

二、中级维修电工实操培训内容

中级维修电工实操培训内容见表7-2。

表7-2　中级维修电工实操培训内容

项　目	鉴定范围	鉴定内容	备　注
技能要求（操作技能）	中级操作技能：安装、调试操作技能	1）拆装55kW以上的异步电动机和防爆电动机（定子绕组、转子）及一般调试和试验 2）拆装60kW以下的直流电动机（包括直流电焊机），并做修理后的接线及一般调试和试验 3）拆装中、小型多速异步电动机和电磁调速电动机并接线、试车 4）装接较复杂电气控制电路的配电板，并选择、整定电气参数及其接线 5）安装、调试较复杂的电气控制电路，如X62W型万能铣床、M7475B型磨床、Z37型钻床、30/5t起重机等的电路 6）按图焊接一般的移相触点、调节器放大电路和晶闸管调速器，并通过仪器仪表进行测试和调整 7）计算常用电动机、电器、汇流排及电缆等导线截面积并核算其安全电流 8）能完成10kV/0.4kV、1000kV·A以下的电力变压器吊心检查和换油 9）完成成品车间低压动力和照明电路的安装及检修 10）能按工艺使用和保管无纬玻璃丝带及合成云母带	根据考试要求确定的时间和有关条件确定具体鉴定内容，能按技术要求按时完成者，可得满分
	故障分析、及修复设备技能	1）检查、修理各种继电器装置 2）修复55kW以上异步电动机（包括绕线转子异步电动机和防爆电动机）及60kW以下直流电动机（包括直流电焊机） 3）排除晶闸管触发电路和调节器放大电路的故障 4）检修和排除直流电动机及其控制电路的故障 5）检修较复杂的机床电气控制电路，如X62W型万能铣床、M7475B型磨床、Z37型钻床及其他电气设备（如30/5t起重机）等，并排除故障 6）修理中、小型多速异步电动机及电磁调速电动机 7）检查、排除交磁电动机扩大机及其控制电路故障 8）修理同步电动机（阻尼环、集电环接触不良，定子接线处开焊，定子绕组损坏等） 9）检查和处理交流电动机三相绕组电流不平衡的故障 10）修理10kV以下电流互感器和电压互感器 11）排除1000kV·A以下电力变压器的一般故障，并进行维护和保养 12）检修低压电缆终端和中间接线盒	
工具设备的使用与维护	工具的使用与维护	合理使用常用工具和专用工具，并做好维护、保养工作	
安全及其他	安全文明生产	1）正确执行安全操作章程，如高压电气技术安全规程的有关要求、电气设备消防规程、电气设备事故处理规程、紧急救护规程及设备起运吊装安全规程等 2）按企业有关文明生产的规定，做到工作环境整洁，工件、工具摆放整齐 3）认真执行交接班制度	

任务　维修电工实操综合训练

任务描述

选择不同类型模拟实操试题进行实操练习，为实操考核鉴定做好准备。

◎试卷一　（初级）

试题：安装和调试电动机正、反转控制电路并排除故障技能训练。

电动机正、反转控制电气原理图如图 7-1 所示。

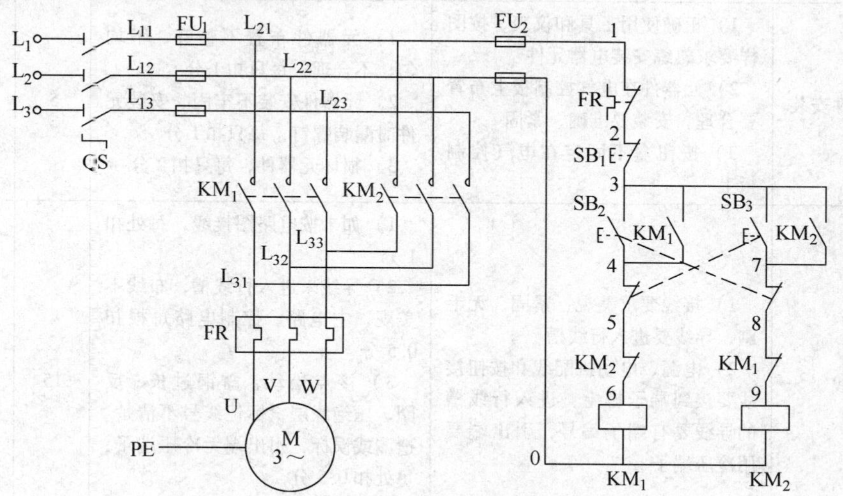

图 7-1　电动机正、反转控制电气原理图

任务实施

一、安装接线及要求

1）检查电器元件质量。

2）绘制电器元件布置图和接线图。

3）在电气控制板上按电器元件布置图安装元件。

4）布线：按布线安装工艺和步骤进行。

5）按钮盒不固定在电气控制板上，电源、电动机配线及按钮接线要接到端子排上，进出线槽的导线要有端子标号，引出端要用冷压端子。

6）连接电气控制板外部导线。

7）安全文明操作。

8）考试时间为 210min。

二、故障排除及要求

1）在电动机正、反转电路中，设隐蔽故障 3 处，主电路 1 处，控制电路 2 处。

2）考生向考评员询问故障现象时，考评员可将故障现象告诉考生，考生必须单独排除故障。

3）安全文明操作。

4）考试时间45min。

5）排除故障得分未达到20分，本次考核视为不通过。

评分标准

1. 电动机正、反转控制电路安装及调试评分标准

电动机正、反转控制电路安装及调试评分标准见表7-3。

表7-3 电动机正、反转控制电路安装及调试评分标准

<table>
<tr><th>序号</th><th>主要内容</th><th>考核要求</th><th>评分标准</th><th>配分</th><th>扣分</th><th>得分</th></tr>
<tr><td>1</td><td>元件安装</td><td>1）正确使用工具和仪表，按图样要求熟练安装电器元件
2）元器件在电气控制板上布置要合理，安装要准确、紧固
3）按钮盒不固定在电气控制板上</td><td>1）元器件布置不整齐、不均匀、不合理，每只扣1分
2）元器件安装不牢固、安装元件时漏装螺钉，每只扣1分
3）损坏元器件，每只扣2分</td><td>5</td><td></td><td></td></tr>
<tr><td>2</td><td>布线</td><td>1）接线要求美观、紧固、无毛刺，导线要进入行线槽
2）电源、电动机配线和按钮接线要接到端子排上，进入行线槽的导线要有端子编号，引出端要用冷压端子</td><td>1）如未按电路图接线，每处扣1分
2）导线未进入行线槽，布线不美观，主电路、控制电路每根扣0.5分
3）接点松动、露铜过长、反圈、压绝缘层，标记线号不清楚、遗漏或误标，引出端无冷压端子，每处扣0.5分
4）损伤导线绝缘或线芯，每根扣0.5分</td><td>15</td><td></td><td></td></tr>
<tr><td>3</td><td>通电试车</td><td>在保证人身和设备安全的前提下，通电试验一次成功</td><td>1）热继电器整定值错误，扣2分
2）主电路、控制电路配错熔体，每个扣1分
3）第一次试车不成功，扣5分
第二次试车不成功，扣10分
第三次试车不成功，扣15分</td><td>20</td><td></td><td></td></tr>
<tr><td>4</td><td>安全文明生产</td><td>1）劳动保护用品穿戴整齐
2）电工工具配带齐全
3）遵守操作规程
4）尊重监考老师，讲文明，懂礼貌
5）考试结束要清理现场</td><td>违反安全文明生产规程，每项扣2分</td><td>10</td><td></td><td></td></tr>
<tr><td rowspan="2">备注</td><td rowspan="2" colspan="2"></td><td>合计</td><td>50</td><td></td><td></td></tr>
<tr><td>考评员签字</td><td colspan="3">年 月 日</td></tr>
</table>

2. 电动机正、反转控制电路排除故障评分标准

电动机正、反转控制电路排除故障评分标准见表7-4。

表7-4　电动机正、反转控制电路排除故障评分标准

序号	主要内容	考核要求	评分标准	配分	扣分	得分
1	调查研究	对每个故障现象进行调查研究	故障排除前未进行调查研究，扣1分	1		
2	故障分析	在电气控制电路上分析故障可能存在的范围，思路方法正确	错标或未标出故障范围，每个扣2分	6		
			不能标出最小的故障范围，每个扣1分	3		
3	故障排除	正确使用工具和仪表，找出故障点并排除故障	实际排除故障中思路不清晰，每个扣2分	6		
			每少查出1处故障点，扣2分	6		
			每少排除1处故障点，扣3分	9		
			排除故障方法不正确，每处扣3分	9		
4	安全文明生产	1）劳动保护用品穿戴整齐 2）电工工具配带齐全 3）遵守操作规程 4）尊重监考老师，讲文明，懂礼貌 5）考试结束要清理现场	违反安全文明生产规程，每项扣2分	10		
5	其他	操作有误，要从总分中扣分	1）排除故障时产生新的故障后，不能自行修复的每个扣10分，已修复的每个扣5分 2）损坏电动机，扣10分			
备注			合计	50		
			考评员签字	年　月　日		

◎试卷二　（中级）

试题：安装和调试电动机断电延时Y-△减压起动控制电路并排除故障技能训练。

电动机断电延时Y-△减压起动电气原理图如图7-2所示。

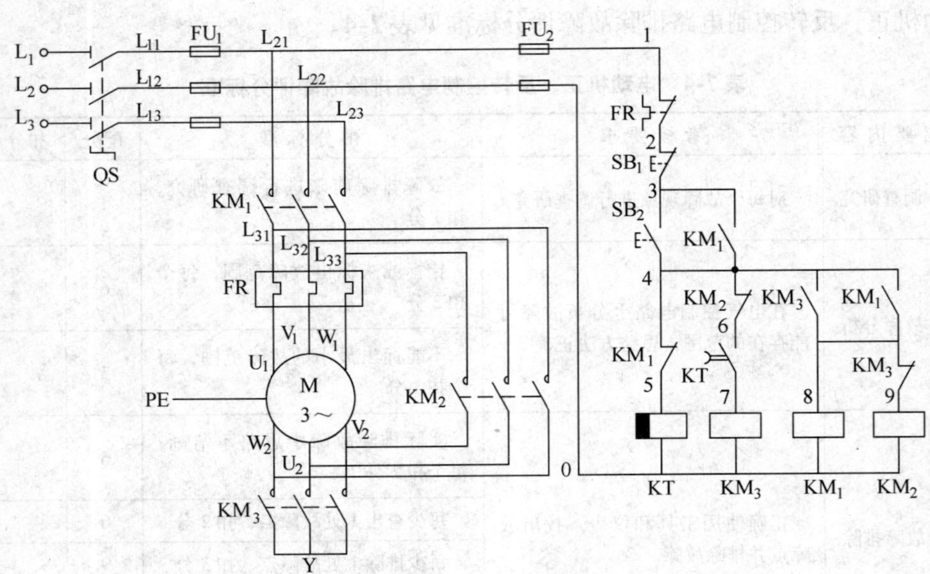

图 7-2　电动机断电延时Y-△减压起动电气原理图

任务实施

一、安装接线及要求

1）检查电器元件质量。

2）绘制电器元件布置图和接线图。

3）在电气控制板上按电器元件布置图安装元件。

4）布线：按布线安装工艺和步骤进行。

5）按钮盒不固定在电气控制板上，电源、电动机配线及按钮接线要接到端子上，进出行线槽的导线要有端子标号，引出端要用冷压端子。

6）连接电气控制板电源及外部电动机导线。

7）安全文明操作。

8）考试时间为 210min。

二、故障排除及要求

1）在电动机断电延时Y-△起动控制电路中，设隐蔽故障 3 处，主电路 1 处，控制电路 2 处。

2）考生向考评员询问故障现象时，考评员可将故障现象告诉考生，考生必须单独排除故障。

3）安全文明操作。

4）考试时间 45min。

5）排除故障得分未达到 20 分，本次考核视为不通过。

评分标准

1. 电动机断电延时Y-△减压起动控制电路安装和调试评分标准

电动机断电延时Y-△减压起动控制电路安装和调试评分标准见表7-5。

表7-5　电动机断电延时Y-△减压起动控制电路安装和调试评分标准

序号	主要内容	考核要求	评分标准	配分	扣分	得分
1	元件安装	1）正确使用工具和仪表，按图样要求熟练安装电器元件 2）元器件在电气控制板上布置要合理，安装要准确、紧固 3）按钮盒不固定在电气控制板上	1）元器件布置不整齐、不均匀、不合理，每只扣1分 2）元器件安装不牢固，安装元件时漏装螺钉，每只扣1分 3）损坏元器件，每只扣2分	5		
2	布线	1）接线要求美观、紧固、无毛刺，导线要进入行线槽 2）电源、电动机配线和按钮接线要接到端子排上，进入行线槽的导线要有端子编号，引出端要用冷压端子	1）电动机运行正常，如未按电路图接线，扣1分 2）导线未进入行线槽，布线不美观，主电路、控制电路每根扣0.5分 3）接点松动、露铜过长、反圈、压绝缘层，标记线号不清楚、遗漏或误标，引出端无冷压端子，每处扣0.5分 4）损伤导线绝缘或线芯，每根扣0.5分	15		
3	通电试车	在保证人身和设备安全的前提下，通电试验一次成功	1）时间继电器或热继电器整定值错误，扣2分 2）主电路、控制电路配错熔体，每个扣1分 3）第一次试车不成功，扣5分 第二次试车不成功，扣10分 第三次试车不成功，扣15分	20		
4	安全文明生产	1）劳动保护用品穿戴整齐 2）电工工具配带齐全 3）遵守操作规程 4）尊重监考老师，讲文明，懂礼貌 5）考试结束要清理现场	违反安全文明生产规程，每项扣2分	10		
			合计	50		
备注			考评员签字　　　　年　月　日			

2. 电动机断电延时Y-△减压起动控制电路排除故障评分标准

电动机断电延时Y-△减压起动控制电路排除故障评分标准见表7-6。

表7-6 电动机断电延时Y-△减压起动控制电路排除故障评分标准

序号	主要内容	考核要求	评分标准	配分	扣分	得分
1	调查研究	对每个故障现象进行调查研究	故障排除前未进行调查研究，扣1分	1		
2	故障分析	在电气控制电路上分析故障可能的原因，思路正确	错标或未标出故障范围，每个扣2分	6		
			不能标出最小的故障范围，每个扣1分	3		
3	故障排除	正确使用工具和仪表，找出故障点并排除故障	实际排除故障中思路不清晰，每个扣2分	6		
			每少查出1处故障点，扣2分	6		
			每少排除1处故障点，扣3分	9		
			排除故障方法不正确，每处扣3分	9		
4	安全文明生产	1）劳动保护用品穿戴整齐 2）电工工具配带齐全 3）遵守操作规程 4）尊重监考老师，讲文明，懂礼貌 5）考试结束要清理现场	违反安全文明生产规程，每项扣2分	10		
5	其他	操作有误，要从总分中扣分	1）排除故障时产生新的故障后，不能自行修复的每个扣10分，已修复的每个扣5分 2）损坏电动机，扣10分			
备注			合计	50		
			考评员签字			年　月　日

◎试卷三　（中级）

试题：安装和调试电动机正反转、停车及反接制动控制电路并排除故障技能训练。

电动机正反转、停车及反接制动电气原理图如图7-3所示。

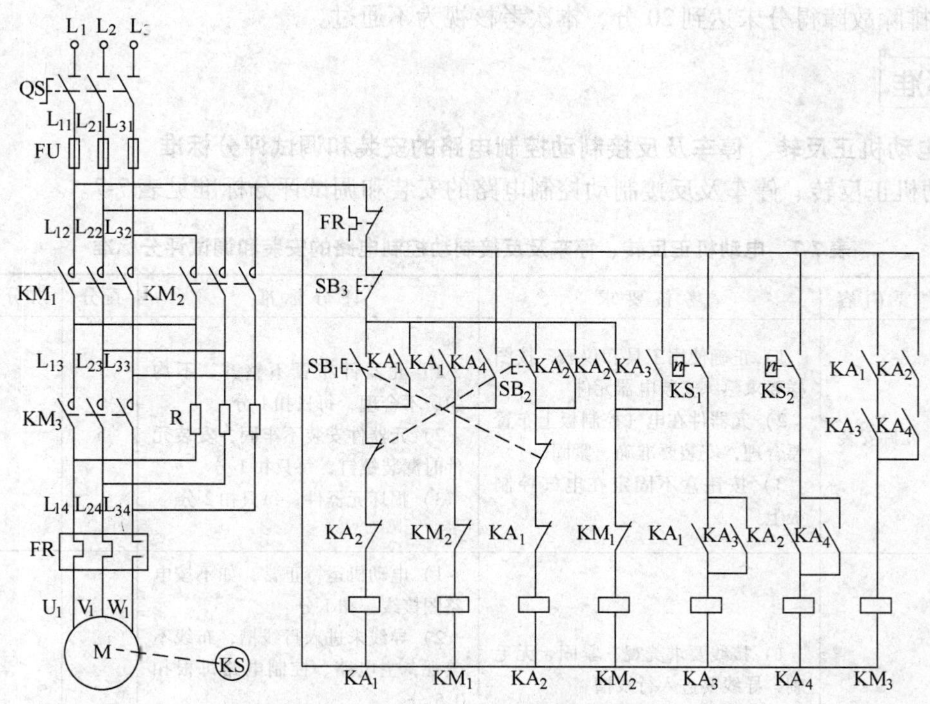

图 7-3　电动机正反转、停车及反接制动电气原理图

任务实施

一、安装接线及要求

1）检查电器元件质量。

2）绘制电器元件布置图和接线图。

3）在电气控制板上按电器元件布置图安装元件。

4）布线：按布线安装工艺和步骤进行。

5）按钮盒不固定在电气控制板上，电源、电动机配线和按钮接线要接到端子上，进出行线槽的导线要有端子标号，引出端要用冷压端子。

6）连接电气控制板外部导线。

7）安全文明操作。

8）考试时间为 210min。

二、故障排除及要求

1）在电动机正反转、停车及反接制动控制电路中，设隐蔽故障 3 处，主电路 1 处，控制电路 2 处。

2）考生向考评员询问故障现象时，考评员可将故障现象告诉考生，考生必须单独排除故障。

3）安全文明操作。

4）考试时间为 45min。

5）排除故障得分未达到20分，本次考核视为不通过。

评分标准

1. 电动机正反转、停车及反接制动控制电路的安装和调试评分标准

电动机正反转、停车及反接制动控制电路的安装和调试评分标准见表7-7。

表7-7　电动机正反转、停车及反接制动控制电路的安装和调试评分标准

序号	主要内容	考核要求	评分标准	配分	扣分	得分
1	元件安装	1）正确使用工具和仪表，按图样要求熟练安装电器元件 2）元器件在电气控制板上布置要合理，安装要准确、紧固 3）按钮盒不固定在电气控制板上	1）元器件布置不整齐、不均匀、不合理，每只扣1分 2）元器件安装不牢固，安装元件时漏装螺钉，每只扣1分 3）损坏元器件，每只扣2分	5		
2	布线	1）接线要求美观、紧固、无毛刺，导线要进入行线槽 2）电源、电动机配线和按钮接线要接到端子排上，进入行线槽的导线要有端子编号，引出端要用冷压端子	1）电动机运行正常，如不按电路图接线，扣1分 2）导线未进入行线槽，布线不美观，主电路、控制电路每根扣0.5分 3）接点松动、露铜过长、反圈、压绝缘层，标记线号不清楚、遗漏或误标，引出端无冷压端子，每处扣0.5分 4）损伤导线绝缘或线芯，每根扣0.5分	15		
3	通电试车	在保证人身和设备安全的前提下，通电试验一次成功	1）时间继电器或热继电器整定值错误，各扣2分 2）主电路、控制电路配错熔体，每个扣1分 3）第一次试车不成功，扣5分 第二次试车不成功，扣10分 第三次试车不成功，扣15分	20		
4	安全文明生产	1）劳动保护用品穿戴整齐 2）电工工具配带齐全 3）遵守操作规程 4）尊重监考老师，讲文明，懂礼貌 5）考试结束要清理现场	违反安全文明生产规程，每项扣2分	10		
备注			合计	50		
			考评员签字	年　月　日		

2. 电动机正反转、停车及反接制动控制电路排除故障评分标准

电动机正反转、停车及反接制动控制电路排除故障评分标准见表7-8。

表7-8　电动机正反转、停车及反接制动控制电路排除故障评分标准

序号	主要内容	考核要求	评分标准	配分	扣分	得分
1	调查研究	对每个故障现象进行调查研究	故障排除前未进行调查研究，扣1分	1		
2	故障分析	在电气控制电路上分析故障可能的原因，思路正确	错标或未标出故障范围，每个扣2分	6		
			不能标出最小的故障范围，每个扣1分	3		
3	故障排除	正确使用工具和仪表，找出故障点并排除故障	实际排除故障中思路不清晰，每个扣2分	6		
			每少查出1处故障点，扣2分	6		
			每少排除1处故障点，扣3分	9		
			排除故障方法不正确，每处扣3分	9		
4	安全文明生产	1）劳动保护用品穿戴整齐 2）电工工具配带齐全 3）遵守操作规程 4）尊重监考老师，讲文明，懂礼貌 5）考试结束要清理现场	违反安全文明生产规程，每项扣2分	10		
5	其他	操作有误，要从总分中扣分	1）排除故障时产生新的故障后，不能自行修复的每个扣10分，已修复的每个扣5分 2）损坏电动机，扣10分			
			合计	50		
备注			考评员签字	年　月　日		

◎试卷四　（中级）

一、X62W型万能铣床电气控制电路故障排除技能训练

任务实施

1）用通电试验法观察故障现象。

2）分析故障范围，在电气原理图上标出故障最小范围。

3）排除人为设置的3个故障。

4）时间：40min。

5）X62W 型万能铣床电气线路参考图6-5。

评分标准

X62W 型万能铣床电气控制电路故障排除技能训练评分标准见表7-9。

表7-9　X62W 型万能铣床电气控制电路故障排除技能训练评分标准

序号	主要内容	考核要求	评分标准	配分	扣分	得分
1	观察故障现象	能正确说出故障现象	无法正确描述故障现象，每个扣2分	5分		
2	分析故障范围	1）采用正确方法分析故障 2）在电气原理图上标出最小故障范围	1）思想不清晰，分析方法不正确，每个故障点扣3分 2）故障范围不正确，每个扣8分 3）故障范围偏大或偏小，每超出一个元器件扣2分	20分		
3	排除故障	1）采用正确方法排除故障 2）不能扩大故障范围或产生新的故障	1）不能排除故障，每个扣12分 2）扩大故障范围，每个扣5分	20分		
4	安全文明生产	不得违反安全生产规程、损坏元器件及仪表	违反安全生产规程或损坏仪表，酌情扣分，造成事故的取消考试资格	5分		
备注			合计	50		
			考核员签字　　年　月　日			

二、直流电动机的接线试车技能训练

任务实施

1）直流电动机接线试车。

2）直流电动机的正、反转接线及试车。

3）直流电动机的调速。

4）时间：40min。

评分标准

直流电动机接线及试车技能训练评分标准见表 7-10。

表 7-10　直流电动机接线试车技能训练评分标准

序号	主要内容	考核要求	评分标准	配分	扣分	得分
1	直流电动机接线及试车	接线正确	接线每错一处扣 2 分	10 分		
2	直流电动机正、反转接线及试车	接线正确	接线每错一处扣 2 分	5 分		
3	直流电动机的调速	接线正确	接线每错一处扣 2 分，不会调速扣 4 分	10 分		
4	安全文明生产	不得违反安全生产规程、损坏元器件及仪表	违反安全操作规程，损坏设备的酌情倒扣分	5 分		
			合计	30		
备注		考核员签字	年　月　日			

三、安装和调试单结晶体管触发电路训练

任务实施

1）单结晶体管触发电路如图 7-4 所示，根据该图配齐元器件并检测，筛选出技术参数适合的元器件。

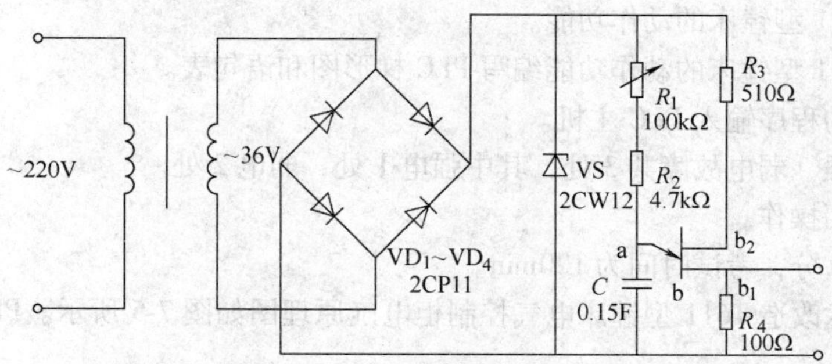

图 7-4　单结晶体管触发电路图

2）按图在印制电路板上安装、焊接单结晶体管触发电路。

3）焊接完毕，通电对电路进行测试，并画 a、b 两点的电压波形。

4）时间：180min。

评分标准

安装和调试单结晶体管触发电路训练评分标准见表 7-11。

表 7-11　安装和调试单结晶体管触发电路训练评分标准

项　目	技术要求	评分标准	配分	扣分	得分
元器件检测筛选	测试元器件方法正确，元器件参数选择合理	测试元器件的方法不正确，每件扣 1 分，元器件技术参数太大，每件扣 0.5 分	5 分		
元器件安装、焊接	元器件安装位置正确，元器件焊接工艺符合要求	元器件安装错误，每件扣 1 分，元器件有虚焊、毛刺，每件扣 0.5 分	5 分		
调试电路	调试方法正确，并能正确给出观察点的波形	示波器使用错误，每次扣 2 分；调试顺序错误，每次扣 2 分；观察波形不对，每次扣 1 分	5 分		
安全文明生产	不得违反安全生产规程、损坏元器件及仪表	违反安全操作规程、损坏设备的情况酌情扣分	5 分		
	合计		20		
	考核员签字 年　月　日				

◎试卷五　（高级）

试题：PLC 技术改造 T611 型镗床电气控制柜通电调试与排故训练

任务实施

1）写出 T611 型镗床的动作功能。

2）根据 T611 型镗床的动作功能编写 PLC 梯形图和语句表。

3）将编写的程序输入 PLC 主机。

4）排故：强、弱电故障共 3 处，其中强电 1 处，弱电 2 处。

5）安全文明操作。

6）满分 100 分，考试时间为 120min。

7）PLC 技术改造 T611 型镗床电气控制柜电气原理图如图 7-5 所示。PLC I/O 接线原理图如图 7-6 所示。

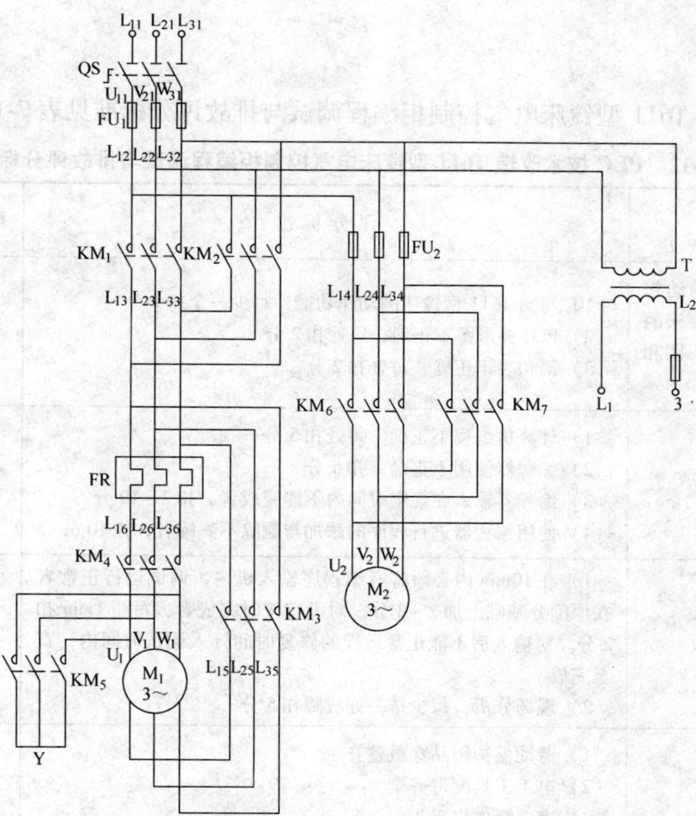

图 7-5 PLC 技术改造 T611 型镗床电气控制柜电气原理图

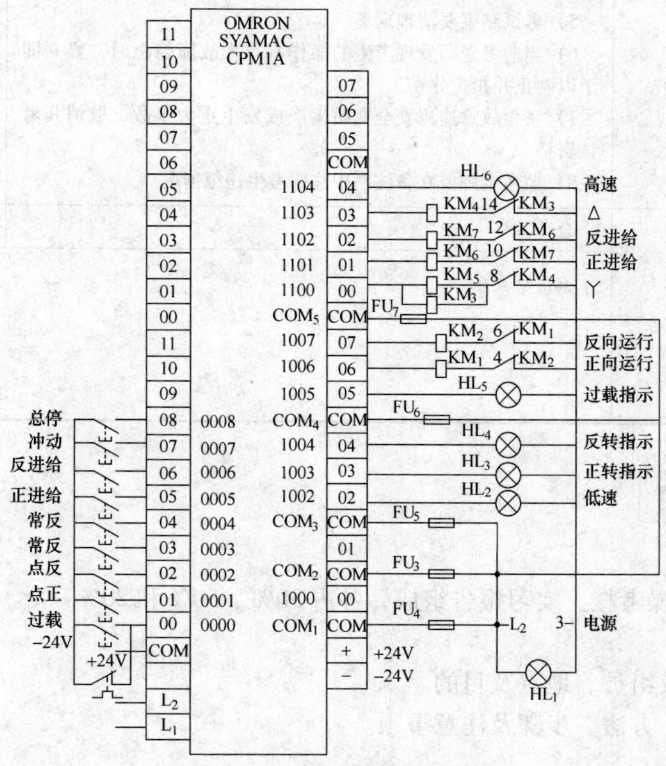

图 7-6 PLC I/O 接线原理图

评分标准

PLC 技术改造 T611 型镗床电气控制柜编程调试与排故评分标准见表 7-12。

表 7-12　PLC 技术改造 T611 型镗床电气控制柜编程调试与排故评分标准

项目＼内容	评分标准	配分	扣分	得分
写出 T611 型镗床的动作功能，根据 T611 型镗床的动作功能编写 PLC 梯形图和语句表	1）写出 T611 型镗床的动作功能，每少一个扣 2 分 2）PLC 梯形图不正确，每处扣 2 分 3）语句表不正确，每处扣 2 分	20		
程序的输入	1）计算机编程不正确，每处扣 5 分 2）编程器使用不正确，扣 5 分 3）编程器输入在规定时间内不能完成者，扣 2～10 分 4）使用编程器进行程序的添加与删除不熟练者，扣 10 分	30		
通电试验与简单排故	1）在 10min 内必须将所编程序输入机内，调试运行正常者在原配分基础上加 2～3 分。对没有按时完成者，每超 1min 扣 2 分。对输入后不能正常运行的修复时间计入调试时间内，直至完成 2）现场分析，每少排一处故障扣 5 分	35		
安全文明生产	1）劳动保护用品穿戴整齐 2）电工工具配带齐全 3）遵守操作规程 4）尊重监考老师，讲文明，懂礼貌 5）考试结束要清理现场 6）当监考老师发现考生的操作有重大故障隐患时，要立即予以制止并扣 5 分 7）考生故意违犯安全文明生产或发生重大事故，取消其考试资格 8）监考老师要在备注栏中注明考生违纪情况	15		
	合计	100		
	考核员签字 年　月　日			

课后作业与成绩

1. 实训成绩

量化考核、实操考核、实习报告组成，各占 30%、50% 和 20%。

2. 实训报告

1）实训时间及组员、地点及目的。

2）实训内容、方法、步骤及注意事项。

3）心得体会。

附　录

附录 A　电气常用图形符号和文字符号新旧标准对照表

序　号	名　称	旧 标 准		新 标 准	
		图形符号	文字符号	图形符号	文字符号
1	直流	— 或 ═		⎓	
2	交流	~		~	
3	接地一般符号	⏚		⏚	
4	等电位				
5	故障			↯	
6	导线不连接	┼		┼	
7	导线连接	┼		┼	
8	直流发电机	F	ZF	G	
9	交流发电机	F ~	JF	G ~	
10	直流电动机	D	ZD	M	
11	三相笼型异步电动机		YD、JD	M 3~	
12	三相绕线转子异步电动机		YD、JD	M 3~	

（续）

序　号	名　称	旧　标　准		新　标　准	
		图形符号	文字符号	图形符号	文字符号
13	电流表	A	A	A	PA
14	电压表	V	V	V	PV
15	信号灯		XD		HL
16	照明灯		ZD		EL
17	电铃		DL		HA
18	蜂鸣器		FM		HA
19	插头		CX		XP
20	插座		CZ		XS
21	熔断器		RD		FU
22	普通刀开关控制开关		K		QS
23	三相刀开关组合开关		K		QS
24	起动按钮		QA		SB
25	停止按钮		TA		SB
26	接触器的主触点		C		KM

（续）

序　号	名　称	旧标准		新标准	
		图形符号	文字符号	图形符号	文字符号
27	接触器的辅助常闭触点		C		KM
28	接触器的辅助常开触点		C	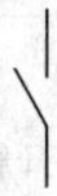	KM
29	继电器常开触点		J		KA
30	继电器常闭触点		J		KA
31	热继电器常闭触点		JR	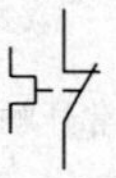	FR
32	延时闭合的常闭触点	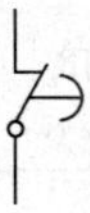	SJ		KT
33	延时闭合的常开触点		SJ	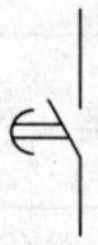	KT
34	延时断开的常开触点	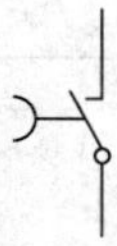	SJ	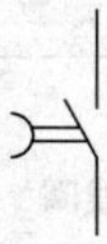	KT
35	延时断开的常闭触点	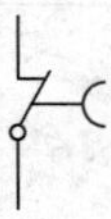	SJ		KT
36	限位开关的常开触点		XK		SQ

（续）

序号	名称	旧标准		新标准	
		图形符号	文字符号	图形符号	文字符号
37	限位开关的常闭触点		XK	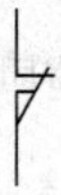	SQ
38	速度继电器常开触点	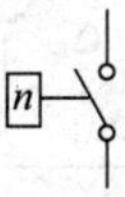	SDJ	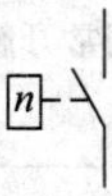	KS
39	速度继电器常闭触点	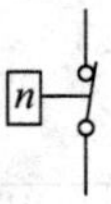	SDJ	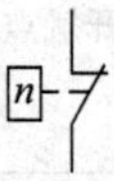	KS
40	压力继电器常闭触点	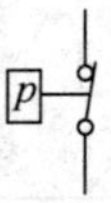	YJ	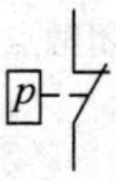	KP
41	压力继电器常开触点	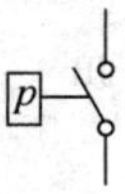	YJ	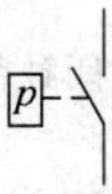	KP
42	热继电器的热元件		JR	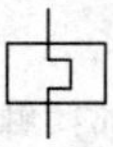	FR
43	普通电阻	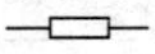	R	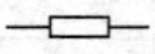	R
44	电位器	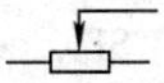	W	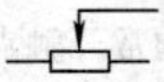	RP
45	普通电容		C		C
46	接触器线圈	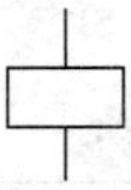	C	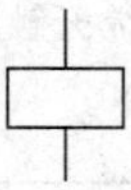	KM
47	继电器线圈	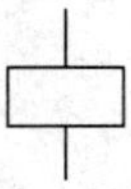	J	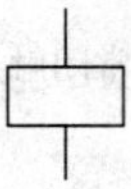	KA
48	时间继电器线圈	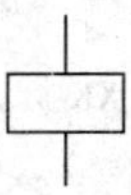	SJ	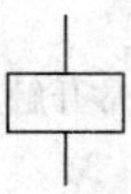	KT

（续）

序　号	名　称	旧标准		新标准	
		图形符号	文字符号	图形符号	文字符号
49	缓慢吸合继电器线圈		SJ		KT
50	缓慢释放继电器线圈		DJ		KT

附录 B　部分 PLC 基本指令及编程元件的编号

一、西门子 S7—200CPU224、CPU226 可编程序控制器的内存区域的分布及 I/O 配置

（一）西门子 S7—200CPU224、CPU226 系列部分编程元件的编号范围与功能说明

西门子 S7—200CPU224、CPU226 系列部分编程元件的编号范围与功能说明见表 B-1。

表 B-1　部分编程元件的编号范围与功能说明

元件名称	代表字母	编号范围	功能说明
输入寄存器	I	I0.0～I0.7，I1.0～I1.5 共 14 点	接受外部输入设备的信号
输出寄存器	Q	Q0.0～Q0.7，Q1.0～Q1.1 共 10 点	输出程序执行结果并驱动外部设备
位存储器	M	M0.0～M31.7	在程序内部使用，不能提供外部输出
定时器	256（T0～T255）	T0，T64	保持型通电延时 1ms
		T1～T4，T65～T68	保持型通电延时 10ms
		T5～T31，T69～T95	保持型通电延时 100ms
		T32，T96	ON/OFF 延时，1ms
		T33～T36，T97～T100	ON/OFF 延时，10ms
		T37～T63，T101～T255	ON/OFF 延时，100ms
计数器	C	C0～C255	加法计数器，触点在程序内部使用
高速计数器	HC	HC0～HC5	用来累计比 CPU 扫描速率更快的事件
顺序控制继电器	S	S0.0～S31.7	提供控制程序的逻辑分段
变量存储器	V	VB0.0～VB5119.7	数据处理用的数值存储元件
局部存储器	L	LB0.0～LB63.7	使用临时的寄存器，作为暂时存储器
特殊存储器	SM	SM0.0～SM549.7	CPU 与用户之间交换信息
特殊存储器	SM（只读）	SM0.0～SM29.7	接收外部信号
累加寄存器	AC	AC0～AC3	用来存放计算的中间值

(二) S7—200PLC 的基本指令

S7—200PLC 的基本指令见表 B-2。

表 B-2 S7—200PLC 的基本指令

指令	操作数	功能说明
LD LDN	N N	装载（开始的常开触点） 取反后装载（开始的常闭触点）
A AN	N N	与（串联的常开触点） 取反后与（串联的常闭触点）
O ON	N N	或（并联的常开触点） 取反后或（并联的常闭触点）
NOT		栈顶值取反
EU ED		上升沿检测 下降沿检测
=	N	赋值
S R	S_BIT，N S_BIT，N	置位一个区域 复位一个区域
SHRB	DATA，S_BIT，N	移位寄存器
SRB SLB	OUT，N OUT，N	字节右移 N 位 字节左移 N 位
RRB RLB	OUT，N OUT，N	字节循环右移 N 位 字节循环左移 N 位
TON TOF	T×××，TP T×××，TP	通电延时定时器 断电延时定时器
CTU CTD	C×××，PV C×××，PV	加计数器 减计数器
END		程序的条件结束
STOP		切换到 STOP 模式
WDR		看门狗复位 300ms
JMP	N	跳到指定的标号
CALL	N（N1，N2，…）	调用子程序
CRET		从子程序条件返回
FOR/NEXT	INDX，INIT，FINAL	For/Next 循环
ALD OLD		电路块串联 电路块并联
NETR NETW	TABLE，PORT TABLE，PORT	网络读 网络写
SLCR SLCT SLCE	N N 	顺控继电器段的起动 顺控继电器段的转换 顺控继电器段的结束

二、欧姆龙 C 系列 P 型机

（一）C 系列 P 型机的基本指令

C 系列 P 型机的基本指令见表 B-3。

表 B-3　C 系列 P 型机的基本指令表

指　令	符　号	助记符　数据	数据内容
LD	├──┤├──	LD　器件号	器件号 0000～1907 HR000～917 TIM/CNT00～47 TR0～7（LD）
LD-NOT	├──┤/├──	LD　NOT　器件号	
AND	──┤├──	AND　器件号	
AND-NOT	──┤/├──	AND　NOT　器件号	
OR		OR　器件号	
OR-NOT		OR　NOT　器件号	
AND-LD		AND　LD	
OR-LD		OR　LD	
OUT	──○	OUT　器件号	器件号 0500～1807 HR000～915 TR0～7（OUT）
TIM	──○	TIM　定时器号　设定值	定时器或计数器 TIM/CNT00～46 设定值 #0000～9999
CNT	CP CNT	CNT　计数器号　设定值	

（二）C 系列 P 型机的专用指令

C 系列 P 型机的专用指令见表 B-4。

表 B-4　C 系列 P 型机的专用指令表

指　令	助记符数据	含　义
END	FUN 01	程序结束
IL	FUN 02	电路有一个新的分支起点
ILC	FUN 03	电路分支结束
JMP	FUN 04	跳转
JME	FUN 05	跳转结束
SFT	FUN 10	它相当于一个回车行输入移位寄存器
KEEP	FUN 11	锁存继电器
DIFU	FUN 13	前沿微分
DIFD	FUN 14	后沿微分
CMP	FUN 20	比较指令
ADD	FUN 30	加法指令
SUB	FUN 31	减法指令
STC	FUN 40	把进位标志（1904）置为“ON”
CLC	FUN 41	把进位标志（1904）置为“OFF”
MOV	FUN 21	把通道内容或 4 位十六进制常数传送到指定的通道（D）
MVN	FUN 22	把一个通道的内容或 4 位数常数求反后传送到一个指定的通道（D）

（三）C 系列 P 型机的错误信息

C 系列 P 型机的错误信息见表 B-5。

表 B-5　C 系列 P 型机的错误信息表

错误信息显示代码	处 理 方 法
**** ADR　OVER	在用户内存最后地址之外设置了地址，应重新设置地址
**** REPL　ROM	EPROM 芯片作为用户程序装入，由 RAM 芯片代替 EPROM 芯片，然后执行所需要的操作
**** I/O　NO　ERP	输入的数据太多，检查每条指令所能使用的数据数量
**** COIL　DUPL	同一继电器号作为用户程序的输出指令被多次使用，检查修改程序，如果在 IL 和 ILC 指令之间的电路内重复使用同一继电器号也会出现这一错误
**** CIRCUIT　ERR	早先执行的输出指令和当前的显示地址之间有逻辑错误，检查并修改程序
**** IL—ILC　ERR	IL—ILC 跳转指令成对使用，检查并修改程序

（续）

错误信息显示代码	处理方法
MEMORY-ERR	用户程序存储器内不正常，检查是 RAM 还是 EPROM 作为程序存储器装入 PC 内；或用户程序中有错误指令，检查并修改程序，然后清除错误信息
I/O　BUS　ERR	连接 CPU 和 I/O 扩展单元的总线发生故障，检查总线；此外在通电之前，检查 I/O 扩展单元是否与总线分离
BATT　LOW	检查干电池是否正确地安装在电池夹内；是否电池使用寿命已到，更换电池
**** NO　END　INSTR	没有 END 指令，在程序结束处加一条 END 指令
**** RROG　OVER	程序太大，超过内存容量，检查程序
MODE　SET　ERR	请正确地设置工作方式，改变开关位置
**** DIF　OVER	程序中 DIFU 和 DIFD 指令的数目超过 48 个，检查并修改程序
XFER　DISABLE	多功能单元与 PC 的连接不正常，检查连接电缆和传输线路

（四）C 系列 P 型机的 I/O 和内部通道继电器编号

C 系列 P 型机的 I/O 和内部通道继电器编号见表 B-6。

表 B-6　C 系列 P 型机的 I/O 和内部通道继电器编号

名称	点数	继电器号									
输入继电器	80	0000～0415									
		00CH		01CH		02CH		03CH		04CH	
		00	08	00	08	00	08	00	08	00	08
		01	09	01	09	01	09	01	09	01	09
		02	10	02	10	02	10	02	10	02	10
		03	11	03	11	03	11	03	11	03	11
		04	12	04	12	04	12	04	12	04	12
		05	13	05	13	05	13	05	13	05	13
		06	14	06	14	06	14	06	14	06	14
		07	15	07	15	07	15	07	15	07	15
输出继电器	80	0500～0915									
		05CH		06CH		07CH		08CH		09CH	
		00	08	00	08	00	08	00	08	00	08
		01	09	01	09	01	09	01	09	01	09
		02	10	02	10	02	10	02	10	02	10
		03	11	03	11	03	11	03	11	03	11
		04	12	04	12	04	12	04	12	04	12
		05	13	05	13	05	13	05	13	05	13
		06	14	06	14	06	14	06	14	06	14
		07	15	07	15	07	15	07	15	07	15

（续）

名称	点数	继电器号									
		1000～1807									
		10CH		11CH		12CH		13CH		14CH	
		00	08	00	08	00	08	00	08	00	08
		01	09	01	09	01	09	01	09	01	09
		02	10	02	10	02	10	02	10	02	10
		03	11	03	11	03	11	03	11	03	11
		04	12	04	12	04	12	04	12	04	12
		05	13	05	13	05	13	05	13	05	13
		06	14	06	14	06	14	06	14	06	14
内部辅助继电器	136	07	15	07	15	07	15	07	15	07	15
		15CH		16CH		17CH		18CH			
		00	08	00	08	00	08	00			
		01	09	01	09	01	09	01			
		02	10	02	10	02	10	02			
		03	11	03	11	03	11	03			
		04	12	04	12	04	12	04			
		05	13	05	13	05	13	05			
		06	14	06	14	06	14	06			
		07	15	07	15	07	15	07			
		HR000～915									
		00CH		01CH		02CH		03CH		04CH	
		00	08	00	08	00	08	00	08	00	08
		01	09	01	09	01	09	01	09	01	09
		02	10	02	10	02	10	02	10	02	10
		03	11	03	11	03	11	03	11	03	11
		04	12	04	12	04	12	04	12	04	12
		05	13	05	13	05	13	05	13	05	13
		06	14	06	14	06	14	06	14	06	14
保持继电器	160	07	15	07	15	07	15	07	15	07	15
		05CH		06CH		07CH		08CH		09CH	
		00	08	00	08	00	08	00	08	00	08
		01	09	01	09	01	09	01	09	01	09
		02	10	02	10	02	10	02	10	02	10
		03	11	03	11	03	11	03	11	03	11
		04	12	04	12	04	12	04	12	04	12
		05	13	05	13	05	13	05	13	05	13
		06	14	06	14	06	14	06	14	06	14
		07	15	07	15	07	15	07	15	07	15

（五）OMRON 小型系列机指令

OMRON 小型系列机指令见表 B-7。

表 B-7 OMRON 小型系列机指令

指令类别	助记符	微分型	指令名称	适应机型			
				CPM1A	CPM2A CPM2C CPM2E	CQM1	CQM1H
基本指令	LD		装载				
	LD NOT		装载非				
	OUT		输出				
	OUT NOT		输出非				
	AND		与				
	AND NOT		与非				
	OR		或				
	OR NOT		或非				
	AND LD		与装载				
	OR LD		或装载				
	SET		置位				
	RESET		复位				
	KEEP（11）		保持				
	DIFU（13）		上升沿微分				
	DIFD（14）		下降沿微分				
	NOP（00）		空操作				
	END（01）		结束				
联锁指令	IL（02）		联锁				
	ILC（03）		联锁解除				
跳转指令	JMP（04）		跳转				
	JME（05）		跳转结束				
定时器、计数器指令	TIM		定时器				
	TIMH（15）		高速定时器				
	TTIM（－） *		总和定时器	×	×	×	
	TMHH（－） *		IMS 定时器	×		×	×
	TIML（－） *		长定时器	×		×	×
	CNT		计数器				
	CNTR		可逆计数器				

（续）

指令类别	助记符	微分型	指令名称	适应机型			
				CPM1A	CPM2A CPM2C CPM2E	CQM1	CQM1H
比较指令	CMP（20）		单字比较				
	CMPL（60）		双字比较				
	BCMP（68）*	@	块比较				
	TCMP（85）	@	表比较				
	MCMP（－）*		多字比较				
	CPS（－）*		带符号二进制比较				
	CPSL（－）*		带符号二进制双字比较				
	ECP（－）*		区域比较				
	ZCPL（－）*		双字区域比较				
数据传送指令	MOV（21）	@	传送	×	×		
	MVN（2）	@	取反传送				
	XFER（70）	@	块传送				
	BSET（71）	@	块设置				
	XFRB（－）*	@	多位传送				
	XCHC（73）	@	数据变换				
	DIST（80）	@	单字分配				
	COLL（81）	@	数据调用				
	MOVB（82）	@	位传送				
	MOVD（83）	@	数字传送				
数据移位指令	SFT（10）		移位寄存器				
	SFTR（84）	@	可逆移位寄存器				
	WSFT（16）	@	字移位				
	ASL（25）	@	算术左移				
	ASR（26）	@	算术右移				
	ROL（27）	@	循环左移				
	ROR（28）	@	循环右移				
	SLD（74）	@	一位数字左移				
	SRD（75）	@	一位数字右移				
	ASFT（17）	@	异步移位寄存器				
递增、减指令	IN（38）	@	递增				
	DEC（39）	@	递减				

（续）

指令类别	助记符	微分型	指令名称	适应机型			
				CPM1A	CPM2A CPM2C CPM2E	CQM1	CQM1H
十进制运算指令	ADD（30）	@	十进制加法				
	SUB（31）	@	十进制减法				
	ADDL（54）	@	十进制双字加法				
	SUBL（55）	@	十进制双字减法				
	MUL（32）	@	十进制乘法				
	DIV（33）	@	十进制除法				
	MULL（56）	@	十进制双字乘法				
	DIVL（57）	@	十进制双字除法				
二进制运算指令	ADB（50）	@	二进制加法				
	SBB（51）	@	二进制减法				
	ADBL（－）＊	@	二进制双字加法				
	SBBL（－）＊	@	二进制双字减法				
	MLB（52）	@	二进制乘法	×	×		
	DVB（53）	@	二进制除法	×	×		
	MBSL（－）＊	@	带符号二进制双字乘法	×	×		
	DBSL（－）＊	@	带符号二进制双字除法	×	×		
	MBS（－）＊	@	带符号二进制乘法	×	×		
	DBS（－）＊	@	带符号二进制除法	×	×		
数据转换指令	BIN（23）	@	BCD→BIN 变换				
	BCD（24）	@	BIN→BCD 变换				
	BINL（58）	@	双字 BCD→双字 BIN				
	BCDL（59）	@	双字 BIN→双字 BCD				
	NEC（－）＊	@	二进制补码				
	NECL（－）＊	@	双字二进制补码				
	MLPX（76）	@	4→16 译码器				
	DMPX（77）	@	16→4 译码器				
	ASC（86）	@	ASCⅡ转换				
	HEX（－）＊	@	ASCⅡ→16 转换	×			
	LINE（－）＊	@	列行转换	×	×		
	COLM（－）＊	@	行列转换				
逻辑指令	COM（29）	@	字求反				
	ANDW（34）	@	字逻辑与				
	ORW（35）	@	字逻辑或				
	XORW（36）	@	字逻辑异或				
	XNRW（37）	@	字逻辑同或				
特殊运算指令	APR（－）＊	@	算术处理	×	×		
	BCNT（76）＊	@	位计数处理				
	BOOT（72）	@	平方根	×	×		

（续）

指令类别	助记符	微分型	指令名称	适应机型			
				CPM1A	CPM2A CPM2C CPM2E	CQM1	CQM1H
表格数据指令	SRCH（－）*	@	数据搜索	×			
	MAX（－）*	@	取最大值	×			
	MIN（－）*	@	取最小值	×			
	SUM（－）*	@	求和	×			
	FCS（－）*	@	帧效验	×			
数据控制指令	PID（－）*	@	PID 控制	×			
	SCL（66）	@	比例转换	×			
	SCI2（－）*	@	比例转换 2	×			
	SCI3（－）*	@	比例转换 3	×			
	AVG（－）*		平均值	×			
子程序指令	SBS（91）	@	子程序调用				
	SBN（92）		子程序入口				
	RET（93）		子程序返回				
	MCRO（99）	@	宏				
中断指令	INT（89）	@	中间控制				
	SINT（69）	@	间隔计数				
高速计数器和脉冲输出指令	CTBL（63）*	@	比较表登录				
	INI（61）*	@	工作模式控制				
	PRV（62）*	@	读高速计数器当前值				
	PULS（65）*	@	设置脉冲				
	SPED（64）*	@	速度输出				
	ACC（－）*	@	加速控制	×			
	PLS2（－）*	@	脉冲输出	×	×		
	PWM（－）*	@	可变占空比脉冲输出	×			
	SYNC（－）*	@	同步脉冲控制	×		×	×
步进指令	STEP（08）		单步指令				
	SNXT（09）		步进指令				
I/O 单元指令	IORF（97）	@	I/O 刷新				
	SDEC（78）	@	7 段译码器				
	7SEG（－）*		7 段显示器	×	×		
	DSW（－）*		数字开关输出	×	×		
	TKY（－）*		十键输出	×	×		
	HKY（－）*		十六键输出	×	×		
串行通信指令	PMCR（－）*	@	通信协议宏	×	×	×	
	TXD（48）*	@	发送	×			
	RXD（47）*	@	接收	×			
	STUP（－）*	@	改变 RS-232C 设置	×		×	
网络通信指令	SEND（90）	@	网络发送	×	×	×	
	RECV（98）	@	网络接收	×	×	×	
	CMND（－）*	@	指令发送	×	×	×	

（续）

指令类别	助记符	微分型	指令名称	适应机型			
				CPM1A	CPM2A CPM2C CPM2E	CQM1	CQM1H
信息显示指令	MSC（46）	@	信息显示				
时钟指令	SEC（－）*	@	小时→秒	×			
	HMS（－）*		秒→小时	×			
调试指令	TRSM（45）	@	跟踪内存取样	×	×		
故障诊断指令	FAL（06）	@	故障报警				
	FALS（07）		严重故障报警				
	FPD（－）*		故障点检测	×	×		
进位标志指令	STC（40）	@	设置进位				
	CLC（41）	@	清除进位				

注：表中空格表示指令可用，×表示指令不可用。带*指令为扩展指令，CQM1/CQM1H在编程前应使用编程器设置其指令代码，但对于其他机型，凡是已注明指令码为扩展指令，其代码分配是固定的，不需要用编程器设置。

三、编程器的使用

（一）C系列编程器

C系列编程器如图B-1所示。

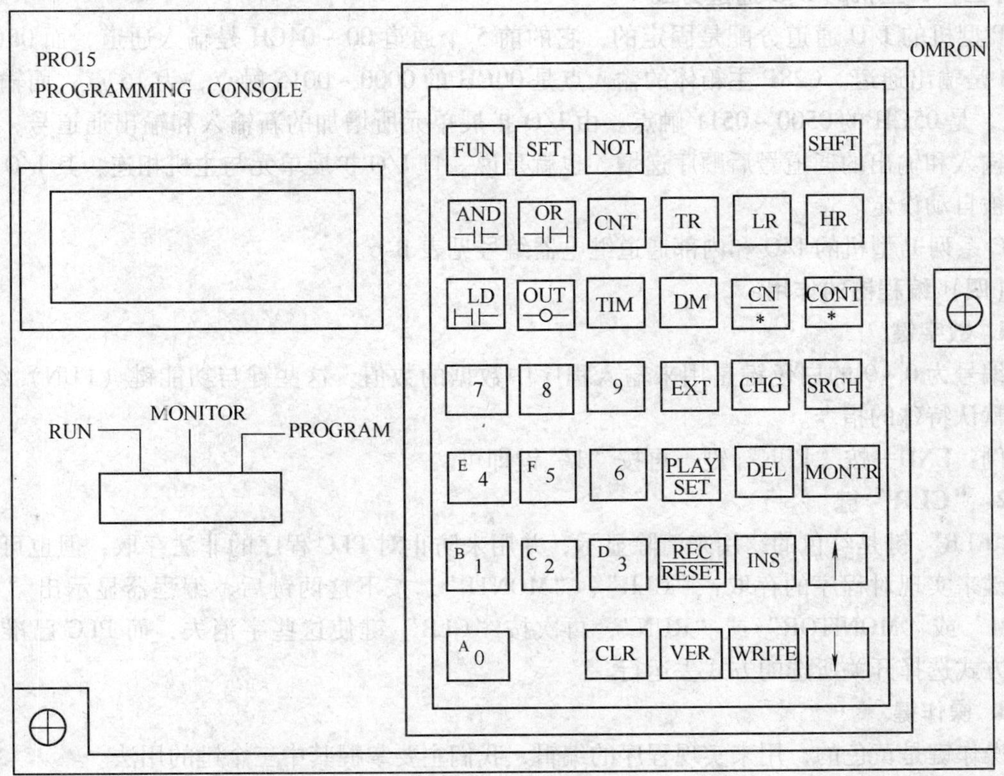

图B-1　编程器

编程器是开发、维护PLC控制系统不可缺少的外围设备，它用来给PLC编程、发命令和监视PLC工作状态等。编程器具有以下三种工作方式。

1. 编程方式（PROGRAM）

编程器可以把用户程序送入PLC主机内存，也可以对原有程序进行显示、修改、插入和删除等编辑操作。

2. 监视方式（MONITOR）

编程器可以用来检索、观察各个输入、输出继电器的通断状态和内部继电器、计数器、定时器、寄存器等的工作状态及其当前值；也可以跟踪程序的运行过程，直接监视操作的执行情况。

3. 运行方式（RUN）

选择这种方式时，PLC可以按内存中的程序对系统或设备进行控制。

编程器的使用与键盘、显示器、工作方式选择开关及盒式磁带机接口有关。

编程器的键盘有数字键、指令键、编辑键和功能键。每个指令键与一条指令相对应，键上印有相对应指令的符号，按下该键，即输入了相应的指令。编辑键用来对程序进行删除、插入和修改等编辑工作。功能键用来改变键盘功能，实现某些控制。数字键与计算机键盘的数字键相似，用于输入所需要的数据。综上所述，要掌握PLC的应用和开发，首先必须学会编程器的操作。

在此以OMRON公司生产的C28P型机为例来说明编程器的使用。

（二）编程器的结构

P型机的基本结构可分为主箱体、扩展箱体和编程器三大部分。

（三）P型机的I/O通道分配

P型机的I/O通道分配是固定的，它的前5个通道00～04CH是输入通道，而05CH～09CH是输出通道。C28P主箱体的输入点是00CH的0000～0015触点，为16点；而输出为12点，是05CH的0500～0511触点。由I/O扩展单元所增加的新输入和输出通道号，在主机的输入和输出的通道号后顺序递增，也就是说一旦I/O扩展单元与主机相连，其I/O通道号便被自动设定。

C系列P型机的I/O和内部通道继电器编号见表B-6。

（四）编程器的作用

1. 数字键

编号为0～9的白色键是用来输入程序中数据的数值。这些键与功能键（FUN）组合，形成默认特殊的指令。

例：END—按“FUN”键，再按“1”键即可。

2. “CLR”键

“CLR”键是红色的，用来清除显示，并用来防止对PLC程序的非法存取，但也可按以下两键来实现对程序的存取：“CLR”、“MONTR”，按下这两键后，编程器显示出“PROGRAM”或“MONITOR”或“RUN”，再次按“CLR”键使这些字消失，而PLC已准备好按照方式选择开关所选的方式去运行。

3. 操作键

操作键是黄色的，用来实现程序的编辑，我们主要掌握其中三个键的用法。

首先是两个指针键，在需要一次一步地查看程序时可按其中的“↓”键，每按一次此键，显示的程序地址加1；若需改变方向，则按“↑”键，程序将一次一步地减1，一直减到程序的起始地址。

另一黄色键是“WRITE”键，编程过程中，写好一个指令及数据后按“WRITE”键，由该指令键将内容送到PLC内存的指定地址上。

4. 指令键

指令键是灰色的，除右上角的“SHIFT”外，这些键在程序设计键入指令时，都要用到。“SHIFT”键类似于打字键的“SHIFT”键，用它来形成本组键的第二功能。

每一灰色键都有其由缩写字表示的功能。这些缩写字含义如下。

FUN：选择一种特殊功能，用于键入默认特殊指令，这些指令的实现靠按下“FUN”与适当的数字键。

AND：输入实现两触点相“与”的AND指令。

OR：输入实现两触点相“或”的OR指令。

SFT：送入SHIFT　REGISTER指令。

NOT：形成NC触点。

CNT：输入计数器指令，其后必须有计数值。

LD：输入LOAD指令，用于装入指定的输入。

OUT：输入OUTPUT指令，对一个指定的输出点输出。

TIM：输入定时器指令，其后必须有定时数值。

TR：输入暂存继电器指令。

LR：输入连接继电器指令。

HR：输入保持继电器指令。

DM：输入数据存储指令。

CH：指定一个通道。

CONT：检索一个触点。

5. 方式选择开关

方式选择开关如图B-2所示，这是一个三位置开关，通过此开关可选择PLC的工作方式。

1）要使PLC运行，须使用RUN方式，在此方式下PLC按照内存中的程序对设备进行控制。

2）MONITOR工作方式用于直接监视操作的执行情况。例如：希望检查某一继电器的适当的时间里状态如何（ON或OFF），则可以通过编程器移动地址从而去访问这个继电器。

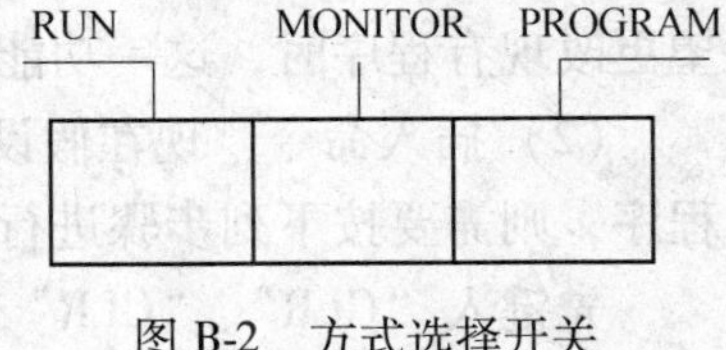

图B-2　方式选择开关

3）PROGRAM工作方式将你所编写的程序送入PLC。

6. PROGRAM 方式

如果选择开关拨在PROGRAM位置，在PLC通电后会有如下显示：

PROGRAM PASSWORD

这一显示可以说是用户的电子哨兵，其作用是防止对PLC程序的非法侵入。为进入编程状态，只要一次按如下两键就能进入PLC程序。

按“CLR→MONTR”

编程器显示：

PROGRAM

这一显示指出PLC处于什么工作方式，要清除这一显示，按“CLR”即可。

当显示“0000”时，它是内存的起始位置，至此可以将梯形图中的代码，一步一步地通过编程器送入PLC。

7. 删除内存中原有程序

一般送入一个新程序前，必须将原有的程序清除。

在任何时刻需要清除内存或需要开始输入程序时，可依次按下列各键，这时显示如下所示。

0000

按“CLR → $\frac{\text{PLAY}}{\text{SET}}$ → NOT → $\frac{\text{REC}}{\text{RESET}}$”，显示为：

0000　MEMORY CLR?

此时你可以重新考虑是否清除内存，如果按“MONTR”，则内存即被清零，显示变成：

0000　MEMORY END　CLR

如果按“CLR”，可开始输入程序。

8. 指令的删除和插入

（1）删除指令　如将地址为0008的内容TIM00删除。先将程序地址移动到0008，然后键入“DEL→↑”，这样就删掉了TIM指令并将下一条指令“OUT”移入0008单元，在希望更改现有程序时，这一功能是很有用的。

（2）插入命令　现在假设认为从程序中删去定时器00是一个错误，为了把它重新放回程序，则需要按下列步骤进行。

先键入“CLR”、“CLR”，这样就回到内存的首地址；之后键入待插入指令的地址“8→↑”；按下“TIM→0→0”；然后按“INS→↓”，程序向下移一步，在地址0008中恢复TIM；键入TIM数据“3→0”，然后按“WRITE”键。

显示：

0008　TIM　DATA #0030

（五）检查和运行程序

1. 快速检索编辑功能

在一个程序内，P 型机提供三种简便的方法检索指定的地址、指令和触点。三种方法的键盘操作方法如下。

1）地址检索："CLR→CLR→地址→↑"。

2）指令检索："CLR→CLR→指令→SRCH"。

3）触点检索："CLR→CLR→SCHIFT→$\frac{\text{CONT}}{\#}$（触点号）→SHFT"。

2. 直接访问一个地址

首先清除显示，按"CLR→CLR"，然后键入所要访问的地址。

例如：地址为0008 的定时器，假定想要把定时值"2. 0s"改为"3. 0s"，则先输入它的地址，按"8→↓"，此后看到显示器显示地址 0008。在改变定时器的定时值之前必须输入定时器的数据。

按"↓"键，把程序向下移动一步，显示为：

```
0008   TIM    DATA
              #0020
```

此时键入"3、0→WRITE"后，定时器值变为"3. 0s"，检索显示：

```
0008   TIM    DATA
              #0030
```

3. 检查一条指定的指令

例如：希望定位到含有定时器的指令 TIM00，为此按"CLR"键若干次，直到显示出首地址 0000 为止，然后键入"TIM→定时器号→SRCH"，此时就会找到地址 0008，其内有定时器指令 TIM00。

如果检索任何一个与 TIM00 重号的定时器，只要再按"SRCH"键两次，PLC 就去扫描程序的其他部分，找出重复使用 00 号的地方。在所举例子中，没有重复使用 00 号，此时就显示 1193，代表可使用的地址总数，当不用此检索指令却出现这一显示时，就意味着在程序末没有编写 END 指令。

```
1193   NO   END  8   INSTR
END
```

4. 检索继电器触点

按"CLR→CLR→SHIFT→$\frac{\text{CONT}}{\#}$（触点号）→SHIFT"，在显示屏上会出现这个触点号（右下角 4 位数）指定的地址（左上角 4 位数字），这一检查过程将一直继续到程序的最后一条指令的触点。

例如：用实验的方法，要检索1000号触点开始出现的位置，可按：

“CLR→CLR→SHIFT→$\frac{\text{CONT}}{\#}$1→0→0→0→SHIFT”，这时显示屏上出现：

```
0001  CNT  SRCH
LD         1000
```

此显示说明在地址0001中LD指令下有1000号触点，如果要继续检索同一号触点的下一个触点地址，应再次按“SRCH”键。

5. 检查程序是否正确

利用P型机的调试功能可检查出各种程序的设计错误，三种工作方式中的任何一种都可利用“FUN”和“MONTR”键来实现。

为了检查输入程序是否正确，按“CLR→CLR→FUN→MONTR”键，如果程序没有错，则显示：

```
0000  ERR  CHK
OK
```

如果发现程序有错，则相应的错误信息被显示出来。如果错误不止一个，则继续按“MONTR”键，将一次一个地显示出来。

各种软件和硬件上的错误基本上分为两级：非致命性错误和致命性错误。非致命性错误如电池故障之类，它允许程序继续运行下去，但仍须将错误改正过来，在既有致命性错误又有非致命性错误时，致命性错误必须先处理。

6. 继电器状态的检查与变更

（1）状态检查操作　有时希望在开始运行程序之前扫描每一个继电器触点的状态（ON或OFF），可在RUN和MONITOR方式下进行，即从首地址开始按“↓”键，然后在LCD左上角看到地址，和OFF或ON。OFF或ON表示继电器触点的现行状态，连续按“↓”键，可按顺序检查每一个继电器的状态。

（2）强迫触点置位/复位操作　在程序执行期间，此操作用来对每一I/O继电器、内部辅助继电器、保护继电器、定时器或计数器的工作状态进行强迫置位或复位（在一次扫描过程中），此操作只有在MONITOR方式下才有效。

1）继电器触点强迫置位。假设要使一程序中的继电器1000强迫置位，首先将PLC置于MONITOR方式，并按“CLR→CLR→SHIFT→$\frac{\text{CONT}}{\#}$→1→0→0→0→MONTR”，显示：

```
1000
OFF
```

该显示表示该继电器的状态是OFF，现在为了使此继电器置位（ON），按“$\frac{\text{PLAY}}{\text{SET}}$”键，继电器就从OFF变成ON。

2）强迫继电器触点复位。按“$\frac{\text{REC}}{\text{RESET}}$”键可使处于 ON 状态的继电器变成 OFF 状态，即继电器复位。

3）强迫定时器触点置位和复位。先把 PLC 置于 MONITOR 方式，按“CLR→TIM→MONTR”，显示出第一个定时器 TIM00 及其预置时间。若定时器尚未运行，可清除预置值，按“$\frac{\text{PLAY}}{\text{SET}}$→MONTR”即可；若定时器正在运行，按“MONTR”键，显示器显示出定时器的现行值，如果定时周期已经结束，将显示：

T00
0020

再按“$\frac{\text{REC}}{\text{RESET}}$”键，使定时器从整定值开始重计时。

注：专用辅助继电器 1808 ~ 1907 不能强迫置位或复位。

这一操作仅适用于 MONITOR 方式，按“CLR→（定时器号）→SRCH→↓→CHR”，将显示：

0008	DATA？	
T00	#0020	#????

显示中 0008　DATA 说明程序将要执行的操作是指令地址 0008 内置数；T00 是定时器号，#0020 是定时器的当前值；#???? 询问你整定的时间是多少，如果重新整定的时间为 5.0s，按“0→0→5→0→WRITE”即可。

用同样的方法可改变计数器的整定值。

（六）输入/输出监视

在 PLC 自动运行期间，利用它的监视功能可以不断地监视 PLC 的工作情况，这种操作应把 PLC 置于 MONITOR 方式。

1. 定时器/计数器的监视

例如要监视某一计数器 CNT47 的整定值，其键盘操作如下：

按键“CLR→CLR→CNT→4→7→SRCH→MONTR”，将显示：

C47
0005

定时器/计数器的整定值以 4 位数字的形式被显示出来，然后每按一次“↑”或“↓”键，就可看到下一个定时器/计数器的整定值。

2. 继电器触点状态的监视

例如要监视程序中内部辅助继电器 1000 的触点状态，其键盘操作如下：

按键“CLR→CLR→SHIFT→$\frac{\text{CONT}}{\#}$→1→0→0→0→WRITE”，于是显示继电器的当前状态（1000 为 OFF），然后检查下一个继电器，按“↑”或“↓”键即可。

附录 C 变频器的配套设备及安装技术

一、变频器的配套设备

（一）附加配套设备的作用

变频器附加配套设备布置接线如图 C-1 所示。

图中，

T 为配电变压器。

QF 为断路器，用于安全跳闸断开电网。

KM 为接触器，用于日常操作通断电和电网掉电再来电时确保变频器不发生自起动。

FIL1 为进线侧无线电干扰抑制电抗器，用于减少变频器对外界的无线电干扰。

1ACL 为电源侧交流电抗器，用于改善输入电流波形，提高整流器和电解滤波电容寿命，减小不良输入电流波形对外界电网的干扰，协调同一电源网上有晶闸管等变换器造成的波形影响，减小功率切换和三相不平衡的影响，因此也叫电源协调电抗器，在要求高的场合该电抗器便进一步改为较复杂的电力质量滤波单元。

DCL 为直流电抗器，用于改善电容滤波（目前电压型变频调速器主要滤波方式是电容滤波）造成的输入电流波形畸变和改善功率因数、减少和防止因冲击电流造成整流桥损坏和电容过热的现象，当电源变压器和输电线路综合内阻较小时（变压器容量大于电动机容量 10 倍以上时），电网瞬变频繁时都需要使用直流电抗器。

BD 为制动单元，当变频器降低频率使电动机急剧减速、或重力负载使电动机处于发电运行时，电动机制动的反馈能量使变频器直流母线电压升高到一定程度就会开启该制动单元，使能量消耗在制动电阻上。

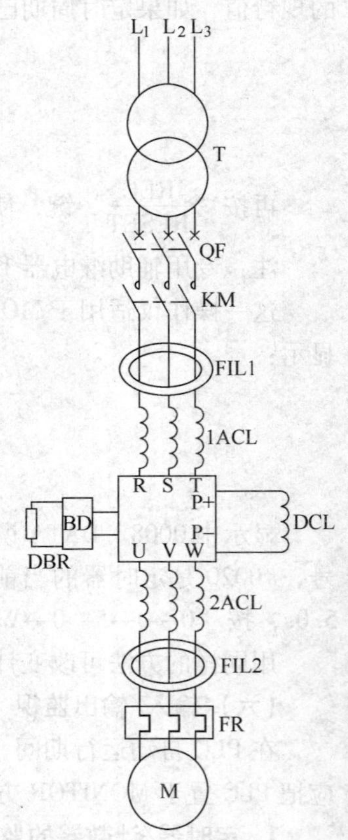

图 C-1 变频器附加配套设备布置接线

DBR 为制动电阻，消耗制动时电动机能量的电阻。

2ACL 为输出侧交流电抗器，变频器输出是脉冲宽度调制（PWM）的电压波，它是前后沿很陡的一连串脉冲方波，存在大量的谐波，这些谐波有害于电动机和负载的使用寿命（典型的是电动机绕组匝间瞬变电压 du/dt 过高，造成匝间击穿），以及对周围电器造成干扰，当负载端电容分量大时，造成变频器的开关器件流过过大的冲击电流，从而损坏开关器件。使用输出侧交流电抗器可进行平滑滤波，减少瞬变电压 du/dt 的影响，并得到了以下的改善。

① 降低了电动机的噪声；② 降低了输出高次谐波造成的漏电流；③ 减少了干扰；④ 保护了变频器内部的功率开关器件；⑤ 延长了电动机的绝缘寿命。

FIL2 为输出侧无线电干扰抑制电抗器，对输出布线距离大于 20m 时尤其需安装。

FR 为热继电器，用于防止长时间过电流造成的电动机损坏。

（二）附加配套设备的选用

1）断路器（QF）的后面可以接一台或多台变频器及其他负载，当变频器或其他负载因过电流故障时，可自动切断电源供电，防止事故扩大。断路器可用于避免电网掉电后再来电时设备自动接通的不安全状况，以及在维修时安全切断电源。断路器可以选用普通断路器或高灵敏切断的断路器，视需要而定，选用时其额定电流应大于负载总电流的 1.5 倍以上。

2）接触器（KM）用于所控变频器日常操作的通断和电网掉电再来电时防止变频器自动起动。选用时额定电流也要大于变频器输出电流的 1.5 倍以上。

3）无线电干扰抑制电抗器（FIL1、FIL2）：因为变频器输出的是 PWM（脉宽调制）波，包含了大量的高次谐波，谐波的高频分量处于射频范围，变频器通过电源线和输出线向外发射无线电干扰，又由于变频器接在电网上，电网上各种干扰和瞬变浪涌也可干扰到变频器的控制回路敏感部分，使其发生误动作，因此设置了无线电干扰抑制电抗器。它是使用三根进线（对单相是两根进线），同方向在铁心或铁氧磁心上绕制的电感，因三相三根线的正弦交流电瞬时值之和为零（单相正弦交流电两进线电流瞬时值也为零），因此对于正常供电，该电抗器不起作用，而对于共模电压（即在进线上出现的、瞬时值不能被抵消的干扰电压），该电抗器起到阻挡作用，抑制了共模干扰，起到良好地抑制无线电干扰作用。抑制的频段一般在 10MHz 以下，因此电感量不必大，通常控制在 2～33mH 左右，是在一个闭合磁路上穿过或绕上几匝导线制成。无线电干扰抑制电抗器的连接如图 C-2 所示，对于小容量变频器，因电流较小，它是在同一磁心上，三相线同方向绕几匝；对于大容量变频器，因电流大导线不好弯，则用多个磁心，让三根导线同时穿过磁心中孔而构成电抗器。

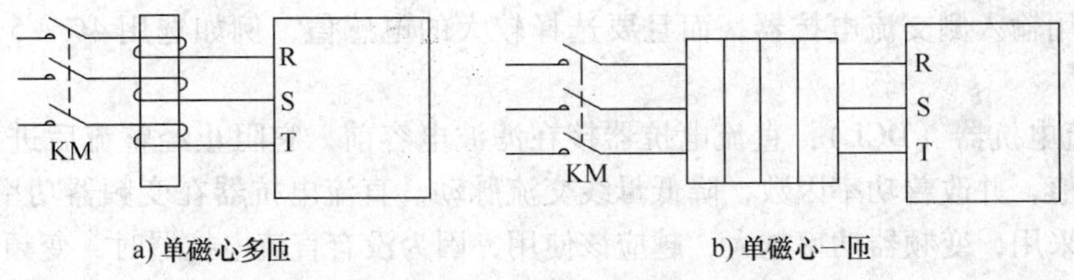

a) 单磁心多匝　　b) 单磁心一匝

图 C-2　无线电干扰抑制电抗器的接线

4）电源侧交流电抗器（1ACL）：电压型通用变频器交流电压转变为直流电压时要经整流后再经电容滤波。由于电容器的使用使输入电流呈尖峰脉冲状，当电网阻抗较小时，这种尖峰脉冲电流极大，如图 C-3 所示，造成很大的谐波干扰，并使变频器整流桥和电容器容易受到损坏。当变压器容量大于变频器容量的 10 倍以上，电网的配电变压器和输电线路的内阻不能阻止尖峰脉冲电流时，并且同一电源上有晶闸管设备或开关方式控制功率因数补偿装置，三相电源不平衡度大于 3% 时，都要对输入侧功

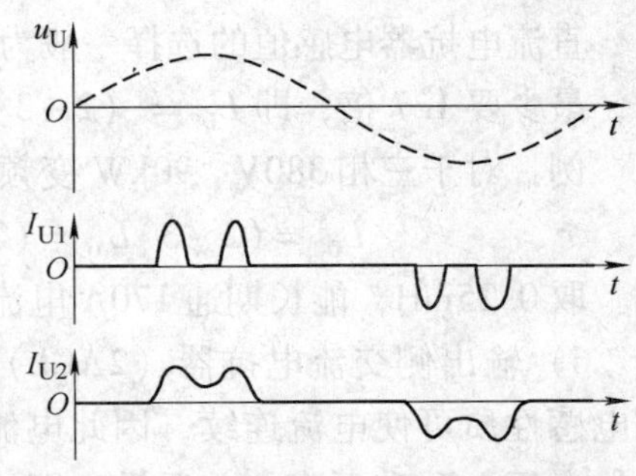

图 C-3　电源侧交流电抗器尖峰脉冲波形

图中：I_{U1} 为电网阻抗小时的电流波形；I_{U2} 为电网阻抗大时的电流波形。

率因数作提高和抑制干扰，此时，需使用电源侧交流电抗器。

一般而言，电压源逆变器、电源侧交流电抗器的电感量，采用3%阻抗即可防止突变电压造成的接触器跳闸，使总谐波电流畸变下降到原先的44%左右。实际使用中为了节省费用，常采用2%阻抗的电感量，但这对环保而言是不好的。一般常选用2%~4%的压降阻抗，这个百分数是对相电压而言，即

$$U_D = \frac{\Delta U}{U_P} = \frac{\Delta U}{\frac{U_N}{\sqrt{3}}} \times 100\% \tag{C-1}$$

式中，ΔU 为电压降；U_P为相电压；U_N为线电压。

三相时，输入侧交流电抗器电感值为

$$L_{1ACL} = \frac{(2\sim4)}{100} \times \frac{U_N}{\sqrt{3}\times 2\pi f \times I_{L\max}} \tag{C-2}$$

式中，$I_{L\max}$为电感流过的最大电流。

例如：对380V、90kW、50Hz、170A 的变频器，需要配置输入侧交流电抗器的电感量为

$$L_{1ACL} = \frac{(2\sim4)}{100} \times \frac{380}{\sqrt{3}\times 2\pi \times 50 \times 170} = \frac{(2\sim4)}{100} \times 4.1 \times 10^{-3}\text{H} = (0.082\sim0.164)\text{mH}$$

取0.082~0.164mH，可以选择能长期通170A电流，电感值在0.123mH左右的电抗器即可。

对于使用者，需考虑电感值和电流值两方面，电流值一定要大于等于额定值，电感值略有大小问题不大，偏大有利于减少谐波，但电压降会超过3%。使用者还要考虑电源内部阻抗，电源变压器功率大于10倍变频器功率，而且线路很短的场合，电源内阻较小时，不仅需要使用输入侧交流电抗器，而且要选择较大的电感值，例如选用4%~5%阻抗的电感量。

5）直流电抗器（DCL）：直流电抗器接在滤波电容前，它阻止经整流后进入电容的冲击电流的幅值，并改善功率因数，降低母线交流脉动。直流电抗器在变频器功率大于22kW时建议都要采用，变频器功率越大，越应该使用，因为没有直流电抗器时，变频器的电容滤波会造成电流波形严重畸变，进而使电网电压波形严重畸变，将非常有害于变频器的整流桥和滤波电容寿命。

直流电抗器电感值的选择一般为同一变频器输入侧交流电抗器3%阻抗的电感量的2~3倍，最少要1.7倍，即 L_{DC} = （2~3） L_{AC}

例：对于三相380V、90kW 变频器所配直流电抗器的计算（参见上例）

$$L_{DC} = (2\sim3)L_{AC} = (2\sim3)\times 0.123\text{mH} = (0.246\sim0.369)\text{mH}$$

取0.25mH，能长期通170A 电流即可。

6）输出侧交流电抗器（2ACL）：变频器的输出是PWM 电压波形，由于电动机绕组的电感性质可使电流连续，因此电流基本上是正弦波形，脉冲宽度调制（PWM）有着陡峭的电压上升和下降的前后沿，即 d*u*/d*t* 很大，使得输出引线向外界发射含量极大的电磁干扰，并且在引出线对地、电动机绕组匝间以及绕组对地间都产生很大的脉冲电流，图C-4为SPWM 电压和电流的波形。

为了减轻变频器输出 du/dt 对外界的干扰，降低输出波形畸变，达到环保标准，减少对电动机绕组的电压冲击而造成的绝缘损坏，降低电动机的温升和噪声以及低负载短路造成的对变频器的损伤，有必要在变频器输出端增设交流电抗器。

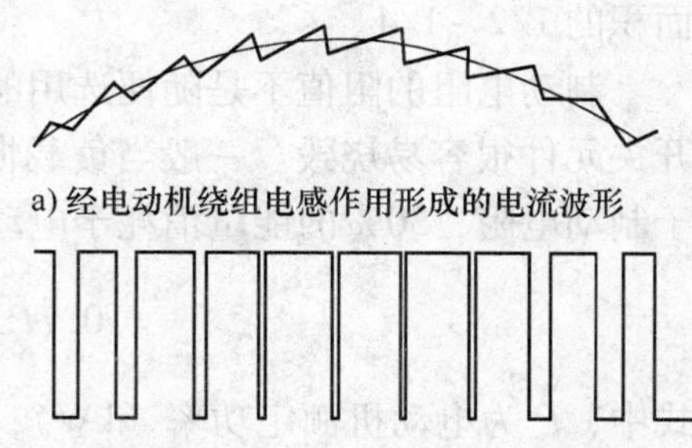

图 C-4　SPWM 电压和电流的波形

值得指出的是，脉冲电压通过长的输电线路时，由于长线路上波的反射叠加使得在长线路（即变频器输出导线）超过临界长度后，电压有可能达到直流母线（变频器内直流母线）电压的 2 倍，因此变频器输出线路长度受到了限制，为解除这种限制，必须接入输出侧交流电抗器。接入后，送到电动机等负载上的波形就接近正弦电压波形了。

但实际使用中，只要负载是感性的，电抗器采用 1% 阻抗或更低一些都是可行的，这是因为 PWM 频率远高于基波频率，已经相当于大于（40～100）次谐波的范围，因此，输出侧交流电抗器电感量为

$$L_{2ACL}=\frac{0.5\sim1.5}{100}\times\frac{U_N}{\sqrt{3}\times2\pi f\times I_{Lmax}} \tag{C-3}$$

例如：380V、90kW、50Hz、170A 变频器的输出侧交流电抗器的选用：

$$L_{2ACL}=\frac{0.5\sim1.5}{100}\times\frac{380}{\sqrt{3}\times2\pi\times50\times170}$$
$$=\frac{0.5\sim1.5}{100}\times4.1\times10^{-3}\text{H}=(0.0205\sim0.061)\text{mH}$$

取电感值在 0.041mH 左右，能长期通 170A 电流的电抗器即可。

输出侧交流电抗器的电感接法有一定讲究，绕制在磁心上的导线头尾的位置关系到电感向外发射干扰能量的大小程度。如图 C-5 所示，绕组头在里层，尾在外层，因此 1 接变频器的输出、2 接负载电动机较好，这样，变频器输出端的强干扰被外层屏蔽，可减少干扰向外发射。

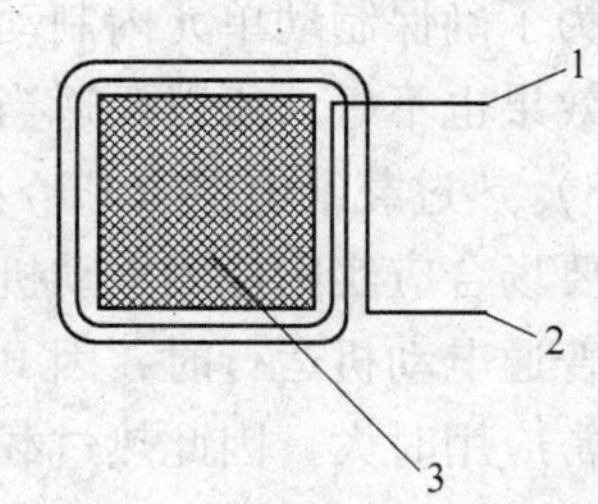

图 C-5　输出侧交流电抗器的断面结构

1—里层　2—外层　3—磁心

输出侧交流电抗器的抑制频率在较高频率范围，因此使用铁氧体磁心以减少损耗，但体积较大。在有变压器插入变频器与负载之间的使用条件下，变压器输入绕组的漏抗和变压器损耗大大削弱了调制波，起到了输出侧电抗器的作用，因此有利于输出到负载电动机的波形滤波平滑，此时往往有了输出侧变压器就可以省略输出侧交流电抗器。

7）制动单元和制动电阻（BD 和 DBR）：小功率制动单元一般在变频器内部，外部只接制动电阻。大功率的制动单元由外接的制动单元接到变频器母线上，当电动机制动时，电动机的电能反馈回母线，使母线电压升高，升高到一定值时，开通制动单元的开关管，用制动电阻消耗母线上的一部分电能，维持母线电压不继续往上升高，使电动机能量消耗在制动电阻上，从而获得制动力矩。制动单元的导线长度一般不大于 5m，接到变频器的直流母线

（P+、N端）要使用双绞线，其目的是减少电感，导线的截面积应不小于电动机输电线截面积的1/2～1/4。

制动电阻的阻值不是随便选用的，它有一定的范围。太大了制动不迅速，太小了制动用开关元件很容易烧毁。一般当负载惯量不太大时，认为电动机制动时最大有70%能量消耗于制动电阻，30%的能量消耗于电动机本身及负载的各种损耗上，此时有

$$0.7P=\frac{U_C^2}{R\times 10^3}\text{或}R=\frac{U_C^2}{0.7P\times 10^3} \tag{C-4}$$

式中，P为电动机额定功率（kW）；U_C为制动时母线上的电压（V）；R为制动电阻（Ω）。

一般对于三相380V时，$U_C\approx 700V$；单相220V时，$U_C\approx 390V$；这样三相380V时制动电阻阻值为

$$R=\frac{U_C^2}{0.7P\times 10^3}=\frac{700^2}{0.7P\times 10^3}=\frac{700}{P}$$

单相220V时制动电阻阻值为

$$R=\frac{U_C^2}{0.7P\times 10^3}=\frac{390^2}{0.7P\times 10^3}=\frac{217}{P}$$

低频端制动电阻的耗散功率一般为电动机功率的1/4～1/5，在频繁制动时，耗散功率要加大。有的小变频器内部装有制动电阻，但在高频端或重力负载制动时，内装制动电阻的散热量不足，容易烧毁，此时要改用大功率的外接制动电阻。各种制动电阻都应选用低电感结构的电阻器，连接线要短，并使用双绞线，采用低电感措施的原因是为了防止和减少电感能量加到制动管上，造成制动管损坏。制动电阻值不能过小，如果回路的电感大、电阻小，将对制动管不利，会造成损坏。

为了确保制动单元内制动管不被损坏，制动电阻不得小于式（C-4）的计算值，但太大制动效果也不好，所以要适当。

8）热过载继电器（FR）：热过载继电器用来防止电动机过热，但这种保护并不可靠。对重要场合应实际检测电动机温度，埋设温度检测元件到电动机槽内或绕组附近。当变频器控制普通电动机运行时，因PWM波导致电动机铁损、铜损和绝缘介质损耗的增加，温升会比通常应用时大，因此热过载继电器的温度整定值应按电动机绝缘等级选择。

9）电动机：如果低速运行时负载转矩比额定转矩大，则要加大电动机功率和变压器功率才能应付低速运行。当电动机长期在低速运行时，因普通电动机的风扇安装在电动机轴上，风扇不能有效散热，电动机会严重发热，因此，要加大电动机功率或让电动机使用外部风扇冷却。

一般电动机在使用变频器控制时，因变频器PWM波有很高的脉冲前后沿，du/dt很大，绕组匝间和对地绝缘很易损坏，这已成为变频器使用中的一个问题。因此，应选用绝缘质量优良的电动机产品。

普通电动机的转子离心机械强度是按额定转速设计的。对直径较大的电动机，不要使用到额定转速的1.5倍以上，否则就有危险，这时就应选用专门的变频电动机。

10）电源变压器：电源变压器总容量要比总负载大，当使用多个变频器或少量地使用交流电抗器和直流电抗器时，因变频器整流及容性负载的影响，会造成电网波形的严重畸变和变压器过热。因此，变压器容量更要增大。

附加配套设备推荐表见表 C-1。

表 C-1 附加配套设备推荐表

名称	功率	变频器样本电流	进线交流电抗器3%电压降电感量	输入交流电抗器0.75%电压降电感量	直流电抗器	输入/输出无线电干扰抑制电抗器	制动电阻值	制动电阻功率	主回路导线截面积	输入侧断路器或交流电抗器电流
符号	P	I	L_{in}	L_{out}	L_{dc}	L_{rfout}	R_b	P_b	S	I
单位	kW	A	mH	mH	mH	mH	Ω	kW	mm^2	A
允许误差及要点			可±50%误差、采用三相大气隙防饱和磁路	可±50%误差、采用三相大气隙防饱和磁路	可±50%误差、采用单相大气隙防饱和磁路	可±50%误差、采用铁氧体三线同绕共模抑制	+20%~−10%（负载飞轮转矩大时选小电阻值）	≥（负载飞轮转矩大时选大于此功率）	≥选标准直径（对短距离选用，长距离要加粗）	≥
简化估算式			21/I	5.25/I	53/I		700/P	P/4	I/2.2	1.35I
估算数据	0.75	2.5	8.400	2.100	21.200	8~33	933.3	0.2	1.1	3
	1.5	3.7	5.676	1.419	14.324	8~33	466.7	0.4	1.7	5
	2.2	5.5	3.818	0.955	9.636	8~33	318.2	0.6	2.5	7
	3.7	9	2.333	0.583	5.889	8~33	189.2	0.9	4.1	12
	5.5	13	1.615	0.404	4.007	8~33	127.3	1.4	5.9	18
	7.5	18	1.167	0.292	2.944	8~33	93.3	1.9	8.2	24
	11	24	0.875	0.219	2.208	8~33	63.6	2.8	10.9	32
	15	30	0.700	0.175	1.767	8~33	46.7	3.8	13.6	41
	18.5	38	0.553	0.138	1.395	8~33	37.8	4.6	17.3	51
	22	45	0.467	0.117	1.178	8~33	31.8	5.5	20.5	61
	30	60	0.350	0.088	0.883	8~33	23.3	7.5	27.3	81
	37	75	0.280	0.070	0.707	8~33	18.9	9.3	34.1	101
	45	91	0.231	0.058	0.582	8~33	15.6	11.3	41.4	123
	55	112	0.188	0.047	0.473	8~33	12.7	13.8	50.9	151
	75	150	0.140	0.035	0.353	8~33	9.3	18.8	68.2	203
	90	176	0.119	0.030	0.301	8~33	7.8	22.5	80.0	238
	110	210	0.100	0.025	0.252	8~33	6.4	27.5	95.5	284
	132	253	0.083	0.021	0.209	8~33	5.3	33.0	115.0	342
	160	304	0.069	0.017	0.174	8~33	4.4	40.0	138.2	410
	200	377	0.056	0.014	0.141	8~33	3.5	50.0	171.4	509
	220	415	0.051	0.013	0.128	8~33	3.2	55.0	188.6	560
	280	520	0.040	0.010	0.102	8~33	2.5	70.0	236.4	702
	315	590	0.036	0.009	0.090	8~33	2.2	78.8	268.2	797
	400	750	0.028	0.007	0.071	8~33	1.8	100.0	340.9	1013

二、变频器的安装技术和禁忌

（一）安装环境

1）变频器属于电子设备，由它的防护形式决定必须安装在室内，安装环境无水浸入，并且空气中湿度较低。

2）无易燃易爆气体、腐蚀性气体和液体飞溅，粉尘和纤维物较少。

3）变频器发热量远大于其他常见开关电器，必须要有良好的通风，让热空气顺利排出。

4）变频器易受谐波干扰和干扰其他相邻电子设备，因此要考虑配置附加交流电抗器等外围设备和安装抗干扰电感滤波器。

5）安装位置要便于检查和维修操作。

6）长期运行的条件对不同型号略有区别，一般环境温度：-10～(40～50)℃；相对湿度：20%～90%。

7）在粉尘和纤维多的环境中使用的变频器，一定要进行定期清洁。

（二）变频器的通风散热

变频器的效率一般为97%～98%，这就是说大约有2%～3%的电能转变为热能，远远大于一般开关电器、交流接触器等电器产生的热量。一般的电气控制柜是针对常用开关、交流接触器等电器而设计的，当这一类柜体内装进了变频器时，就需仔细考虑内部的安排，以确保通风散热的合理性。

图C-6是一些电气控制柜内安排变频器的必须注意的风路示意。

电气控制柜内布置变频器风路的原则有：

1）电气控制柜要有强迫通风回路，通风回路的空气流向应顺畅，符合流体平滑转向原则，安装在电气控制柜上的风机应比变频器本身的风机总通风量大50% 以上。

2）电气控制柜的风路一般都要有低风阻的进风口，在环境较差的场合进风口要有过滤网，过滤网的风阻要小，并防止堵塞，要经常打扫。

3）电气控制柜内气流不应直通短路，也不应该发生热风回流，其路径要进行设计。要在电气控制柜内安装必要的导风板和挡风板，这是变频器二次开发商和使用者所必须重视的问题。

4）没有专门设计强迫通风风道的柜体内，单台变频器的安装要与周围电器、箱壁保持一定的距离，特别是要留出上下空间，使风道顺畅，使风可自由流动。根据功率大小不同，至少留有120～300mm空间，左右前方空间至少50mm。

5）当变频器的环境温度超过40℃时，对有通风盖的变频器要去掉通风盖，让风顺利进入变频器内部。

6）图C-6中粗线所示为挡风板，挡住直通风和避免热风回流以改善柜体内空气流向，提高冷却效果。图C-6c的上下变频器要设置导风板，防止下部变频器的热风进入上部变频器。

图C-6a为壁挂式电气控制柜，顶部装抽风机抽出热风；图C-6b为控制台式电气控制柜，上部装抽风机抽出热风；图C-6c为大型立柜式电气控制柜，顶部装大抽风机，地沟和柜体下部要有良好进风口；图C-6d为大型立柜式电气控制柜，装有控制单元和制动电阻，

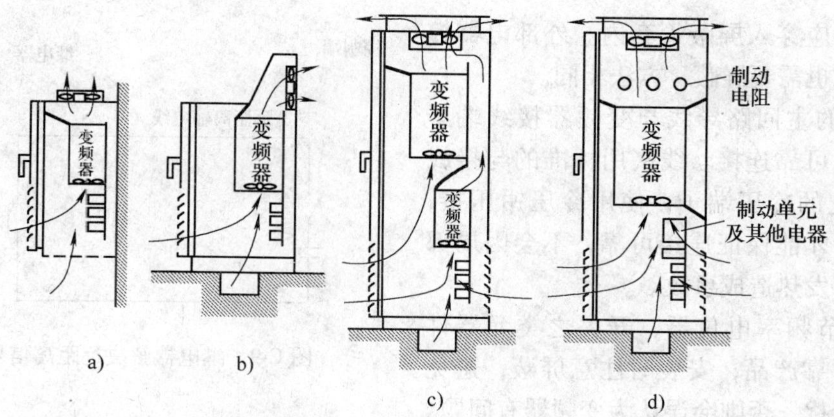

图 C-6 电气控制柜内安装变频器的通风设计

顶部装大抽风机，地沟和柜体下部有良好进风口。

（三）变频器的外部布线

1）主回路导线截面按照电动机布线要求，电流密度一般在 3～4A/mm^2 以下。

2）R、S、T 和 U、V、W 的主回路导线在铁管内布线时，不得将一根或两根导线敷设在一根铁管内，必须将三相的三根线敷设在同一个铁管内，这是由于正弦波三相电流瞬时值之和为零，不会在铁管上造成磁通和引起损耗而发热。

3）变频器输出 U、V、W 三根线如敷设在铁管和蛇皮金属管内，因对铁管和蛇皮管电容的作用，会造成变频器内部功率开关器件的瞬时脉冲过电流，使功率开关器件损坏，一般在布线长度超过 30（有管）～50m（无管）时，变频器的 U、V、W 端子处需插入交流电抗器。若导线绝缘层较薄，则布线长度还应更短。当一个变频器驱动多个电动机时，应按配线的总长度计算；当接入输出侧交流电抗器后，总长度也不要超过 400m。

4）变频器的控制线必须远离输入/输出强电导线，应相距 100mm 以上，绝对不能为了布线美观把控制线和输入/输出强电导线捆绑在一起。

5）变频器的输入信号线要使用双绞线或屏蔽线，以有效地减弱外界电磁场造成的干扰，双绞线的绞合输入信号线与输出强电导线的间距为 100mm 以上，绞合程度应在每厘米为 1 绞以上，如图 C-7、图 C-8 所示。

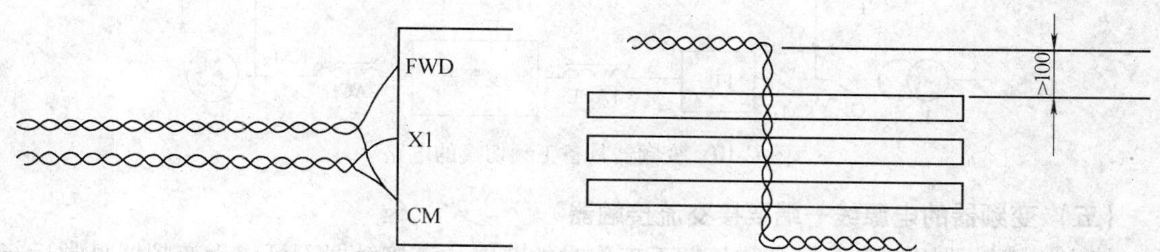

图 C-7 双绞线的绞合输入信号线接线

图 C-8 输入信号线与输出强电导线的间距（>100mm）

6）在远距离控制开关操作时，用继电器担任中间操作可有效地减少外界对控制线路引起的干扰，如图 C-9 所示。

7）多数变频器的操作键和显示部分制作在一起，成为一个操作盒。操作盒可取下作远距离控制操作。此时连接导线往往是电缆或排线，要求它们远离电力线和输入/输出强电导线，必要时应穿入屏蔽管套内。外部电器控制线很长时也需要屏蔽，方法相同。

8）粗的主回路导线与变频器接线端子连接时必须可靠连接。线头用标准的与接线端子相匹配的冷压端子，使用冷压钳压接，只有这样，才能保证连接可靠，不会因局部接触不良而发热造成事故。

9）调节频率电位器，开关之类元器件要求使用可靠产品，安装时注意屏蔽，避免受到外界干扰，否则会误认为变频器有问题。

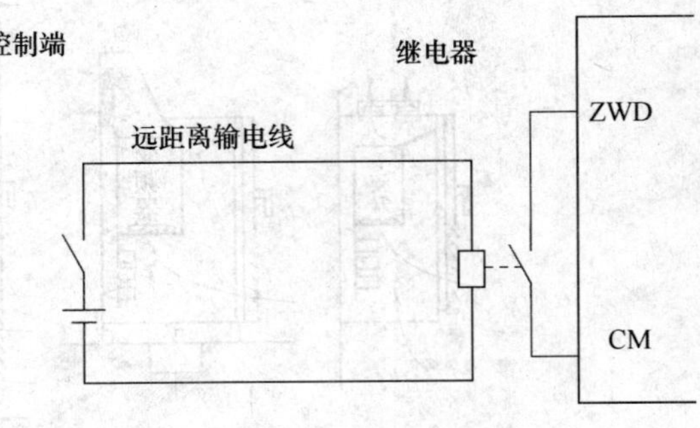

图 C-9　继电器解决远距离信号干扰

10）所有连接线接好后要进行检查，防止漏接、错接、碰地和短路。

11）接入电源后，发现还要改接线路时，首先要切除电源，并确保直流回路电容完全放完电后（直流电压表测量小于 25V），才可操作。

12）不能将负载功率因数校正用电容接到变频器的输出端，因电容的接入会导致逆变功率器件流过过大的瞬变脉冲电流而受到损坏。

13）直流电抗器的参数要与变频器相匹配。安装前应去掉变频器上原 P1、P + 上的短路铜件，在此处接入直流电抗器。

14）制动单元的母线接到变频器的直流母线（P +、N 端），制动单元和制动电阻的接线都要尽量短，长度不大于 5m，使用双绞线，导线的截面积应不小于电动机输电导线截面积的 1/2 ~ 1/4。当未接制动电阻时，绝对不能将 P + 端和 DB 端短路。

15）变频器外壳应可靠接地。

（四）变频器具备工频切换的重要性

变频器是电力电子设备，当出现故障或需要维修时，不能因此而停产，应尽可能安装工频切换。在不少连续化生产工艺上，如用于风机水泵的变频器装有工频切换，当变频器不能工作时立即切换到工频，用以前的风门阀门调节风量流量，确保了生产的正常进行，仅仅减少了节能而已。变频器具备工频切换的电路简图如图 C-10 所示。

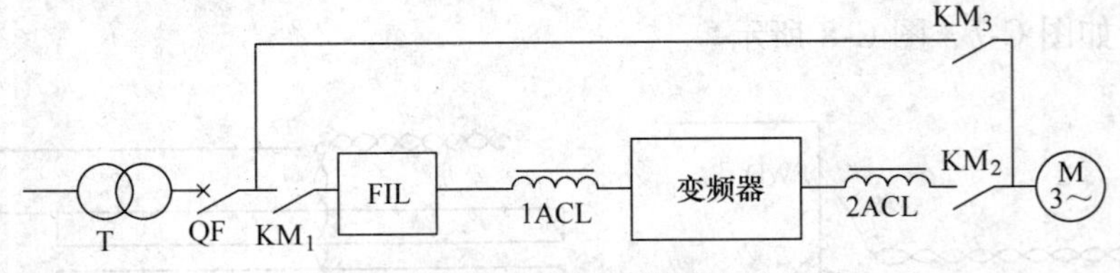

图 C-10　变频器具备工频切换的电路

（五）变频器的电源线一端要接交流接触器

接交流接触器用来确保安全和长期不工作时的断电。该接触器不可作为变频器日常运行的起停开关，而应使用变频器的键盘或外控线作起停开关，如果一定要用交流接触器作起停开关，则操作间隔应在 1h 以上。

（六）电动机转向要与变频器指示转向一致

变频器输出 U、V、W 接电动机，当控制按键正转（FWD）时电动机应正转，如果反转了就将 U、V、W 中任意两相调相，以免日后发生事故。

（七）变频器的基本连接图

各种变频器的基本连接图都有各自的特点，因此，要认真按产品所对应的使用说明书的接线图进行接线，千万不能使用不同型号的使用说明书作对照。典型的连接图参考电路如图 C-11、图 C-12 所示。

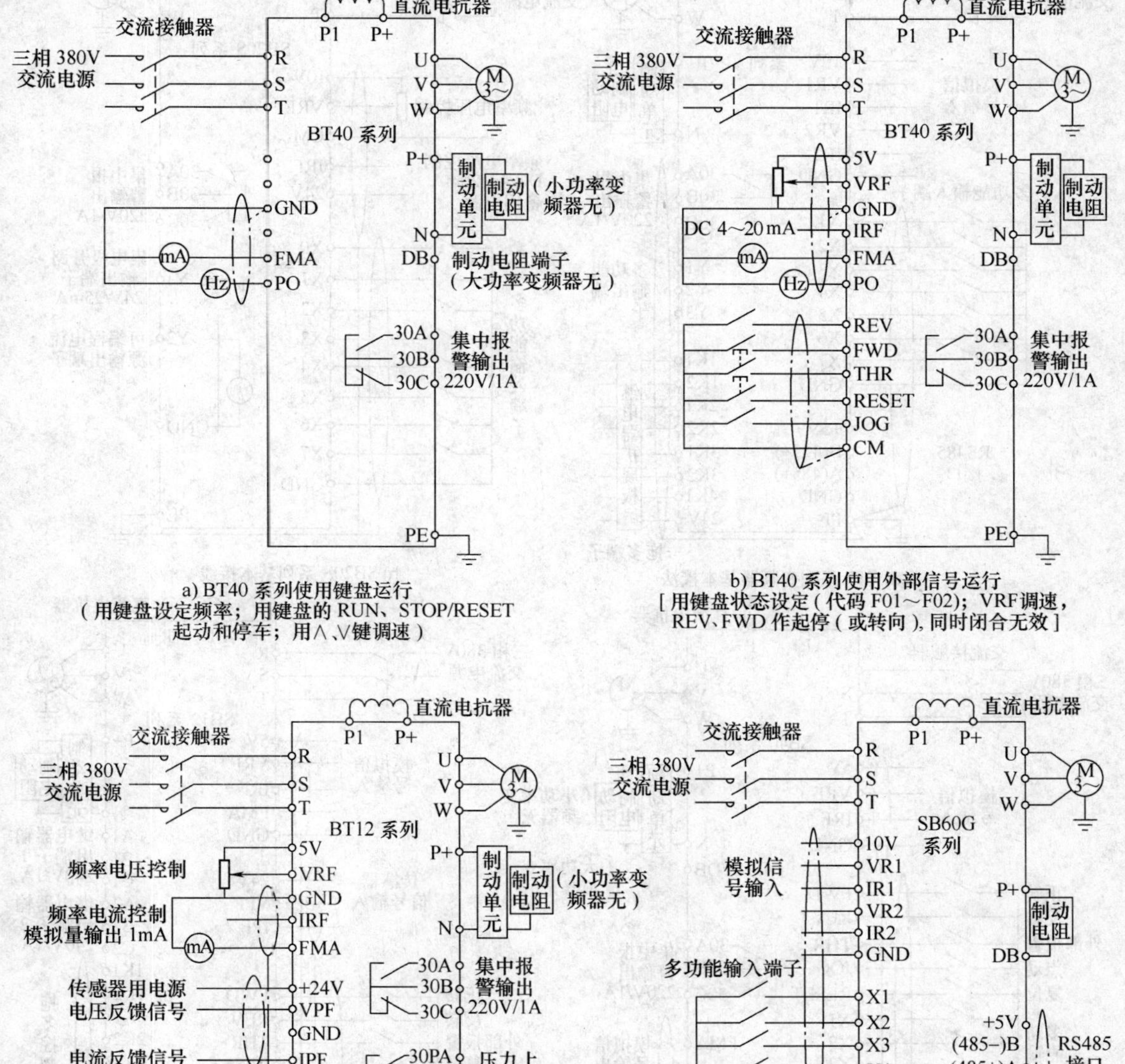

a) BT40 系列使用键盘运行
（用键盘设定频率；用键盘的 RUN、STOP/RESET 起动和停车；用∧、∨键调速）

b) BT40 系列使用外部信号运行
[用键盘状态设定（代码 F01～F02）；VRF 调速，REV、FWD 作起停（或转向），同时闭合无效]

c) BT12 系统风机水泵专用变频器基本接法

d) SB60G 系列变频器基本接法

图 C-11　通用变频器的典型连接图（一）

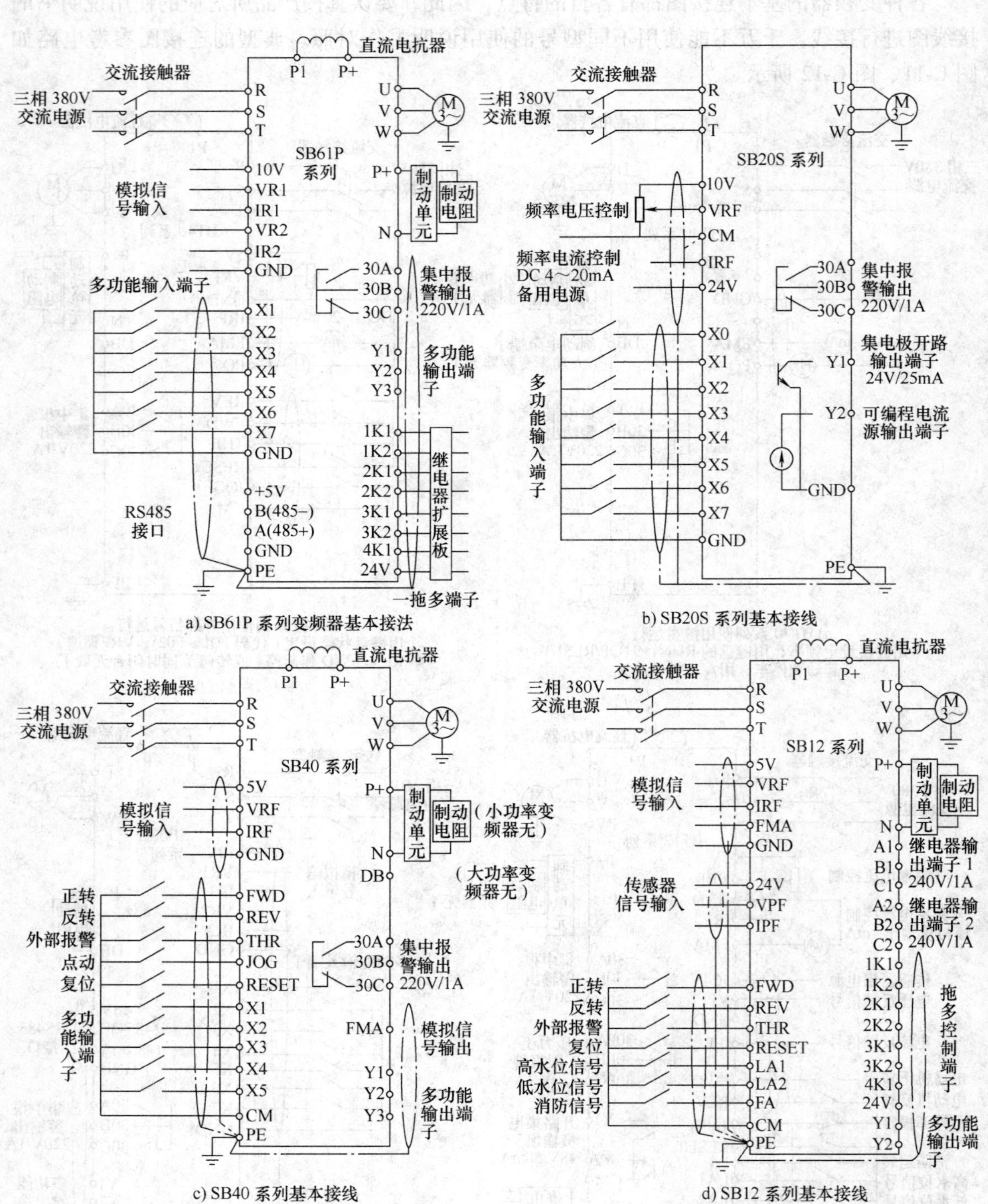

图 C-12　通用变频器的典型连接图（二）

附录 D　常用工具使用说明

一、打号机的使用说明

（一）准备

1. 安装色带

将色带装入色带架 1，注意色带的色膜面向下，沿支架 2 向后绕过打字轮，从色带支板 3 上传入色带走带轮 18，顺时针旋转右侧走带手动旋钮 8 使色带进入带轮内，沿导向板向后传出。打号机结构示意图如图 D-1 所示。

图 D-1　打号机结构示意图

1—色带架　2—支架　3—支板　4—色带轮顶丝　5—电源开关　6—温度显示窗　7—电源、加热指示灯　8—走带手动旋钮　9—打号手柄　10—指示窗　11—调字轮手柄　12—切刀锁紧丝　13—切刀　14—支架孔径旋钮　15—套线管台座　16—拉杆　17—手轮　18—色带走带轮　19—连杆　20—保险　21—手轮锁紧丝　22—套线管进给标尺　23—套线管穿入孔　24—套线管进给手轮　25—套管支架孔　26—温度控制旋钮　27—温度设定按钮

2. 套线管的穿入

根据要打号的材料，选用附件垫块Ⅰ、Ⅱ或Ⅲ及 AA、B 面，装入套线管台座 15（注意应合理选择附件，否则将影响打号），调整适当的套线管支架孔径旋钮 14，B 型机可将套线管从套线管自动进给机构的右侧孔 23 穿入，再顺时针旋转套线管进给手轮 24，使套线管沿套线管支架孔 25、套线管台座 15 内平行穿过即可。

3. 调节套线管进给量

根据打号机的编号位置，调节套线管的进给长度，先松开手轮锁紧丝 21，参照套线管进给标尺 22，调整手轮 17，数字越大进给越长，最后锁紧顶丝。

4. 切刀的使用

管型为圆管时如使用切刀，先松开切刀锁紧丝 12，然后移动切刀 13 至全切（刀口超过套线管）或半切（刀口至套线管一半），如不切则要将切刀移到底，最后锁紧切刀锁紧丝12。

5. 编号字号的调节

推拉调字轮手柄11选择定位，当确定已定位后可旋转调字轮手柄11，观察指示窗10的该位字号，调好后，则可另换一位，直到全部编号完毕（如有不使用的位，可调至空格上）。

（二）通电

1. 开机

温控型打号机先接通电源，闭合电源开关5，电源指示灯7亮，将温度控制旋钮26旋至最大，预热15～20min，再根据不同的材料设定不同的温度范围，还需根据实际情况适当调节，以打出的标号清晰、整洁为标准。对于数字温度显示机型，开机接通电源，闭合电源开关5，电源指示灯亮，数字显示器亮，此时若设定温度低于实际温度，则加热指示灯亮。

2. 温度设定

按下选择开关的温度设定按钮27，这时显示器的摄氏温度值闪动，表示此数字为设定值，调节温度控制旋钮26，可观察到温度显示数值变化，指示范围为20～220（±20)℃，设定分辨率为1℃。

3. 温度控制

当温度设定完毕后，可按下选择开关的温度设定按钮27，显示器上的摄氏温度值不再闪动，表示此时的温度值为字轮的温度值。当温度上升到设定值后，制动实现恒温控制，这时加热指示灯灭。从开机到恒温的预热时间约为10～15min，可根据不同的材料设定不同温度值。

（三）试验打号和连续打号

1. 试验打号

将上述准备完毕后，温度达到设定值时，即可试验打号。用手轻压打号手柄9后抬起或停留约1min（实际操作时根据字轮的温度和需打号的材料掌握时间），这时观察打出的编号是否标准清晰。在试验的同时观察套线管的进给长度和字迹在套线管上的水平状态，如有偏差和其他现象，请参考异常现象排除方法，做一些微小的调整，即可达到正常。

2. 连续打号

当初步试验打号正常后，即可按正规的编号打号，调好字号，轻压打号手柄，抬起手柄反复工作，这时套线管、色带将同时自动进给，切刀可自动完成切割动作，即可连续打出清晰整洁的编号。

（四）注意事项

1）使用打号机时，请安装三芯电源插座，为了确保安全，插头接地线必须接好才能使用。

2）操作过程中，要均匀用力，不得过大或过小。选择和调节编号时，必须使字轮定位准确，在操作不当时出现字轮偏差错位，不得硬扭，应该设法将偏差的字轮定位对齐后，才能推拉调字轮手柄换位。

3）在不使用切刀或调整切刀后，一定要紧锁切刀支架，以防切刀损坏。

4）走带手动旋钮和套线管进给手轮，在使用时应该顺时针旋转，不得逆向旋转。

5）打号机长期不用时，应防潮保管，并定期通电。

6）打号机字轮组为内热式，严禁加润滑油，用户使用2~3年后，可加入适量的润滑脂。由于机械振动的原因，在使用中请随时对松动的螺钉紧固，其他装置一般不需要用户调整。

（五）一般异常现象的排除

打号机正常使用时，出现异常多由于操作不熟练、经验不足而引起的，不属机器故障，常见异常现象及排除方法见表D-1。

表D-1 打号机的常见异常现象及排除方法

现 象	原 因	排除方法
设定温度降低或缩短	色带粘轮	温度设定太高；打号时停留一定的时间
色带易断	色带架弹片过紧	调整色带架弹片至灵活
色带不走	色带进给轮压力太小	调整色带轮顶丝4，保证压力适量
色带跑偏	色带轮压力不平衡	检查色带轮顶丝4是否松动，色带向哪边跑，该边轴压力要减小，通过调节两侧色带轮顶丝4即可解决
打字不齐	字轮不到位	调整调字轮手柄使字轮到位
无字号	色带装反或未加热	重装色带，检查电源
打字不清晰	温度低或停留时间短或色带未进给	升高温度或增加停留时间，调整连杆19，使色带进给量在3~6mm
字迹不干净	温度太高或压力过大	降低温度，或减小压力
切刀不回位	刀口已钝	更换刀片
套线管切不断	刀口已钝或没压到底	同上（异形管不宜使用）
电源指示灯均不亮	插座无电源或本机熔体断	检查电源及熔体
温度显示乱	电源电压太低	电源电压应保持在220V（±10%）
色带进给量不足	色带轮转动范围小	调节连杆（19）的位置，使色带轮转动范围增大

二、冷压钳的使用说明

（一）使用方法

操作时应按导线的截面配用适当的接线柱，选用合适的钳子钳口。将钳子打开，把接线柱放入钳口内稍收紧钳柄，使端头被夹住不掉下，再把去掉绝缘层的6~8mm的裸导线插入接线柱孔内，即可将手柄压合到位，使钳口完全闭合，当锁定装置棘爪和扇形轮失去啮合，会发出“嗒”的一声，手柄便自动张开，取出压接件，压接终了。冷压钳实物如图D-2所示。

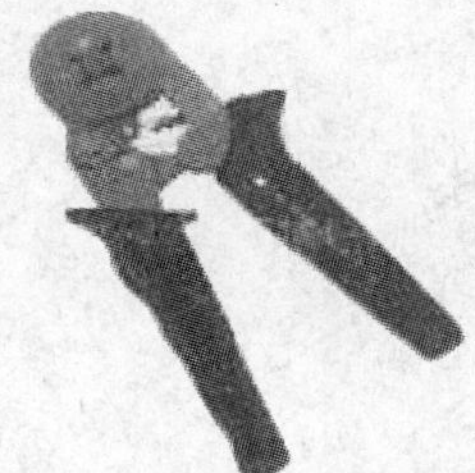

图D-2 冷压钳实物

（二）注意事项

1）切勿随意压接坚硬的钢物和其他坚硬物。

2）合理选用接线柱，切勿用小钳口压接超过许可范围的较大的接线柱，以免钳腔崩裂。

3）未完成压接时，切勿强行扳开手柄，以免损坏钳子。一旦因使用不当，钳口被卡，压合无法到位时，应用螺钉旋具将棘爪向逆时针方向按下，使棘爪和扇形轮脱开啮合、手柄打开，故障即可排除。

三、剥线钳的使用说明

剥线钳用于剥除横截面积为6mm^{2}以下导线的塑料或橡胶绝缘层，由钳头和手柄两部分组成。钳头部分由压线口和切口构成，切口分有0.5～3mm的多个，以适用于不同规格的线芯。使用时，导线必须放在大于其线芯直径的切口上切剥，否则会切伤线芯。剥线钳实物如图D-3所示。

图D-3　剥线钳实物

参 考 文 献

[1] 项毅，吴宜平．工厂电气控制设备实验与设计指导［M］．北京：机械工业出版社，1999.

[2] 项毅．机床电气控制［M］．南京：东南大学出版社，1995.

[3] 许謬．工厂电气控制设备［M］．北京：机械工业出版社，1998.

[4] 劳动人事部培训就业局．维修电工生产实习［M］．北京：劳动人事出版社，1988.

[5] 马秀坤，史运涛，马学军．S7—200PLC 与数字调速系统的原理及应用［M］．北京：国防工业出版社，2009.

[6] 陈新华．电工技术与可编程序控制器实践［M］．北京：机械工业出版社，2002.

[7] 杨清德，胡萍．电工技能培训与应试指导［M］．北京：电子工业出版社，2008.

[8] 吴建宁，姚正武．电工与钳工实训［M］．北京：电子工业出版社，2008.

[9] 乔新国．低压电器技能操作作业考核指导［M］．北京：中国电力出版社，2005.